无线光通信中的
空间光-光纤耦合技术

柯熙政　著

科学出版社
北　京

内 容 简 介

无线光通信以光波作为载波在自由空间传递信息，在接收端将光信号耦合进波导传输，有利于对光信号进行检测、放大、处理、转换与交换。本书从电磁场的基本理论出发，阐述光在光纤中的传输特性，分析不同模式光信号的耦合特性，分别对模式转换法、透镜偶合法、波前畸变修正法等空间光-光纤耦合技术进行详细介绍，并通过实验对其涉及的关键技术进行验证。

本书适合从事无线光通信的工程技术人员、大专院校教师阅读，也可供相关专业研究生和高年级本科生学习。

图书在版编目（CIP）数据

无线光通信中的空间光-光纤耦合技术 / 柯熙政著. —北京：科学出版社，2023.9

ISBN 978-7-03-076466-9

Ⅰ. ①无… Ⅱ. ①柯… Ⅲ. ①光纤耦合器 Ⅳ. ①TN929.11

中国国家版本馆 CIP 数据核字（2023）第 182656 号

责任编辑：姚庆爽 魏英杰 / 责任校对：崔向琳

责任印制：师艳茹 / 封面设计：陈 敬

科学出版社 出版

北京东黄城根北街 16 号

邮政编码：100717

http://www.sciencep.com

北京科印技术咨询服务有限公司数码印刷分部印刷

科学出版社发行 各地新华书店经销

*

2023 年 9 月第 一 版 开本：720×1000 1/16

2024 年 2 月第二次印刷 印张：12

字数：242 000

定价：108.00 元

（如有印装质量问题，我社负责调换）

前　言

无线光通信是指在两个或多个终端之间，利用光波作为信息载体在自由空间传递信息的一种方式，具有信息传输速率高、通信容量大等优点。空间光-光纤耦合是无线光通信的关键技术之一，也是其难点所在。

本书通过分析空间光-光纤耦合研究的进展，指出开展该研究的意义，同时对其涉及的基础理论和关键问题进行分析，详细阐述提高空间光-光纤耦合效率的方法。第 1 章是绪论，对无线光通信系统结构，以及发展现状进行介绍。第 2 章阐述光纤模式理论。第 3 章对理想条件下透镜-单模光纤的耦合进行分析，计算由装配误差和非共光路像差引起的耦合效率的衰落。第 4 章对弱湍流大气中空间平面波-透镜-单模光纤耦合进行分析，并对大气湍流中的透镜阵列的空间光耦合进行理论和实验分析。第 5～7 章总结包括自动对准、模式转换和自适应光学波前校正在内的三种提高空间光-光纤耦合效率的方法。第 5 章设计自动对准系统，对比分析不同的控制算法并进行实验研究。第 6 章对模式转换法进行理论分析和实验研究。第 7 章分析波前畸变对耦合效率的影响，并提出使用自适应光学的方法来提高耦合效率。

本书是西安理工大学光电工程技术研究中心集体研究的成果，吴加丽、杨尚君、罗静、张旭彤、李梦茹等多位研究生参与了相关课题的研究，以及本书的整理工作，感谢他们为科学事业所做的努力与奉献。在本书的撰写过程中，作者参阅了大量的文献和资料，谨向这些文献和资料的作者致以崇高的敬意。他们的工作为作者带来了启迪和帮助，感谢他们为科学研究付出的努力！

本书的出版得到国家自然科学基金(61377080、60977054)、陕西省重点产业创新链项目(2017ZDCXL-GY-06-01)、西安市科学技术项目(2020KJRC0083)的资助，在此表示感谢。本书是作者受聘西安文理学院荣誉教授期间的工作成果，得到西安文理学院的大力支持，特此感谢。

限于作者的水平，书中难免存在不妥之处，恳请广大读者批评指正。

作　者

2022 年春于西安理工大学

目　　录

前言

第 1 章　绪论 …… 1

1.1　研究背景及意义 …… 1

1.1.1　发射机 …… 1

1.1.2　接收机 …… 2

1.1.3　光学天线 …… 2

1.1.4　空间光-光纤耦合的优点 …… 4

1.2　无线光通信技术发展现状 …… 5

1.2.1　国外发展现状 …… 5

1.2.2　国内发展现状 …… 6

1.3　空间光-光纤耦合技术研究进展 …… 7

1.3.1　国外研究进展 …… 7

1.3.2　国内研究进展 …… 10

1.4　光模式与空间光-光纤耦合 …… 16

1.4.1　光学模式 …… 17

1.4.2　厄米-高斯光束 …… 17

1.4.3　拉盖尔-高斯光束 …… 19

1.4.4　空间光-光纤耦合 …… 19

参考文献 …… 23

第 2 章　光纤模式理论 …… 31

2.1　光纤 …… 31

2.1.1　基本结构 …… 31

2.1.2　倒抛物线型光纤 …… 32

2.2　模式理论 …… 33

2.2.1　波动方程 …… 34

2.2.2　波动方程的解 …… 35

2.3　光纤中光波传播的模式 …… 39

2.3.1　矢量模式 …… 39

2.3.2　标量模式的解 …… 46

2.3.3　归一化工作频率……48
2.3.4　高斯模的耦合效率……49
2.4　模式有效折射率……51
2.4.1　矢量模式的有效折射率……51
2.4.2　模式间的有效折射率差……53
2.4.3　色散特性……53
2.4.4　非线性效应……55
参考文献……58
第 3 章　理想条件下透镜-单模光纤耦合……60
3.1　平面波耦合……60
3.1.1　耦合效率的几何光学分析……61
3.1.2　耦合效率的模场分析……62
3.1.3　透镜端面上的耦合效率……65
3.2　装配误差引起的耦合效率衰落……66
3.2.1　径向误差……67
3.2.2　轴向误差……67
3.2.3　轴倾斜误差……69
3.3　自适应光学系统误差……71
3.3.1　标定误差……71
3.3.2　拟合误差……72
3.3.3　测量噪声误差……72
3.3.4　带宽误差……74
3.4　非共光路像差……74
3.4.1　非共光路像差校准研究现状……75
3.4.2　非共光路像差的产生……75
3.4.3　非共光路像差的折算……76
3.5　高斯光束耦合……77
3.5.1　耦合效率……77
3.5.2　人工消除非共光路像差实验……78
3.5.3　自动消除非共光路像差实验……80
参考文献……81
第 4 章　弱湍流大气中空间平面波-透镜-单模光纤耦合……84
4.1　大气湍流中光场分布及折射率功率谱……84
4.1.1　大气湍流中的光场分布的 Born 解……84
4.1.2　光在大气湍流中的光场分布 Rytov 解……86

4.1.3　折射率功率谱模型 ……… 90
4.2　大气湍流中透镜耦合 ……… 93
4.2.1　Kolmogorov 湍流谱下的耦合效率模型 ……… 93
4.2.2　von Karman 湍流谱下的耦合效率模型 ……… 95
4.2.3　Kolmogorov 和 von Karman 湍流谱下的耦合效率对比 ……… 96
4.2.4　von Karman 湍流谱下斜程传输时的耦合效率 ……… 99
4.3　大气湍流中透镜耦合光功率相对起伏方差 ……… 100
4.3.1　大气湍流中透镜-单模光纤耦合功率相对起伏方差 ……… 100
4.3.2　实验研究 ……… 103
4.3.3　耦合效率及耦合功率抖动方差对无线光通信系统误码率的影响 ……… 106
4.4　大气湍流中透镜阵列的空间光耦合 ……… 107
4.4.1　耦合效率 ……… 108
4.4.2　耦合实验 ……… 111
参考文献 ……… 113
第 5 章　光纤耦合自动对准系统 ……… 115
5.1　自动对准系统 ……… 115
5.1.1　自动对准系统原理 ……… 115
5.1.2　自动对准系统组成 ……… 116
5.1.3　压电陶瓷 ……… 117
5.2　控制算法基本原理 ……… 117
5.2.1　模拟退火算法基本原理 ……… 117
5.2.2　模拟退火算法的流程 ……… 117
5.2.3　模拟退火算法特点 ……… 119
5.2.4　随机并行梯度下降算法 ……… 120
5.2.5　随机并行梯度下降算法不同参数仿真 ……… 122
5.3　对准误差对空间光-光纤耦合效率的影响 ……… 124
5.3.1　对准误差与耦合效率 ……… 124
5.3.2　径向误差、轴倾斜误差、轴向误差 ……… 127
5.4　二维自动对准实验 ……… 129
5.4.1　压电陶瓷与光纤固定方式 ……… 129
5.4.2　二维对准实验 ……… 129
5.5　五维自动对准实验 ……… 132
5.5.1　压电陶瓷组合及与光纤固定方式 ……… 132
5.5.2　实验结果分析 ……… 134
参考文献 ……… 137

第 6 章　模式转换法 ········ 139
6.1　模式转换的研究现状 ········ 139
6.2　模式转换基础理论 ········ 140
6.3　空间相位调制模式转换 ········ 143
6.3.1　模式转换系统模型 ········ 143
6.3.2　高阶模到 LP_{01} 模式的转换 ········ 145
6.3.3　转换效率分析 ········ 146
6.4　模式转换的改进 ········ 148
6.4.1　基于模拟退火算法的模式转换 ········ 148
6.4.2　模式转换效果比较 ········ 151
6.5　实验研究 ········ 153
6.5.1　模式转换实验 ········ 153
6.5.2　耦合效率实验 ········ 156
参考文献 ········ 158
第 7 章　自适应光学波前校正 ········ 160
7.1　引言 ········ 160
7.2　系统组成 ········ 160
7.2.1　Zernike 多项式 ········ 161
7.2.2　波前畸变对耦合效率影响 ········ 163
7.2.3　桶中功率 ········ 164
7.2.4　斯特列尔比 ········ 165
7.2.5　波前传感器 ········ 166
7.2.6　变形镜 ········ 169
7.3　仿真分析与实验研究 ········ 174
7.3.1　仿真分析 ········ 174
7.3.2　实验研究 ········ 175
参考文献 ········ 183

第1章 绪　　论

1.1 研究背景及意义

光信号通过自由空间传播而无须波导。无线光通信以光波为载波进行高速信息传输[1]，可以融合微波通信与光纤通信的优点，拓展光通信的应用领域[2]。

无线光通信系统模型如图 1-1 所示。它主要包括无线光通信端机、光学天线(望远镜)[1]、激光器、信号处理单元、自动跟踪瞄准(acquisition pointing tracking，APT)系统等。发送器的光源采用激光二极管(laser diode，LD)或发光二极管(light emitting diode，LED)，接收器主要采用 P 型半导体-杂质-N 型半导体 (positive-intrinsic-negative，PIN)或雪崩二极管(avalanche photo diode，APD)。其中，空间光-光纤耦合是无线光通信系统的一个关键技术。

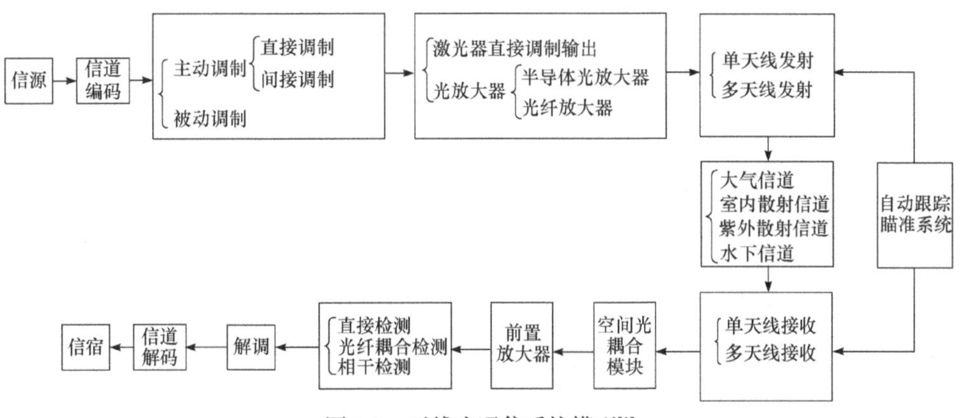

图 1-1　无线光通信系统模型[1]

1.1.1 发射机

将信源产生的某种形式的信息[3](如时变的波形、数字符号等)调制到光载波上，光载波(称为光束或光场)通过天线向自由空间发射，这就是发射机。发射机包括信源编码、调制、信道编码、光信号放大，以及发射天线。

信道编码是在信源数据码流中加插一些冗余码元[4]，从而达到在接收端进行判错和纠错的目的。提高通信可靠性是信道编码的基本任务。信道编码的本质是增加信息传输的可靠性，但是由于加入了冗余信息而使有用的信息数据传输率降低[5]。

调制是信号的变换过程，依编码信号改变光载波信号的某些特征值(如振幅、频率、相位等)，并使其发生有规律(由信源信号本身的规律决定)的变化。调制是把信源搭载到便于在光信道中传输的光载波上，这样光载波就携带了信源的相关信息[6,7]。

调制可以分为主动调制与被动调制。如果光源和调制信号同在发射端，就是主动调制；如果光源和调制信号不在同一端，就是被动调制，也称逆向调制。控制激光器驱动电源进行调制就是直接调制；对激光器发出的波束或光场进行调制称为间接调制，也称外调制。

如果通信距离要求较远，激光器直接输出的光功率不足，可以采用光放大器对光信号进行放大。光放大器有半导体光放大器和光纤放大器。

发射天线有多天线发射/多天线接收、单个天线发射/多天线接收等。多(单)天线发射/多(单)天线接收可以抑制大气湍流的影响[8]。

1.1.2 接收机

接收机包括光信号收集天线、空间光-光纤耦合单元、前置放大器、检测器、解调器等[8,9]。

接收天线把发射机发送的光信号收集起来，空间光-光纤耦合将接收机收集的光信号耦合进光纤，由光电探测器实现光电转换。光信号耦合进光纤的过程中会有能量损失。

有时耦合进光纤的信号会非常微弱，因此需要采用前置光放大器对其进行预先放大，再进行光电转换。这个放大器就是前置放大器。

信号检测有探测器直接检测、空间光-光纤耦合检测、分布式检测，以及相干检测。光检测器直接接收天线汇集光信号的检测方式称为直接探测。将空间光耦合进光纤中，由光电检测器检测光纤中的信号，这就是空间光-光纤耦合检测。由于光纤端面小，光电转换器感光面积小，需要的光信号强度也小，因此空间光-光纤耦合检测的速率高、检测灵敏度也高。相干探测是信号光与本振光在混频器中进行混频，将信号光放大，一般具有 20～23dB 的增益[4]。本书主要讨论无线光通信系统中的空间光-光纤耦合技术。

1.1.3 光学天线

无线光通信系统的主光学天线一般为望远系统[10]，主要有牛顿系统、开普勒系统和卡塞格林系统等。其中，双反射式卡塞格林系统常用于无线光通信光学系统[11,12]，它没有色差且很容易实现大口径接收。折射式光学系统通常适用于可见光和近红外波段的无线光通信。反射系统适用于全波段。

反射式光学系统如图 1-2 所示。反射式光学系统可以具有多个焦点，因此可以产生多个不同的相对孔径、视场角，以及焦距。常用的反射式光学系统有牛顿反射光学系统、格雷戈里系统和卡塞格林系统等。牛顿光学系统相对孔径较大，常用于口径较大的光学系统，但是制作成本高，对于偏轴光线存在彗差。格雷戈里系统可以同时消除球差和色差，但是制作工艺要求高，实际应用不多。卡塞格林光学系统有传统卡塞格林光学系统、达-客光学天线系统、施密特光学天线和 Ritchey-Chretien 光学天线几种形式。其特点包括，消色差、焦距长，使用波谱范围宽；采用非球面透镜以后，消像差能力强；光学结构简单，成像优良的优点，在无线光通信系统中得到广泛的应用。

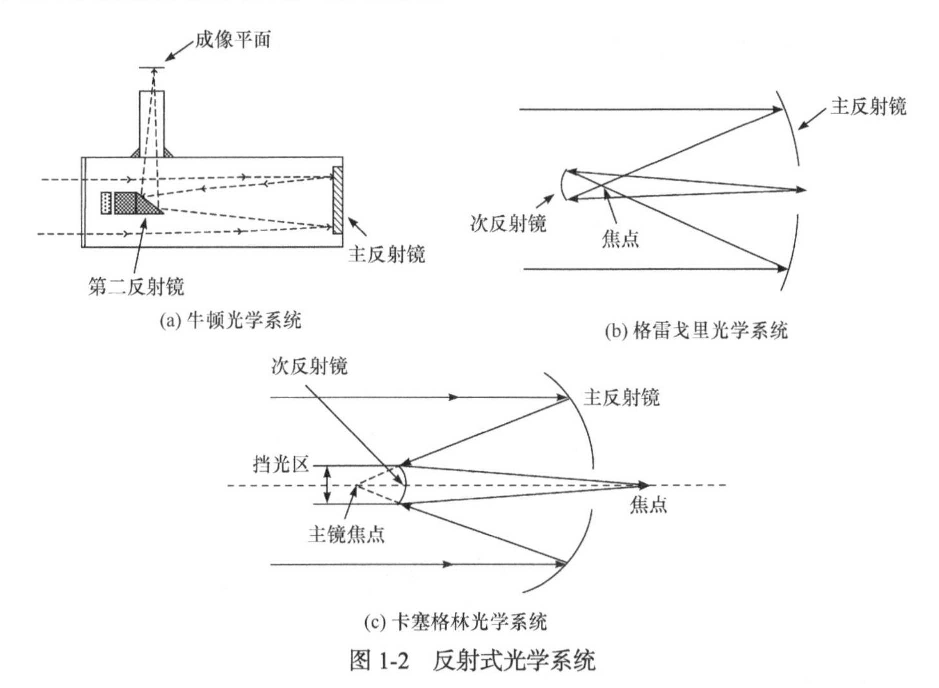

图 1-2 反射式光学系统

如图 1-3 所示，折射式光学系统前端物镜是一组胶合透镜，光线通过物镜以后在目镜之前成像，像点经过目镜放大以后被接收。折射式望远镜具有视野宽阔、高对比度和清晰度的优点，但是物镜导致折射式望远镜具有色差，而且口径越大色差越严重。同时，镜筒长度决定焦距，导致折射式望远镜体积庞大。

如图 1-4 所示，折返式光学系统将折射式光学系统的物镜与反射光学系统结合，物镜为中央凸、周边凹、形状复杂的波浪状修正透镜(修正球面主镜的球差)。折返式光学系统主要有施密特-卡塞格林天线结构、马克斯托夫-卡塞格林(记为马卡)天线结构、菲涅耳光学透镜天线结构。

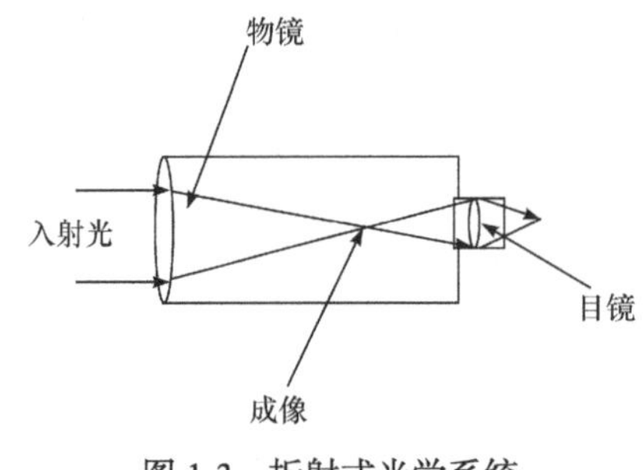

图 1-3 折射式光学系统

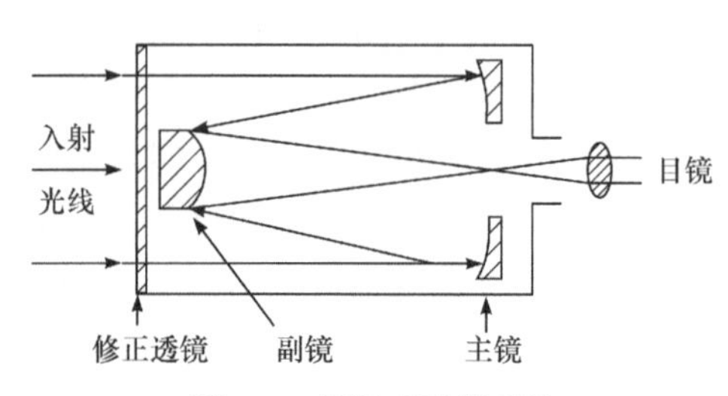

图 1-4 折返式光学系统

施密特-卡塞格林天线结构以施密特天文观测仪为基础，施密特修正透镜修正球面像差，同时承袭卡塞格林天线结构以凸面镜作为天线系统的次级反射镜。其具有很多变形结构，如双球面镜结构、双非球面镜结构、球面镜和非球面镜组合结构等。此类天线结构制作工艺较为简单，结构紧密，便于携带。

马卡塞天线的典型特点是次反射镜非常小，通常是校正镜上的一个镀铝的圆斑，折反射式结构使马卡天线结构紧凑，通过较小的尺寸就可形成大口径和长焦距的透镜组系统。马卡天线作为空间光耦合系统时，可实现大口径耦合接收技术，具有较强汇聚光功率的能力；焦距长，容易满足光纤数值孔径的要求；同样的相对孔径(D/f)下，可比普通透镜系统长度减少近 1/2。

菲涅耳光学天线基于卡塞格林天线结构，使用菲涅耳透镜替换前端的折射校正透镜。相比常规校正透镜，菲涅耳透镜具有聚焦能力强，焦距短、透镜厚度薄、重量轻等优点，其光学效率超过 90%，适用于大多数小视场高增益的光学系统前端。三种光学系统结构对比如表 1-1 所示。

表 1-1 折射式、反射式和折返式光学系统结构对比

名称	优点	缺点
折射式光学系统	视野宽阔；高对比度、清晰度高	色差严重；孔径对性能影响较大、体积庞大
反射式光学系统	多焦点、不同数值孔径和视场角；消球差和色差；适用波谱范围宽；光学学结构简单、像质优良	制作成本高，制作过程和工艺复杂；偏轴光线存在彗差
折返式光学系统	消除了折射式的色差和反射式的球差及其他像差；同体积下的焦距更长	校正透镜的制作难度高，费用高；天线整体组装校准复杂，制作成本高

1.1.4 空间光-光纤耦合的优点

空间光-光纤耦合接收技术已成为无线光通信系统的关键研究技术。从接收角度来看，它是一种把光信号耦合进光纤中，然后在光纤末端进行光学放大、光电探测等过程的接收方法。将信号光耦合进光纤再进行探测，可以为无线光通信系统带来如下便利[13]。

(1) 光纤纤芯截面小，可利用感光面积小的探测器进行光电转换。探测器结间电容会随着感光面积的减小而减小，理论上可获得较高的响应速率。

(2) 可在光纤中对信号光束特性进行控制[14,15]。例如，利用掺铒光纤放大器(erbium-doped fiber amplifier，EDFA)、半导体光放大器等器件放大信号光束的光功率；利用光纤偏振控制器控制信号光束的偏振特性。

(3) 促进无线光通信系统模块化，提高系统互换性[16,17]。一般情况下，无线光通信系统光电探转换过程在主天线焦点处进行，需要经过严格的光学校准。如果光电探测器发生故障，需要在更换器件后对整个接收光路重新调校。采用空间光-光纤耦合技术的无线光通信系统则可以规避此类问题。

1.2 无线光通信技术发展现状

由于大气湍流对无线光通信影响严重，20 世纪 70 年代，无线光通信发展一度停滞不前[18]。随着激光器技术和探测技术的不断进步，从 20 世纪 80 年代起[18]，各国又开始无线光通信的研究。

1.2.1 国外发展现状

1880 年，Bell 发明了“光电话”。这被认为是现代无线光通信的开端。STRV-2[19](space technology research vehicle 2)实验计划终端是由美国战略导弹防御组织(Ballistic Missile Defense Organization，BMDO)资助，Aslro Terra 公司设计研制的，于 1998 年底发射升空的星-地无线光通信平台。设计要求以 155 Mbps (bits-per-second，位每秒)的星-地码率下传其存储的数据，并以 155～1240Mbps 的码率重新下传上行的数据。OCD[20](optical communication demonstrator，激光通信演示系统)是由美国国家航空航天局(National Aeronautics and Space Administration，NASA)和喷气推进实验室(Jet Propulsion Laboratory，JPL)联合设计的实验平台，于 1998 年 5 月底进行地面实验，1999 年开始进行空-地实验，2002 年在国际空间站进行实验演示。其目标是建立从国际空间站到地面吉比特每秒量级的激光通信下行链路，并使无线光通信设备小型化、轻型化、高码率、低成本。在 OCD 平台研制期间，NASA 和 JPL 联合开展了近地 45km 光链路的实验研究[21]，在加州 Strawberry Peak 发射 840nm 激光信号，同时接收另一端发射的 780nm 的激光信号。另一端是位于 JPL 的 0.6m 孔径望远镜。该实验主要用于判定每一端测量得到的平均接收功率的衰落是否在链路分析预测的不确定范围以内。

LLCD[22,23](Lunar Laser Communication Demonstration，月球激光通信演示平台)是NASA研制的月球-地球的无线光通信演示平台，2013年10月成功实现月球到地面下行速率为622 Mbps、上行速率为20 Mbps的光通信链路的建立。这也是目前最长的光学通信链路(400000km)，通信速率是传统射频链路的6倍。

SILEX[24-28] (semiconductor inter-satellite link experiment，半导体激光星间链路实验)是由欧洲航天局 (European Space Agency，ESA)主持展开的。它是TEMIS卫星与SPOT4卫星轨道间激光通信链路综合技术研究和系统实验项目，是欧洲最具代表性的无线光通信系统。其目的是演示空间轨道上的激光通信，然后传送SPOT4卫星的地球观测数据至TEMIS卫星，TEMIS再将数据通过Ka波段通道传送至地面。其通信距离为45000km、SPOT4到TEMIS通信速率为50Mbps、TEMIS到SPOT4通信速率为2Mbps。

OICETS[29-31](optical inter-orbit communication engineering test satellite，轨道间光通信工程实验测试卫星)是由日本国家空间发展署(National Space Development Agency of Japan，NASDA)研制的，用来验证空间激光通信链路技术的实验卫星。其与ESA的SILEX项目合作，进行星间光链路实验。2006年5月又与日本情报通信研究机构地面站成功地实现了星-地激光通信实验，OICETS搭载的激光通信终端通信速率为49.3 Mbps，通信距离为600～1500km。

2000年，朗讯公司和Astro Terra公司[32]成功实现1550nm 4波长、波分复用为10Gbps、传输距离为4.4km的无线光通信系统。朗讯公司采用的光纤放大器可以在200m内实现20～160Gbps的数据通信。Terabeam[32]公司在2000年悉尼奥运会上使用无线光通信设备进行图像传送，在西雅图的四季饭店利用无线光通信设备向客户提供100Mbps的数据链接。2015年，AOptix[33]公司生产的MB2000型RF-FSO双频段无线通信产品在香港周边岛屿之间等场合已经商用化，通信速率可以达到2Gbps、最大通信距离为10km。

1.2.2 国内发展现状

“烽火传信”被认为是中国古代朴素的光通信的开端。进入21世纪以来，中国相继展开了星间、星-地和地面无线光通信链路关键技术的研究工作。文献[34]，[35]研究了星-地激光通信技术。2011年10月，星-地通信终端搭载在“海洋二号”卫星上，进行了星-地激光通信试验，单路数据传输率可以达到504Mbps[36]。国内多数成果还是局限于地面光通信链路和关键技术的研究阶段。2002年，中国科学院成都光电技术研究所[37]开发了无线光通信终端，传输速率为10Mbps，通信距离为1～4km。2006年，桂林激光通信研究所[38,39]完成155Mbps、622Mbps速率的10km的无线光通信系统。艾勇等[40,41]进行了大气激光通信及信标光的捕获和跟踪方面的研究，2008年完成无线光通信自动跟踪伺服系统的地面模拟实验，

2011 年实现 4.6km 无线光通信链路[42]，使用密集波分复用完成 5Gbps 数据传输。2013 年 9 月，姜会林等[43,44]成功地完成飞行器之间的远距离激光通信实验，同时在深空光通信方面也进行了有益的探索[45]。

自 2000 年开始，柯熙政等[46-52]在大气湍流中光的传输特性研究、光学设计、编码调制技术、相干探测技术等方面取得了一些进展，2018 年已经成功研制出整机重量不超过 8kg 的无线光通信系统终端。该终端具有标准以太网数据接入能力，能完成双工数据、语音和图像的可靠传输，最大传输速率 1.25Gbps，传输距离 3～10km，且在轻霾条件下误码率(bit error rate，BER)优于 10^{-6}。2018 年，柯熙政进行了 100km 相干光通信实验。

1.3 空间光-光纤耦合技术研究进展

空间光-光纤耦合技术将光耦合进光纤之后可在光纤中对光信号进行处理，提高系统的互换性[1]。因此，空间光-光纤耦合技术是无线光通信系统的关键技术之一，但是单模光纤纤芯直径很小，会增加空间光耦合进光纤的难度，而光学系统的像差、大气湍流到达角起伏、光纤的静态角误差、光纤与空间光的视轴定位误差等都会影响光纤的耦合效率[53]。提高空间光耦合进入光纤的效率是提高无线光通信可靠性和有效性的重要保证，对于无线光通信有重要的实际价值。

1.3.1 国外研究进展

(1) 随着自由空间光通信的迅速发展，空间光-光纤耦合技术作为空间光通信的关键技术，在学者的积极研究下也逐步取得一些研究成果。20 世纪末，空间光-单模光纤耦合技术的研究应用最多的是天文学领域。此后，空间光-光纤耦合技术开始应用到激光雷达领域中。

1988 年，Shaklan 等[54]详细介绍了将星光耦合进入单模光纤的问题，分析了平均耦合效率，由于艾里斑模式和光纤的近高斯模式不匹配，LP_{11} 模式截止时的最大效率为 78%，在 $D/r_0 = 4$ 时(D 为耦合透镜直径，r_0 为大气相干长度)，获得最大总耦合功率。

1998 年，Winzer 等[55]推导了单色光通过透镜后将其耦合进光纤的耦合效率表达式，将其推广到相干和非相干的光纤激光雷达领域中，优化了接收孔径的数值大小，得到 42%的最大耦合效率。

(2) 空间光-光纤耦合自动对准技术是耦合技术研究的关键问题之一。学者对空间光-光纤耦合自动对准的研究进一步提高了光纤耦合的效率。

1990 年，Boroson[56]提出一种应用于激光通信领域的基于光纤章动的有源耦合方案，在接收光信号的同时让单模光纤起到位置误差传感器的作用，根据耦合光功率的变化估计光纤位置误差，将误差反馈给位置控制电机来纠正光纤位置，使耦合损耗降低到 2dB。

2001 年，Sayano 等[57]进行了多信道复用的光码分多址的实验，将空间光耦合进单模光纤，用位置传感器探测入射光束角度的波动，驱动快速倾斜镜进行误差补偿，得到的耦合效率约为 50%，耦合损耗约为 3dB。

(3) 由于微透镜具有改变光斑尺寸、可加入控制算法等优点，因此利用透镜技术提高耦合效率也被广泛用于光纤耦合。

1995 年，Modavis 等[58]建立了一个基于激光和光纤场的高斯理论模型，对激光二极管和单模光纤之间的变形光纤微透镜的耦合性能进行分析，并通过实验测得该透镜的平均耦合效率为 78%。

2001 年，Ruilier 等[59]理论分析了采用大孔径望远镜接收的空间光-单模光纤耦合，并进行数值仿真，结果表明相对于传统的孔径平滑效应理论，相位起伏对采用大孔径下望远镜接收的光纤耦合效率影响更小。

2002 年，Sherman 等[60]设计了一种利用非球面镜的 Ritchey-Chretien (RC)望远镜的无线光通信系统。该系统的反射镜配置了更大的焦平面，允许将 $n \times n$ 光纤阵列定位在 RC 光学望远镜的焦平面中，从而实现与单个光学望远镜的点对多点通信。

2002 年，Wallner 等[61]计算了相干平面波耦合进入单模光纤的耦合效率，并根据光纤端面与透镜焦点间位置的关系，采用准直系统，耦合效率可以达到 61%。

2010 年，Daniel 等[62]设计了以光纤阵列作为接收光信号的耦合方法，采用压电陶瓷驱动器驱动微透镜阵列补偿倾斜误差，实验测得的输出光功率提升 39dB，光纤耦合效率得到提高。

2018 年，Hottinger 等[63]设计了一种带有微透镜的单模光纤耦合的角度传感器，通过传感光纤中的光能量调整光纤位置，实现空间光与光纤的耦合对准。

(4) 由于单模光纤纤芯直径小，会增加空间光耦合进光纤的难度，因此在研究单模光纤耦合的基础上，学者进一步研究多模光纤、少模光纤(few-mode fiber)，以及特殊设计光纤耦合来提高耦合效率。

1997 年，Du 等[64]研究了一种将高功率二极管激光器的输出耦合到一根多模光纤中的技术。结果表明，在通过光纤的 20W 连续激光功率下，从激光二极管到光纤的耦合效率为 71%。

2007 年，Boroson 等[65]研究了衍射对于单模光纤和少模光纤的光纤耦合效率的影响。结果表明，少模光纤可以提供比单模光纤更高的最大耦合效率(>90%)，少模光纤对望远镜瞳孔中障碍物的影响不如单模光纤敏感。

2013 年，NASA 进行了 LLCD，其下行链路通信速率为 622Mbps，上行链路通信速率为 20Mbps，采用 PPM(pulse-position modulation，脉冲位置调制)方式。地面接收端采用多模保偏光纤耦合空间光。在弱湍流条件下，空间光-多模光纤的耦合效率可达 92%[66,67]。

2014 年，Carl[68]提出一种空间光-单模光纤耦合的装置。它由一个光纤锥体组成，锥体充当模式过滤器过滤高阶模式，进而将其余模式耦合进单模光纤中，功率损耗仅有 2.4dB。

2019 年，Vanani 等[69]根据自由空间光束模态的成像特点，以及自由空间光束模态与少模光纤模态之间的内积，建立理论耦合模型并计算出少模光纤的数值耦合结果。研究发现，为了最大限度地提高总耦合效率，高阶自由空间光束和光纤模态的尺寸应该近似匹配，并且存在一个少模光纤的归一化频率最优值。

(5) 通过在空间光-单模光纤耦合模块前增加一个掺铒放光纤大器来提高耦合效率。

1994 年，Salisbury[70]在激光雷达系统的空间光-单模光纤耦合模块前增加了一个 EDFA，与传统的 PIN 探测相比，信噪比提高了 36dB，耦合效率提高了 20%。

2002 年，Smolyaninov 等[71]采用 1550nm 激光做了链路为 2km 的激光通信通信实验，传输速率达 1.2Gbps，采用 EDFA 作为接收前置光放大器耦合至单模光纤中，实验表明部分时间内 BER 不超过 10^{-4}。

(6) 大气湍流对于光束质量的退化，也直接影响空间光到光纤的耦合效率。大部分学者采用自适应光学系统，通过对于波前畸变的补偿，将耦合端面的光波修正为高斯分布平面波，能够进一步提高光纤耦合的效率。

1998 年，Ruilier[72]从理论上推导了大气湍流条件下单色波-单模光纤耦合效率的解析式，并对采用自适应光学技术来提高耦合效率的方法做了初步探讨。

2002 年，Weyrauch 等[73]使用变形镜开展了关于自适应光纤耦合的研究，以耦合进光纤中的光功率作为衡量实验系统，并进行校正的指标。其主要采用随机并行梯度下降算法(stochastic parallel descent algorithm，SPGD)，使单模光纤和多模光纤的最大耦合效率分别达到 60%和 70%。

2005 年，Dikmelik 等[74]对大气湍流引起的空间光耦合效率的影响进行了实验分析，推导出弱大气湍流条件下大气湍流参数与光纤耦合参数之间的关系表达式，计算出当耦合效率小于 5%时，在强湍流条件下，通信距离可达 100m 左右；在中强湍流条件下，通信距离可达 800m 左右；在弱湍流条件下，通信距离超过 1km。

2006 年，Toyoshima[75]分析了存在随机角抖动情况下聚焦系统内的艾里斑尺寸和光纤模场大小之间的最佳数值关系，结果表明归一化随机角抖动与模场半径的比值大于 0.3 时，系统平均 BER 从 10^{-1} 下降到 10^{-4}。

2008 年，Franz 等[76]研究了不同场景下包括地球静止卫星(geostationary satellite，GEO)、高空平台(high-altitude platform，HAP)和光学地面站(optical ground station，OGS)由大气湍流引起的相位畸变对激光束耦合到单模光纤中的耦合效率的影响，证明了通过校正倾斜分量，GEO 到 HAP 通信可以接近衍射极限的性能。

2010 年，Takenaka 等[77]建立了大气湍流中地-星激光通信链路光纤耦合效率的仿真模型，在大气湍流条件下光纤耦合损耗在 10dB 以上。

2012 年，Takenaka 等[78]研究了在大气湍流条件下进行高频工作的快速反射镜，并在星地激光通信实验中验证了其光斑位置的跟踪性能。实验测得卫星对地激光通信链路中的耦合效率衰落在 10～19dB 之间，与理论值 17dB 吻合。

2016 年，美国宇航局的月球中继通信演示验证(Lake Chelan Reclamation District，LCRD)项目中的两个地面站光学系统采用自适应光学系统补偿大气湍流，并将光束耦合入单模光纤。自适应光学系统采用双变形镜设计，分别校正低频大幅度扰动，以及高频小幅度扰动引起的光束耦合。实验结果显示，在一般的大气环境条件下，平均耦合效率可以达到 50%以上[79,80]。

2019 年，Carrizo 等[81]通过迭代更新单个焦平面散斑的相位来校正波前相位，使耦合到单模光纤中的功率最大化。实验结果表明，在强湍流条件下，在不到 60 次功率测量的迭代情况下达到约 4dB 的功率增益。

1.3.2 国内研究进展

(1) 在空间光-光纤耦合技术方面，国内学者同样进行了深入的研究，并取得较大的进展。在空间光通信领域，由于传输信道的复杂性，大气湍流对空间光耦合同样有明显的影响。

2006 年，向劲松等[82]研究了空间光耦合至单模光纤耦合效率的情况，在考虑湍流强度闪烁、孔径平滑效应、湍流波前畸变、耦合系统跟踪误差的影响下，对光功率的波动情况进行分析，并计算上行链路和下行链路的平均耦合效率与耦合功率起伏。分析得到，上行链路对光耦合效率的影响较小；对于下行链路，相对功率起伏先因孔径平均效应而减小，后因湍流波前畸变的影响而逐渐增大。

2009 年，Ma 等[83]研究了大气湍流引起的到达角起伏对光纤耦合效率影响，得到存在随机抖动时光纤耦合光学系统设计参数的最优值，即孔径半径与光纤模场的半径之比$\beta = 1.121$时，此时耦合效率有最大值 81%。

2011 年，赵芳[84]研究了对准误差和随机角抖动对空间激光到单模光纤耦合效率的影响，通过优化耦合参数获得最大平均耦合效率，实验测得的最大耦合效率为 65%。

2016 年，Zheng 等[85]研究了湍流大气作用下空间光-少模光纤的耦合效率，利用液晶光调制器在室内模拟大气湍流。结果表明，在相同实验条件下，与单模光纤相比，2 模光纤和 4 模光纤的耦合效率分别提高 4dB 和 7dB。

2018 年，刘禹彤等[86]从随机角抖动与光纤对准误差两方面综合讨论了径向偏移对耦合效率的影响，通过仿真和实验得到系统最大耦合效率为 62%，径向偏移容差为 1.52μm。

2021 年，宋佳雪等[87]建立了受大气湍流扰动的瞬时耦合效率计算模型，得出影响光纤耦合效率统计分布的最少无量纲参数。研究发现，随着孔径半径-大气相干长度比的增大，在某一点存在最大值。

(2) 为了抑制大气湍流效应的影响，学者采用变形镜、波前传感器和控制器等构成的自适应光学系统，通过对波前畸变的补偿，将耦合端面的光波修正为平面波，能够进一步提高光纤耦合的效率。

2010 年，Wu 等[88]利用自适应光学技术和相干光纤阵列技术结合的方法来提高空间光耦合效率。结果表明，该方法可以将信号光经大气湍流后耦合进光纤的效率从 3%提高到 38% 。

2011 年，韩立强等[89]提出一种无模型盲优化波前校正技术来提高在大气湍流影响下的空间光耦合效率。结果表明，单模光纤耦合效率从 6%提高到 60%左右。

2012 年，杨清波[90]对经过大气湍流的光束进行补偿，采用波前相位模式补偿使单模光纤的耦合效率接近 81%。

2013 年，熊准等[91]采用 37 单元自适应光学系统来校正大气湍流像差。结果表明，校正低阶像差能提高耦合效率，校正高阶像差能使耦合效率进一步改善。当斯特列尔比(Strehl ratio，SR)从 0.16 提高到 0.35 时，耦合效率增大约 20%。

2014 年，韩琦琦等[92]对卫星平台振动对空间光-光纤耦合效率的影响进行了理论分析，并建立卫星平台微振补偿系统。结果表明，反馈控制技术的主动补偿系统能有效地抑制低频振动，使耦合效率最大提高 54.73%。

2014 年，罗文等[93]研究了单一像差对耦合效率的影响。当 D/r_0(D 为耦合透镜直径，r_0 为大气相干长度)较小时，相较于其他像差，以倾斜像差为主要影响因素，采用自适应光纤光源准直器(adaptive fiber-optic collimator，AFOC)进行校正。结果表明，平均耦合效率从 30.07%提高到 61.72%。

2015 年，李枫等[94]研制了自适应光纤耦合器(adaptive fiber coupler，AFC)，并将 AFC 与 SPGD 算法相结合在不同大气湍流强度下进行闭环控制。结果表明，当选取最佳 SPGD 控制参数时，光纤耦合效率从 40%提升至 76%。

2017 年，Zheng 等[95]研究了在中等强度大气湍流下采用自适应光学技术补偿波前像差对空间激光-少模光纤的耦合效率的影响。结果表明，在中等湍流条件下，单模光纤和少模光纤的耦合效率分别提高 16dB 和 11dB。

2019 年，李晓龙等[96]设计了空间光-单模光纤大幅面的空间光自适应耦合系统，利用二维压电纳米定位平台，由控制模块、驱动模块、光电探测器和耦合透镜构成闭环控制系统，结合光栅扫描算法实现最佳耦合点的精确定位和稳定跟踪。结果表明，动对准时耦合效率提升约 10.6%。

2021 年，江杰等[97]设计了一种结合 SPGD 算法和少模光纤耦合解复用系统对动态湍流引起的波前相位畸变进行补偿校正。结果表明，在不同的湍流强度和风速条件下，未经 SPGD 算法校正时，少模光纤的耦合效率比单模光纤提高 0.5～1.5dB；经过 SPGD 算法校正后，少模光纤的耦合效率比单模光纤提高 0.4～2.2dB。

(3) 空间光-光纤耦合自动对准技术是一个寻找最佳耦合位置来提高光纤耦合效率的过程。

2007 年，高皓等[98]提出由压电陶瓷、控制器等组成的闭环控制系统，使用光栅式扫描确定最佳耦合位置后，再用五点跟踪法结合一维平动精确定位实现自动耦合。实验结果表明，该方法可以在较短时间内根据耦合入光纤的光功率大小自动搜寻到最佳位置，获得 59.2%的最大耦合效率。

2016 年，高建秋等[99]提出激光章动的空间光-单模光纤的自动耦合方案来减小随机角抖动对耦合效率的影响。实验结果表明，没有扰动时，系统的耦合效率为 67%，引入扰动并用控制系统进行扰动补偿后，系统的耦合效率提高 6.5%。

2017 年，吴子开等[100]提出一种基于光栅螺旋扫描算法和 SPGD 算法的耦合方案提高空间光-光纤耦合效率。结果表明，通过设定最佳扫描步长，光栅螺旋扫描算法能够有效地校正初始对准误差，采用 SPGD 控制算法后，聚焦光斑与单模光纤间的随机横向偏移得到校正，耦合效率能够有效提升至 81%。

2019 年，赵佰秋等[101]设计了基于快速反射镜结合光纤光电探测器的章动耦合算法，搭建了码速率为 1.65GHz 的视频传输实验，实现了静态条件下 59.63%的耦合效率，验证了激光章动算法对于耦合效率提升的有效性和可行性。

2019 年，Li 等[102]设计了一种基于激光章动的空间光到单模光纤耦合优化方案。该方案仅利用单个快速反射镜便可以实现径向误差过大情况下的单模光纤主动耦合。

2019 年，戚媛清等[103]提出将模式搜索法应用到光纤与光接收芯片的精密对准过程中。结果表明，对于 X、Y、Z 三自由度的对准耦合，与传统的爬山法相比，使用模式搜索法的对准时间在 25s 以内，对准成功率可以提高到 90%以上。

2020 年，吴天琦等[104]在光纤激光通信系统中设计了单模光纤自动跟踪耦合系统，以降低大气湍流等效应对单模光纤耦合的影响。结果表明，在激光自动跟踪时，单模光纤的耦合效率为 53.5%。

2020 年，赵卓等[105]分别研究了章动算法和 SPGD 算法的参数选取对算法稳定性和收敛速度的影响，以补偿卫星平台随机振动引起的空间光-单模光纤耦合效率损失。仿真结果表明，章动算法补偿后的平均耦合效率为 81.26%，均方根误差为 7.2×10^{-4}；SPGD 算法补偿后的平均耦合效率为 80.72%，均方根误差为 1.9×10^{-3}。相比于 SPGD 算法，章动算法稳定性更好。

(4) 半导体激光器采用光纤耦合输出方式不仅可以简化器件的应用，改善输出光束的非对称性，还可以简便地实现多个半导体光源之间的输出光耦合，得到更高的功率输出和光纤耦合效率。

1996 年，韦春龙等[106]运用模压非球面透镜耦合系统对半导体激光器与单模光纤耦合进行研究，耦合效率达 33%。

1996 年，张健[107]通过测量半导体激光器的光束质量，对其光束进行收集、准直、整形、聚焦后耦合进入光纤。结果表明，采用微型柱面镜及光纤头处理技术，耦合效率可达 85.7%。

1999 年，薄报学等[108]采用柱透镜对半导体激光器的输出光束进行了有效收集、预准直及多模光纤之间的耦合实验。结果表明，采用 808nm 波长的发射单元，与 200μm 芯径平端光纤的耦合效率高达 90%以上。

2002 年，卢栋等[109]研究了一种在半导体激光器与光纤之间加光纤微透镜的耦合技术。这种技术可以使耦合效率达到 80%。

2004 年，徐莉等[110]提出利用两个半柱型透镜代替双曲面透镜的计算模型，并利用两个半柱型透镜对发光面积为 1μm×100 μm 的半导体激光器与芯径 50μm 的多模光纤进行耦合。实验得到的总耦合效率为 74%。

2012 年，张林[111]设计了双波长合束系统，对 980nm 和 880nm 半导体激光器进行双波长合束,并对合束后的光束通过聚焦透镜耦合进直径 200μm 数值孔径 0.22 的多模光纤，并自行设计了耦合聚焦透镜。实验得出的耦合效率为 78%～82%。

2017 年，刘小文等[112]应用空间及偏振耦合技术，研制出大功率半导体激光器光纤耦合模块。实验结果表明，光纤输出功率为 234.6W，耦合效率为 60%。

(5) 由于单管半导体激光器的输出功率受限于数瓦量级，要获得更大输出功率和更高耦合效率，就需要研究具有多个发光单元的激光二极管阵列。

2000 年，石鹏等[113]提出一种用微片棱镜堆实现大功率激光二极管线列阵器件的光束整形技术，进而实现光纤耦合输出。这种技术可以把大功率激光二极管列阵输出的激光耦合进 600μm 的光纤，总耦合效率大于 50%。

2001 年，薄报学等[114]采用柱透镜对 10 单元阵列半导体激光器的输出光束进行了有效收集和预准直与多模光纤之间的耦合实验。激光器采用 808nm 波长的发射单元，与 200μm 芯径平端光纤阵列的耦合效率高达 75%。

2002 年，王晓薇等[115]利用一段数值孔径较小的多模光纤作为一个微透镜，将激光二极管线阵列的输出光束耦合到多模光纤阵列中。结果表明，耦合效率和输出光功率分别达到 75%和 15W。

2004 年，周崇喜等[116]提出一种集光束准直、整形、聚焦、耦合的高功率半导体激光器阵列光束的光纤耦合方法。当纤芯径为 800 μm、数值孔径为 0.37 的高功率半导体激光器发出的光耦合进光纤时，耦合效率大于 53%。

2005 年，许孝芳等[117]利用光纤柱透镜和光束转换装置压缩半导体激光器阵列的发散角，通过聚焦透镜将激光束耦合入芯径为 400 μm 的微球透镜光纤。实验结果得到的最高耦合效率大于 80%。

2010 年，王祥鹏等[118]采用阶梯反射镜组对 880nm 大功率半导体激光器阵列进行了光束整形，研制出高稳定性、大功率光纤耦合模块。结果表明，耦合效率为 73.8%。

2015 年，徐丹等[119]采用光束整形和空间合束的方法，研制出高功率、高效率多阵列光纤耦合半导体激光模块。实验结果表明，光纤的输出光功率最大可达 327W，光纤耦合效率大于 93.6%。

(6) 在实际的空间光-光纤耦合系统中，入射光波与光纤端面存在静态误差，同样会影响空间光-光纤耦合效率。

2013 年，Zhang 等[120]研究了将平行光束耦合进单模光纤的理论，分析了平行光耦合进单模光纤的过程。结果表明，单模光纤的入射光波模式匹配度和耦合透镜中心轴线之间的偏离程度会降低光耦合到单模光纤的效率，耦合效率受横向误差、倾斜误差的影响较大，而离焦对其影响比较小。

2013 年，罗志华[121]分别分析了卡塞格林系统准直和偏轴时的耦合效率。当卡塞格林天线的偏轴角小于 0.055rad 时，耦合效率大于 80%；当偏轴角为 0.08rad 时，卡塞格林光学天线系统的耦合效率为 69.26%。

2017 年，范雪冰等[122]提出当光纤发生横向偏移分别为 10 μm、15 μm 和 17 μm 时，多芯光纤平均耦合效率比相同纤芯面积的单芯光纤分别高出 14.4%、39.6%、36.9%；当光纤轴向偏移 0.1mm 时，七芯光纤的耦合效率比相同纤芯面积的单芯光纤耦合效率高约 12.9%。结果表明，单模多芯光纤对倾斜、离焦都有很好地抑制作用。

2018 年，王超等[123]针对两模光纤建立了无湍流环境下空间光-光纤耦合效率的理论模型，分析了光纤光轴与光学天线光轴之间的对准误差对系统耦合效率的影响。结果表明，当横向偏移量为 4μm 时，两模光纤的耦合效率比单模光纤高 10.23%；当轴向偏移量为 125μm 时，两模光纤的耦合效率比单模光纤高 11.24%；当随机抖动幅度标准差为 5μm 时，两模光纤的耦合效率比单模光纤高 12.1%。

(7) 要得到高的耦合效率就要同时实现光纤透镜和单模光纤的模场匹配和相位匹配，因此学者采用光纤透镜的方法来实现较高的耦合效率。

2003 年，赵发英等[124]建立了光纤与锥端球透镜光纤耦合的理论模型，用几种不同锥角和球面半径的透镜光纤进行耦合实验。结果表明，当球面半径为 25.6 μm，圆锥角为 110°时，最大耦合效率为 78.3%。

2014 年，刘洋洋等[125]研究了单模光纤与半导体激光器的耦合。结果表明，将光纤端面制作成楔形微透镜可以使光纤与半导体激光器的耦合满足模场匹配和相位匹配的要求，最大耦合效率为 81.36%。

(8) 由于微透镜可以有效汇聚激光器的输出光束，具有改变光斑尺寸、可加入控制算法等优点，因此利用透镜技术提高耦合效率也被广泛用于光纤耦合中。

2003 年，魏荣等[126]提出用望远镜准直系统提高激光光纤耦合效率的方法，利用合适的望远镜准直，可以提高耦合效率。采用 1.6∶1 的望远镜系统使单模光纤的耦合效率达到 70%，保偏光纤耦合效率达到 67%。

2015 年，王艳红等[127]采用倒置前端光学放大系统，对合成光束直径进行压缩，并采用六方形排列的微透镜阵列作为耦合元件，得到理论无损耗的高效光纤耦合系统。采用空心光管进一步匀化光场分布，减小边缘光线的发散角，可以提高边缘光线的成像质量，优化后的系统耦合效率达 98%。

2021 年，李巍伟等[128]提出一种利用双高斯透镜作为耦合透镜消除像差、提高耦合效率的方法，耦合效率可达 82.07%。

(9) 通过模式转换方法转换为能被光纤收集传输且能量分布集中的基模形式是提高耦合效率的关键因素之一。

2015 年，齐晓莉[129]利用空间光调制器(spatial light modulation，SLM)实现了 LP_{01} 模式到部分高阶模式的自由空间光路型模式转换。该方案使用 SLM，可重复性好，对于其他器件的要求不高，系统简单且易于实现。

2017 年，涂佳静等[130]基于简单的 SLM 结构实现了 LP_{01} 模式转换为 LP_{11} 模式、LP_{21} 模式，耦合到少模光纤中进行接收传输，但是此方案实现的模式转换效率较低。

2021 年，刘翔宇等[131]设计了用于掺镱光纤激光器的单模-多模光纤(single mode fiber-few mode fiber，SMF-FMF)模式耦合器和单模-空心光纤(single mode fiber-hollow core fiber，SMF-HCF)模式耦合器。结果表明，SMF-FMF 模式耦合器可以将 LP_{01} 模式转化为 LP_{11}/LP_{21} 模式，且耦合效率大于 96%；SMF-HCF 模式耦合器可以将 HE_{11} 转化为 HE_{21}/HE_{31} 模式，其耦合效率超过 82%。

(10) 通过优化改进光纤结构来提高耦合效率，在此基础上使设计结构简单便于加工，并且具有较好的抗干扰能力。

1981 年，李书全[132]采用球端光纤与发光管进行耦合的方式，控制球端曲率半径为 45μm，在发光管发光面直径为 50μm，光纤芯径为 65μm，光纤数值孔径为 0.17μm 的条件下，耦合效率一般为 6%，最大值为 13%。

2011 年，欧阳德钦等[133]采用梯度折射率光纤透镜耦合法实现半导体激光器到单模光纤的高效率耦合，并在此基础上完善半导体激光器全光纤耦合的 ABCD 矩阵理论。结果表明，利用梯度折射率光纤的聚焦特性，选取合适的长度，可以实现半导体激光器到单模光纤的高效率耦合，最大耦合效率达 80.5%。

2013 年，胡欣等[134]建立了锥形多模光纤的传输模型，模拟了激光在锥形多模光纤中的耦合效率和传输模式，并设计进行了光学实验。为解决圆环形光斑分布，提出将输出端连接的圆柱形光纤弯曲一定角度的方法，该方法可以将光斑改善为二维正态分布的光斑，理论耦合效率近 80%。

2019 年，王晓艳等[135]设计了一种新型光纤耦合结构，可以实现聚焦位置与光纤头的最优匹配，提高光纤端面数值孔径及偏移量容错能力，采用新型光纤耦合结构的最大耦合效率可达 60.3%，优于相同条件下传统耦合结构的最大耦合效率 36.7%。

2019 年，闫宝罗等[136]将锥形光纤应用于空间光-光纤耦合以提高空间光-光纤耦合效率。结果表明，锥形光纤的传输效率约为 70%，具有低损耗传输特性、用于匹配后端单模光电子器件的良好滤波特性。

(11) 通过进一步优化，改进耦合系统来提高耦合效率。

2011 年，王志勇等[137]设计一种基于光束空间分集发射与接收技术的小型化光学天线，缓解大气湍流对通信链路的影响。当系统通信距离为 10km、通信速率 52Mbps 时，接收灵敏度为−35dBm，单光束发射功率为 14dBm。

2014 年，张世强等[138]先将自由空间的光耦合进纤芯尺寸较大的单模光纤，然后将纤芯较大的单模光纤和纤芯较小的单模光纤进行熔接。实验结果表明，改进的耦合系统耦合效率显著提高，达到 60%以上。

2018 年，胡清桂等[139]为了增强空间光-光纤耦合的耐振动性能来提高耦合效率，对微振动环境下空间光-光纤的耦合特征进行分析，设计了一种新的锥形接收器。结果表明，采用普通光纤作为接收器时，耦合效率随着振幅的增大而迅速降低，当振幅从 0 增大到 280μrad 时，耦合效率从 95%降至 10%，采用新型锥形光纤接收器时，耦合效率从 95%降至 55%。

2018 年，冯涛[140]提出一种新型光学天线通信系统，模拟高斯光束通过光学元件与多模光纤耦合的过程，并讨论耦合光斑与光纤芯径位置的偏移对耦合效率的影响。理论计算表明，当透镜相对孔径倒数分别为 0.3100 和 0.3700 时，1310nm 激光最大耦合效率为 81.45%，1550nm 激光最大耦合效率为 82.54%。

2021 年，任兰旭等[141]提出一种高耦合效率、高温度适应性的前端法兰对称式结构。仿真分析，当温度场为 40℃，底部安装式结构焦点径向变化为−7.32μm 时，耦合效率下降约 68%，而前端法兰对称式结构焦点径向变化为−1.06μm 时，耦合效率仅下降 5%。

1.4　光模式与空间光-光纤耦合

光纤是一种由挤压的玻璃或塑料制成的柔韧透明纤维，略粗于人的头发。单模光纤是一种在横向模式直接传输光信号的光纤。通常情况下，单模光纤用于远程信号传输。多模光纤主要用于短距离的光纤通信，如在建筑物内或校园里。其折射率有渐变折射率和阶跃折射率两种。少模光纤是一种纤芯面积足够大、足以利用几个独立的空间模式传输并行数据流的光纤。理想情况下，少模光纤的容量与模式的数量成正比。然而，为了延长传输距离，需要使用少模光纤放大器。空间光-光纤耦合效率与信号光的光学模式直接相关。

1.4.1 光学模式

光学模式以不同角度分类，如空间模式和时间模式、LP(lm)和 TEM(mn)模式、单模和多模、横模和纵模、导模和漏模、基模和高阶模、包层模和共振腔模、厄密高斯模和拉盖尔高斯模、光子晶体光纤的无截止单模、卷绕光纤用于滤模、单频激光器的跳模、超短脉冲激光器的锁模。

光学模式是一种状态，是光子的自由度。模式是光子在腔或波导中的空间分布。模式是描述物理系统特征问题的特征函数。模式是麦克斯韦/亥姆霍兹方程解的一种形式。模式是系统的本征态，如果一个系统具有离散的时间、光谱或空间分布，则称为模式。光纤的模式是能在光纤中传输的光，每一个模式是满足亥姆霍兹方程的一个解。单模光纤只能传输一种光，就是平行于轴线的光，而多模光纤则可以传输多种波长的光，根据波长数值孔径的不同，不同模式的传输路径不同。光纤中光传播的模式如图 1-5 所示。

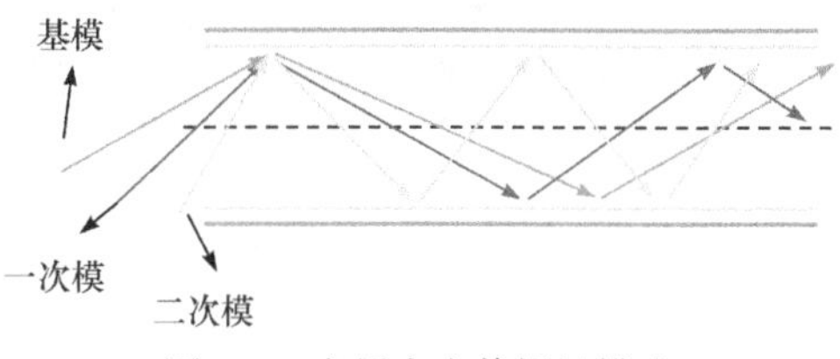

图 1-5 光纤中光传播的模式

1.4.2 厄米-高斯光束

在方形孔径共焦腔或方形孔径稳定球面腔中，除了基模高斯光束，还可以存在高阶高斯光束，其横截面内的场分布可由高斯函数与厄米多项式的乘积来描述。沿 z 方向传输的厄米-高斯光束可以写成如下形式，即

$$\begin{aligned}\psi_{mn}(x,y,z)&=C_{mn}\frac{1}{w}H_m\left(\frac{\sqrt{2}}{w}x\right)H_n\left(\frac{\sqrt{2}}{w}y\right)\mathrm{e}^{-\frac{r^2}{\omega^2}}\mathrm{e}^{-\mathrm{i}\left[k\left(z+\frac{r^2}{2R}\right)-(1+m+n)\arctan\frac{z}{f}\right]}\\&=C_{mn}\frac{1}{w}H_m\left(\frac{\sqrt{2}}{w}x\right)H_n\left(\frac{\sqrt{2}}{w}y\right)\mathrm{e}^{-\mathrm{i}\left[k\left(z+\frac{r^2}{2q}\right)-(1+m+n)\arctan\frac{z}{f}\right]}\end{aligned}\tag{1-1}$$

式中，C_{mn}为常量；w为光束中心到束腰z处的光束半径；$r=\sqrt{x^2+y^2}$；k为波矢；R为光束波前曲率半径；$H_m\left(\frac{\sqrt{2}}{w}x\right)$和$H_n\left(\frac{\sqrt{2}}{w}y\right)$为$m$阶和$n$阶厄米多项式。

厄米-高斯光束与基模高斯光束的区别在于，厄米-高斯光束的横向场分布由高斯函数与厄米多项式的乘积决定。如图 1-6 所示，厄米-高斯光束沿x方向有m条节线，沿y方向有n条节线；沿传输轴线相对于几何相移的附加相位超前，即

$$\Delta\phi_{mn}=(1+m+n)\arctan\frac{z}{f} \tag{1-2}$$

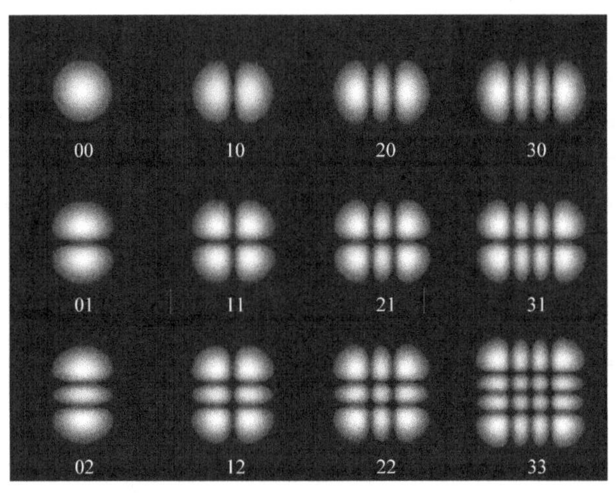

图 1-6　不同模式下厄米-高斯光束

可以推导出厄米-高斯光束在x方向和y方向的束腰半径，即

$$\begin{cases}w_m^2=(2m+1)w_0^2\\ w_n^2=(2n+1)w_0^2\end{cases}$$

z处的光斑半径为

$$\begin{cases}w_m^2(z)=(2m+1)w^2(z)\\ w_n^2(z)=(2n+1)w^2(z)\end{cases}$$

远场发散角为

$$\begin{cases}\theta_m=\sqrt{2m+1}\theta_0\\ \theta_n=\sqrt{2n+1}\theta_0\end{cases}$$

可以看出，束腰尺寸、光斑尺寸和远场发散角都随m和n的增大而增大。

1.4.3　拉盖尔-高斯光束

在柱对称(即柱坐标系)稳定腔(包括圆形孔径共焦腔)中，各高阶高斯光束在横截面内的场分布可由高斯函数与缔合拉盖尔多项式的乘积来描述，即

$$\psi_{mn}(r,\varphi,z)$$
$$=\frac{C_{mn}}{w}\left(\sqrt{2}\frac{r^2}{w^2}\right)^m L_n^m\left(2\frac{r^2}{w^2}\right)\mathrm{e}^{-\frac{r^2}{\omega^2}}\times\mathrm{e}^{-i\left[k\left(z+\frac{r^2}{2R}\right)-(1+m+n)\arctan\frac{z}{f}\right]}\begin{cases}\cos(m\varphi)\\ \sin(m\varphi)\end{cases} \tag{1-3}$$

式中，(r,φ,z)表示场点的柱坐标；$L_n^m\left(2\frac{r^2}{w^2}\right)$表示缔合拉盖尔多项式。

与基模高斯光束比较，柱对称系统中的高阶高斯光束的横向场分布为

$$L_n^m\left(2\frac{r^2}{w^2}\right)\mathrm{e}^{-\frac{r^2}{w^2}}\begin{cases}\cos(m\varphi)\\ \sin(m\varphi)\end{cases} \tag{1-4}$$

如图 1-7 所示，拉盖尔-高斯光束沿半径 r 方向有 n 个节线圆，沿辐角 φ 方向有 m 根节线。拉盖尔-高斯光束的附加相移为

$$\Delta\phi_{mn}=(1+m+2n)\arctan\frac{z}{f} \tag{1-5}$$

由此可以推导出拉盖尔-高斯光束在 x 方向和 y 方向的束腰半径为

$$w_{mn}=\sqrt{1+m+2n}w_0$$

z 处的光斑半径为

$$w_{mn}(z)=\sqrt{1+m+2n}w(z)$$

远场发散角为

$$\theta_{mn}=\sqrt{1+m+2n}\theta_0$$

可以看出，光斑尺寸和光束发散角都随 m 和 n 的增大而增大，并且 n 的增加比 m 更快。

1.4.4　空间光-光纤耦合

光纤就是一种圆柱形波导。模式就是波导传输的时候电磁波的空间分布情况。事实上，同频率激光在不同的空间分布完全可以在同一个波导中同时传播(一种比较基础的模式就是线偏振光，单模光纤传输的两个接近相互垂直的准线偏振光就是两种不同的模式)。

单模光纤可以避免多种模式的原因和圆柱形波导固有的截止频率有关，除了

基模以外的模式，都会超出可以传输模式的范围导致其在光纤中出现指数衰减，而非正弦函数式的传输。这样其他模式即使存在，也会很快地消逝。

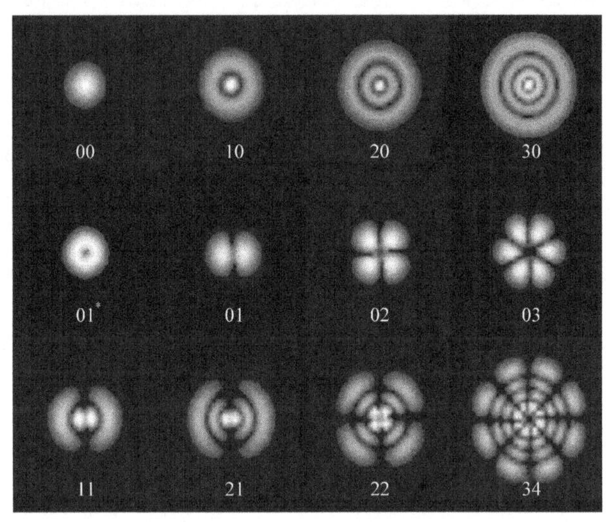

图 1-7　不同模式下拉盖尔-高斯光束

1. 数值孔径

如图 1-8 所示，数值孔径(N_A)是一个无量纲的数，用来衡量该系统能够收集的光的角度范围。数值孔径描述光进出光纤时的锥角大小，其大小由下式决定，即 $N_A = n \times \sin\alpha$，其中 n 是被观察物体与物镜之间介质的折射率，α 是物镜孔径角 2α 的一半。物镜孔径角是指物镜光轴上的物体点与物镜前透镜的有效直径形成的角度。数值孔径体现光纤与光源之间的耦合效率。数值孔径则描述光进出光纤时锥角的大小。

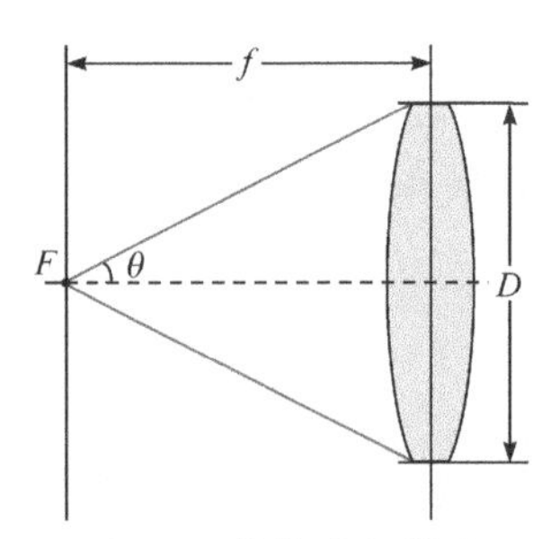

图 1-8　数值孔径说明

2. 模场直径

光强度降到峰值的 $1/e^2$ 时所跨的宽度就是模场直径。光束沿单模光纤传播时维持接近高斯形的强度轮廓，可用模场直径表征轮廓宽度。一般模场直径约为纤芯直径的1.15倍。

入射光越接近高斯光，耦合效率越高。如果入射光为高斯光，并且束腰等于光纤模场直径，那么可以达到很高的耦合效率。在高斯光束公式中用模场直径代入束腰直径可以准确计算单模光纤的耦合参数和发散角。模场直径与使用的波长有关系，随着波长增加，模场的直径增大。

3. 单模光纤耦合

提高单模光纤耦合效率要求入射高斯光束的束腰位于光纤端面，并且束腰强度和模式强度匹配重合。如果束腰直径不等于模场直径、光束强度轮廓变化、偏离，又或者没有沿光纤轴向入射，这些情况都会降低耦合效率。

4. 影响单模光纤耦合效率的因素

调节入射光束的角度、位置和强度轮廓可以提高单模光纤的耦合效率。假设光纤端面为平面，并与轴向垂直，满足以下条件的光束可以到达最高耦合效率，即高斯强度轮廓、从光纤端面正入射、束腰位于光纤端面、束腰中心对准纤芯中心、束腰直径等于光纤模场直径。

如果激光器只发射最低阶横模，那么输出近似高斯光束，可以高效耦合到单模光纤中。但是，多模激光、宽带光源和单模光纤的耦合效率很低，即使聚焦到纤芯区域，大部分光也会被泄露。这是因为多模光源只有一部分光匹配单模光纤导模特征，所以多模光源可以用多模光纤提供更高的耦合效率。

5. 光纤接收角

光学系统的N_A是一个无量纲的数，用来衡量光学系统能够收集的光的角度范围。N_A和最大接收角(θ_{max})的关系可通过几何光学计算得到，如图1-9所示。如果把入射光看成一条条射线，θ_{max}就表示光纤收集离轴光线的能力：入射角小于等于θ_{max}的光线在纤芯和包层界面发生全内反射，将被约束在纤芯中向前传播；入射角大于θ_{max}的光线由于折射最终被损耗。只有从空气隙到光纤端面以入射角小于θ_{max}入射的光线才能传播。θ_{max}实际上是个空间角，也就是说光从一个限制在$2\theta_{max}$的锥形区域中入射到光纤端面上。

如图1-10所示，入射角小于等于θ_{max}的光线被耦合到多模光纤某个导模中。一般而言，入射角越小，被激发的光纤模式阶数越低。大部分能量集中在中心附近的低阶模式中，正入射光线激发最低阶模式。

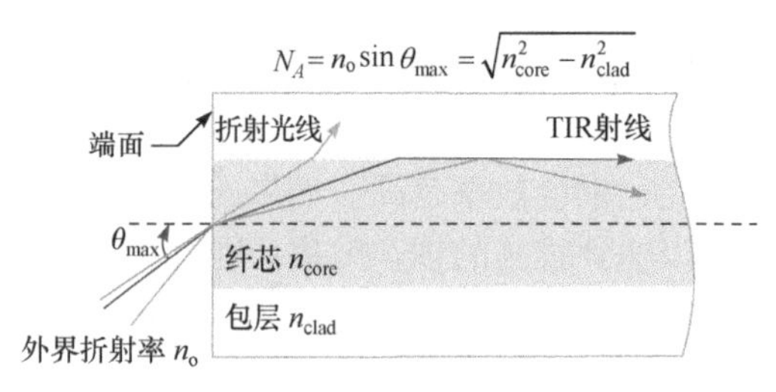

图 1-9　光纤耦合示意图一

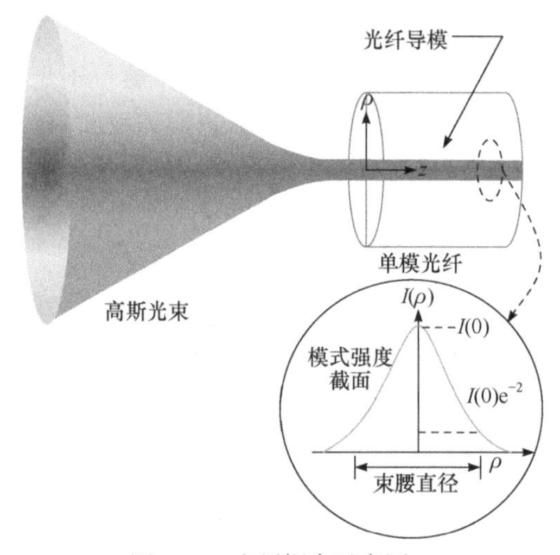

图 1-10　光纤耦合示意图二

由于几何光学分析的局限性，N_A 不是单模光纤的最大入射角，无法表征单模光纤的光接收能力。单模光纤中只存在由 0°入射光激发的最低阶导模，因此使用 N_A 估算单模光纤输出的发散角很不准确。此时，光束因衍射而发散，而几何光学不考虑这种效应，所以需要波动光学。本书讨论信号光束通过大气湍流之后，如何最大限度地提高耦合到单模光纤中的光功率。

无线光通信中空间光-光纤耦合系统的发展方向包括以下方面。

(1) 研究更为紧凑稳定的压电陶瓷的组合连接结构，提高对光纤位置的调整精度和稳定性[142]。

(2) 研究在不同强度的湍流环境下，实现空间光耦合的自动对准，提高湍流环境下的光纤耦合效率[134]。

(3) 设计更加精密、方便、有效的调校机构及方法，实现效果更好的收发一体马卡天线[143]。

(4) 研究考虑多种自由空间光模式同时存在的情况，并将多种模式同时进行转换，实现更高的光纤耦合效率[143]。

(5) 研究更加快速运算的反馈优化算法，更方便地实现自由空间光模式转换，提高光纤耦合效率[144]。

参考文献

[1] 柯熙政. 无线光通信. 北京: 科学出版社, 2016.
[2] Majumdar A K. Advanced Free Space Optics. New York: Springer, 2015.
[3] 柯熙政. 无线激光通信概论. 北京: 北京邮电大学出版社, 2004.
[4] 柯熙政, 吴加丽. 无线光相干通信原理及应用. 北京: 科学出版社, 2019.
[5] 柯熙政. 无线光通信中的部分相干光传输理论. 北京: 科学出版社, 2016.
[6] 柯熙政. 无线光通信系统中的编码理论. 北京: 科学出版社, 2009.
[7] 柯熙政. 紫外光自组织网络理论. 北京: 科学出版社, 2011.
[8] 柯熙政. 无线光 MIMI 系统中的空时编码理论. 北京: 科学出版社, 2014.
[9] 柯熙政. 无线光正交频分复用原理及应用. 北京: 科学出版社, 2018.
[10] Shannon R R,Wyant J C. Applied Optics and Optical Engineering. New York: Academic Press, 1969.
[11] Biswas G A, Williams K, Wilson E, et al. Results of the STRV-2 lasercom terminal evaluation tests. SPIE Free-Space Laser Communication Technologies, 1998, 32(66): 2-13.
[12] Sandusky J V, Lesh J R. Planning for a long-term optical demonstration from the international Space Station. SPIE Free-Space Laser Communication Technologies, 1998, 32(66): 128-134.
[13] 柯熙政. 涡旋光的产生、传输、检测及应用. 北京: 科学出版社, 2019.
[14] 吕百达. 强激光传输变换和光束控制研究的进展. 红外与激光工程, 2000, 29(1): 40-45.
[15] 关秀丽. 液晶技术在的光束控制系统中的应用. 微计算机信息, 2010, 26(34): 88-89.
[16] Rjeily C A, Abdo A. Serial relaying over Gamma-Gamma MIMO FSO links: Diversity order and aperture allocation. IEEE Communications Letters, 2015, 19(4): 553-556.
[17] Kaushal H, Kaddoum G. Optical communication in space: Challenges and mitigation techniques. IEEE Communications Surveys & Tutorials, 2017, 19(1): 57-96.
[18] 王佳, 俞信. 自由空间光通信技术的研究现状和发展方向综述. 光学技术, 2005, 31(2): 259-262.
[19] Kim I. Horizontal link performance of the STRV2 laser experiment ground terminals. Proceedings of SPIE, 1999, 36(15): 11-22.
[20] Jeganathan S M. Performance analysis and electronics packaging of the optical communications demonstrator. SPIE Free-Space Laser Communication Technologies, 1998, 32(66): 33-41.
[21] Biswas A, Cenideros J M, Novak M J. 45-km horizontal-path optical link experiment. SPIE Free-Space Laser Communication Technologies, 1999, 36(15): 43-53.
[22] Boroson D M, Robinson B S. The lunar laser communication demonstration: NASA's first step toward very high data rate support of science and exploration missions. Space Science Reviews, 2014, 185(1-4): 115-128.
[23] Robinson B S, Boroson D M, Burianek D A, et al. The NASA lunar laser communication demonstration-successful high-rate laser communications to and from the moon// International

Conference on Space Operations, Pasadena, 2014: 16851-16857.
[24] Demelenne B, Tolker-Nielson T, Guillen J C. SILEX ground segment control facilities and flight operations. SPIE Free-Space Laser Communication Technologies, 1999, 36(15): 2-10.
[25] PlancheG, Laurent B, Guillen J C. SILEX final ground testing and in-fight performance assessment. SPIE Free-Space Laser CommunicationTechnologies, 1999, 36(15): 64-77.
[26] Nielsen T T, Oppenhaeuser G. In orbit test result of an operational optical intersatellite link between ARTEMIS and SPOT4, SILEX. Proceedings of SPIE, 2002, 46(35): 1-15.
[27] Tolker-Nielson T, Demelenne B, Desplats E. In-orbit test results of the first SILEX terminal. SPIE Free-Space Laser Communication Technologies, 1999, 36(15): 31-42.
[28] Fletcher G D, Hicks T R, Laurent B. The SILEX optical interorbit link experiment. Electronics & Communication Engineering Journal, 1991, 3(6): 273-279.
[29] Toyoshima M, Takizawa K, Kuri T, et al. Ground-to-OICETS laser communication experiments. Proceedings of SPIE, 2006, 63(4): 1-8.
[30] Takashi J, Yoshihisa T, Koichi S, et al. Overview of the inter-orbit and orbit-to-ground laser communication demonstration by OICETS. Proceedings of SPIE 2007, 64(2): 1-10.
[31] Yamamoto A, Hon T, Shimizu T, et al. Japanese first optical inter-orbit communications engineering test satellite (OICETS). Proceedings of SPIE, 2210, 67(6): 30-38.
[32] 郑勇刚, 李博. 自由空间光通信技术的应用与发展. 无线光通信, 2006, 30(7): 52-53.
[33] Northcott M J, McClaren A, Graves J E, et al. Long distance laser communications demonstration// The Conference on Defense Transformation and Net-Centric Systems, Bellingham, 2007: 251-258.
[34] 姜诗琦. 星地激光链路高精度跟瞄偏差角度获取方法研究. 哈尔滨: 哈尔滨工业大学, 2014.
[35] 于思源, 闫珅, 谭立英, 等. 星间光通信链路稳定保持时间估算. 中国激光, 2015, 42(11): 137-143.
[36] 武凤, 于思源, 马仲甜, 等. 星地激光通信链路瞄准角度偏差修正及在轨验证. 中国激光, 2014, 41(6): 154-159.
[37] 张英海, 霍泽人, 王宏锋. 自由空间光通信的现状与发展趋势. 中国数据通信, 2004, 28(12): 78-82.
[38] 周浩天, 艾勇, 单欣, 等. 自由空间光通信中精跟踪系统的辨识. 红外与激光工程, 2015, 44(2): 736-741.
[39] 曾智龙, 王志勇, 雷利娟. 一种新型 155Mbps 大气激光通信机的研制. 光通信技术, 2009, 33(6): 28-30.
[40] 曹阳, 艾勇, 叶德茂. 空间移动平台信标光的地面模拟捕获与跟踪实验. 光电子激光, 2008, 19(3): 365-368.
[41] 李红军, 艾勇, 陈晶, 等. 基于 FPGA 的精跟踪控制系统的设计与实验. 光通信技术, 2015, 39(5): 50-53.
[42] 熊准, 艾勇, 单欣. 4.6km 距离 5Gbps DWDM 自由空间光通信实验. 红外与激光工程, 2011, 40(10): 1959-1963.
[43] 高天元, 胡源, 姜会林, 等. 机载空间激光通信大气附面层影响及补偿技术研究. 兵工学报, 2015, 36(12): 2278-2283.

[44] 赵义武, 娄岩, 韩成, 等.飞机间激光通信捕获过程中动态补偿算法研究. 兵工学报, 2015, 36(1): 117-121.
[45] 姜会林, 安岩, 张雅琳, 等. 空间激光通信现状、发展趋势及关键技术分析. 飞行器测控学报, 2015, 34(3): 207-217.
[46] 柯熙政, 王姣. 大气湍流中部分相干光束角反射器的回波光强特性. 光学学报, 2015, 42(10): 9-17.
[47] 柯熙政, 王姣. 大气湍流中部分相干光束上行和下行传输偏振特性的比较. 物理学报, 2015, 64(22): 42040-42048.
[48] 柯熙政, 王天瑜. 基于光纤阵列的卡塞格林收发一体天线. 激光与光电子学进展, 2015, 52(12): 49-55.
[49] 陈丹, 柯熙政. 副载波调制无线光通信分集接收技术研究. 通信学报, 2012, 33(8): 128-131.
[50] 孙艳荣, 柯熙政, 李元虎, 等. 影响逆向调制反射光特性的因素分析. 红外与激光工程, 2016, 45(1): 210-216.
[51] 陈锦妮, 柯熙政. 基于副载波外差检测的副载波-正交频分复用系统误码性能研究. 光学学报, 2016, 36(2): 32-40.
[52] 孔英秀, 柯熙政. 空间相干光通信中本振光功率对信噪比的影响. 红外与激光工程, 2016, 45(2): 234-239.
[53] Tsunyee Y, Muthu J, Lesh J R. Progress on the development of the optical communcations demonstrator. Photonics West, 1980, 123(10): 94-101.
[54] Shaklan S, Roddier F. Coupling starlight into single-mode fiber optics. Applied Optics, 1988, 27(11): 2334-2338.
[55] Winzer P J, Leeb W R. Fiber coupling efficiency for random light and its applications to lidar. Optics Letters, 1998, 23(13): 986-988.
[56] Boroson D M. Overview of Lincoln laboratory development of lasercom technologies for space. SPIE, 1993, 18(6): 30-39.
[57] Sayano K, Nguyen I A, Chan J K. Demonstration of multichannel optical CDMA for free-space communications. Proc. SPIE, 2001, 42(72): 38-49.
[58] Modavis R A, Webb T W. Anamorphic microlens for laser diode to single-mode fiber coupling. IEEE Photon. Technol. Lett, 1995, 7(7): 798-800.
[59] Ruilier C, Cassaing F. Coupling of large telescopes and single-mode waveguides: Application to stellar interferometry. Journal of the Optical Society of America A Optics Image Science & Vision, 2001, 18(1): 143-149.
[60] Sherman M P, Tyson J A. Point-to-multipoint free-space wireless optical communication system. US Patents, 6445496B1, 2002-9-3.
[61] Wallner O, Winzer P J, Leeb W R. Alignment tolerances for plane-wave to single-mode fiber coupling and their mitigation by use of pigtailed collimators. Applied Optics, 2002, 41(4): 637-643.
[62] Daniel V H, David M B, Nathan W R, et al. Fiber optical bundle array wide field-of-view optical receiver for free space optical communications. Optical Letter, 2010, 35(21): 3359-3361.
[63] Hottinger P, Harris R J , Dietrich P I, et al. Micro-lens array as tip-tilt sensor for single-mode

fiber coupling//Advances in Optical and Mechanical Technologies for Telescopes and Instrumentation III, Texas, 2018: 617-631.

[64] Du K, Baumann M, Ehlers B, et al. Fiber-coupling technique with micro step-mirrors for high-power diode laser bars. Fiber Optic Components, 1997, 51(10): 390-393.

[65] Boroson D M, Robinson B S. The lunar laser communication demonstration: NASA's first step toward very high data rate support of science and exploration missions. Space Science Reviews, 2007, 185(1-4): 115-128.

[66] Anthony J, Horton J. Coupling light into few-mode optical fibres I: The diffraction limit. Optics Express, 2007, 15(4): 1443-1453.

[67] Robinson B S, Boroson D M, Burianek D A, et al. The NASA lunar lase communication demonstration-successful high-rate laser communications to and from the moon// International Conference on Space Operations, Pasadena, 2014: 615-637.

[68] Carl M W. Taper device for tolerant coupling of free-space optical beams into single-mode fiber. IEEE Photonics Technology Letters, 2014,15(6):36-41.

[69] Vanani M, Li G F. Optimizing free space to few-mode fiber coupling efficiency. Applied Optics, 2019, 58(13): 34-38.

[70] Salisbury M S. Sensitivity and signal to noise ratio improvement of a one micron ladar system incorporating a neodymium doped optical fiber preamplifier. Laser Radar Testbed, 1994, 94(1): 1-3.

[71] Smolyaninov I I, Wasiczko L, Cho K, et al. Long-distance 1.2 Gbps optical wireless communication link at 1550nm. Proceedings of SPIE-The International Society for Optical Engineering, 2002, 44(89): 241-250.

[72] Ruilier C. A study of degraded light coupling into single-mode fibers. Proceedings of SPIE The International Society for Optical Engineering, 1998, 33(50): 319-329.

[73] Weyrauch T, Vorontsov M A, Gowens J W, et al. Fiber coupling with adaptive optics for free-space optical communication//Free-Space Laser Communication and Laser Imaging San Diego, 2002, 44(89): 177-184.

[74] Dikmelik Y, Davidson F M. Fiber-coupling efficiency for free-space optical communication through atmospheric turbulence. Applied Optics, 2005, 44(23): 4946-4952.

[75] Toyoshima M. Maximum fiber coupling efficiency and optimum beam size in the presence of random angular jitter for free-space laser systems and their applications. Journal of the Optical Society of America A Optics Image Science & Vision, 2006, 23(9): 2246-2250.

[76] Franz F, Oswald W. Application of single-mode fiber-coupled receivers in optical satellite to high-altitude platform communications. Eurasip Journal on Wireless Communications & Networking, 2008, (1): 1-7.

[77] Takenaka H, Toyoshima M. Study on the fiber coupling efficiency for ground-to-satellite laser communication links. Proceedings of SPIE-The International Society for Optical Engineering, 2010, (6): 1-12.

[78] Takenaka H, Toyoshima M, Takayama Y. Experimental verification of fiber-coupling efficiency for satellite-to-ground atmospheric laser downlinks. Optical Express, 2012, 20(14):

15301-15308.

[79] Edwards B L, Israel D J, Vithlani S K. Changes to NASA's laser communications relay demonstration project// SPIE Photonics West Conference, Zuerich, 2018: 204-213.

[80] Edwards B L, David I. A day in the life of the laser communications relay demonstration project//14th International Conference on Space Operations, Daejeon, 2016: 1-13.

[81] Carrizo C E, Ramon M C, Aniceto B. Proof of concept for adaptive sequential optimization of free-space communication receivers. Applied optics, 2019, 58(20): 5397-5403.

[82] 向劲松, 陈彦, 胡渝. 大气湍流对空间光耦合至单模光纤的影响. 强激光与粒子束, 2006, 18(3): 377-380.

[83] Ma J, Zhao F, Tan L, et al. Plane wave coupling into single-mode fiber in the presence of random angular jitter. Applied Optics, 2009, 48(27): 5184-5189.

[84] 赵芳. 基于单模光纤耦合自差探测星间光通信系统接收性能研究. 哈尔滨: 哈尔滨工业大学, 2011.

[85] Zheng D, Li Y, Chen E, et al. Free-space to few-mode-fiber coupling under atmospheric turbulence. Optics Express, 2016, 24(16): 18739-18744.

[86] 刘禹彤, 李勃. 光斑位置抖动对空间光到单模光纤耦合效率的影响分析. 科技资讯, 2018, 16(25): 56-59.

[87] 宋佳雪, 陈纯毅, 姚海峰, 等. 湍流扰动单模光纤耦合效率概率分布研究. 激光与光电子学进展, 2021,58(19): 140-147.

[88] Wu H , Yan H , Li X . Modal correction for fiber-coupling efficiency in free-space optical communication systems through atmospheric turbulence. Optik-International Journal for Light and Electron Optics, 2010, 121(19): 1789-1793.

[89] 韩立强, 王祁. 湍流下自由空间光通信的光纤耦合效率及补偿. 光电工程, 2011, 38(5): 99-102.

[90] 杨清波. 提高空间光通信系统耦合效率的研究. 哈尔滨: 哈尔滨工业大学, 2012.

[91] 熊准, 艾勇, 单欣, 等. 空间光通信光纤耦合效率及补偿分析. 红外与激光工程, 2013, 42(9): 2510-2514.

[92] 韩琦琦, 王强, 马晶, 等. 振动对空间光-光纤耦合效率影响及补偿实验研究. 红外与激光工程, 2014, 43(3): 933-939.

[93] 罗文, 耿超, 李新阳. 大气湍流像差对单模光纤耦合效率的影响分析及实验研究. 光学学报, 2014, 34(6): 46-52.

[94] 李枫, 耿超, 李新阳, 等. 基于SPGD算法的自适应光纤耦合器阵列技术研究. 红外与激光工程, 2015, 44(7): 2156-2161.

[95] Zheng D, Li Y, Li B, et al. Free space to few-mode fiber coupling efficiency improvement with adaptive optics under atmospheric turbulence//Optical Fiber Communication Conference, California, 2017: 1-3.

[96] 李晓龙, 闫宝罗, 胡金耀, 等. 大幅面空间光自适应耦合技术的研究. 光通信技术, 2019, 43(10): 47-52.

[97] 江杰, 郭宏翔, 边奕铭, 等. 基于 SPGD 算法的少模光纤耦合解复用系统动态湍流补偿仿真.光学学报, 2021, 41(19): 9-20.

[98] 高皓，杨华军，向劲松．一种实现空间光-单模光纤的自动耦合方法．光电工程，2007, 34(8): 126-129.
[99] 高建秋，孙建锋，李佳蔚，等．基于激光章动的空间光到单模光纤的耦合方法．中国激光，2016, 6(8): 19-26.
[100] 吴子开，陈莫，刘超，等．基于光栅螺旋扫描和 SPGD 算法的单模光纤耦合方法．激光与光电子学进展, 2017, 54(6): 82-90.
[101] 赵佰秋，孟立新，于笑楠，等．空间光到单模光纤章动耦合技术研究．中国激光，2019, 46(11): 246-254.
[102] Li B, Liu Y T, Tong S F, et al. Adaptive single-mode fiber coupling method based on coarse-fine laser nutation . IEEE Photonics Journal, 2018, 10(6): 1-12.
[103] 戚媛婧，颜科，周雄锋．光电探测器与单模光纤精确对准算法研究．制造业自动化，2019, 41(12): 36-39.
[104] 吴天琦，王睿扬，王超，等．单模光纤章动跟踪耦合系统设计．液晶与显示，2020, 35(1): 62-69.
[105] 赵卓，谌明，刘向南，等．降低随机振动对卫星激光通信光纤耦合影响的补偿算法．光通信技术, 2020, 44(12): 47-51.
[106] 韦春龙，郭平生，丁峥，等．半导体激光器与单模光纤耦合实验研究．光学仪器，1996, 18(6): 11-15.
[107] 张健．耦合半导体激光进入光纤．激光技术, 1996, 20(3): 129-132.
[108] 薄报学，高欣，王玲，等．808nm 波长光纤耦合高功率半导体激光器.中国激光，1999, 26(3): 2-5.
[109] 卢栋，冯大伟，张光伟，等．高功率半导体激光器的光纤耦合研究．中国激光，2002: 29(s1): 21-27.
[110] 徐莉，马晓辉，史全林，等．双曲面微透镜高功率半导体激光器光纤耦合．长春理工大学学报, 2004, 27(4): 38-40.
[111] 张林．半导体激光器的光束特性和耦合系统设计．长春: 长春理工大学, 2012.
[112] 刘小文，任浩，王伟．大功率半导体激光器空间耦合技术．电子制作, 2017, 23(13): 58-60.
[113] 石鹏，李小莉，张贵芬，等．大功率激光二极管的微片棱镜堆光束整形和光纤耦合输出．光学学报, 2000, 20(11): 1544-1547.
[114] 薄报学，曲轶，高欣，等．高功率阵列半导体激光器的光纤耦合输出．光电子 · 激光, 2001, 12(5): 468-470.
[115] 王晓薇，肖建伟，马骁宇，等．激光二极管线列阵与多模光纤列阵的光纤耦合．半导体学报, 2002, 23(5): 464-467.
[116] 周崇喜，刘银辉，谢伟民，等．大功率半导体激光器阵列光束光纤耦合研究．中国激光，2004, 31(11): 1296-1300.
[117] 许孝芳，李丽娜，吴金辉，等. 33W 半导体激光器列阵光纤耦合模块．光电子 · 激光, 2005, 16(9): 1055-1057.
[118] 王祥鹏，梁雪梅，李再金，等．880nm 半导体激光器列阵及光纤耦合模块．光学精密工程，2010, 18(5): 1021-1027.
[119] 徐丹，黄雪松，姜梦华，等．高功率高效率光纤耦合半导体激光模块研制．强激光与粒子

束, 2015, 27(6): 69-74.
[120] Kang J M, Guo P, Zhang Y C, et al. Analysis of optimum coupling efficiency between random light and single-mode fiber//International Symposium on Photoelectronic Detection & Imaging. International Society for Optics and Photonics, Bellingham, 2013: 277-285.
[121] 罗志华. 空间光—光纤耦合系统光传输特性研究. 成都: 电子科技大学, 2013.
[122] 范雪冰, 王超, 佟首峰, 等. 空间光到单模多芯光纤耦合效率分析及影响因素研究. 兵工学报, 2017, 38(12): 2414-2422.
[123] 王超, 范雪冰, 佟首峰, 等. 空间光到少模光纤的耦合效率及影响因素. 光子学报, 2018, 47(12): 7-14.
[124] 赵发英, 张全, 唐海青. 平端光纤与锥端球透镜光纤的耦合. 光子学报,2003, 32(2): 218-221.
[125] 刘洋洋, 杨瑞霞, 袁春生, 等. 974nm 半导体激光器的光纤耦合研究. 中国激光, 2014, 41(11): 23-28.
[126] 魏荣, 王育竹. 望远镜准直系统应用于激光的单模光纤耦合. 中国激光, 2003, 30(8): 687-690.
[127] 王艳红, 王海伟, 王高. 基于微透镜阵列的高效率光纤耦合系统设计. 激光与光电子学进展, 2015, 52(4): 102-106.
[128] 李巍伟, 陈江, 肖玉华, 等. 一种单模光纤双高斯耦合透镜的设计与优化. 真空与低温, 2021, 27(4): 400-406.
[129] 齐晓莉. 空分复用中利用空间光调制器实现对光模式的精确控制和选择方法的研究. 北京: 北京邮电大学, 2015.
[130] 涂佳静, 张欢, 李晗, 等. 基于多芯光纤的三模复用/解复用器的设计. 光学学报, 2017, 37(3): 162-169.
[131] 刘翔宇, 厉淑贞, 窦健泰, 等. 用于高阶模式转换的光纤模式耦合器设计. 应用激光, 2021, 41(5): 1126-1131.
[132] 李书全. 球端光纤提高耦合效率的方法. 半导体光电, 1981, 20(3): 17-19.
[133] 欧阳德钦, 阮双琛. 半导体激光器与单模光纤的全光纤耦合技术研究. 中国激光, 2011, 38(12): 122-127.
[134] 胡欣, 张文攀, 殷瑞光, 等. 激光在锥形多模光纤中的耦合效率与传输模式. 红外与激光工程, 2013, 42(2): 372-375.
[135] 王晓艳, 徐高魁. 一种用于空间通信的新型光纤耦合结构设计. 激光杂志, 2019, 40(2): 20-23.
[136] 闫宝罗, 李晓龙, 张红伟, 等. 锥形光纤在空间光通信耦合系统中的应用. 光学精密工程, 2019, 27(2): 287-294.
[137] 王志勇, 邱仁和, 莫海涛. 一种平滑大气湍流效应的小型化光学天线设计. 现代电信科技, 2011, 41(7): 37-41.
[138] 张世强, 张政, 蔡雷, 等. 基于单透镜的空间光-单模光纤耦合方法. 强激光与粒子束, 2014, 26(3): 41-45.
[139] 胡清桂, 李成忠. 微振动对空间光-光纤耦合的影响及补偿方法. 振动、测试与诊断, 2018, 38(5): 959-964.

[140] 冯涛. 新型光学天线耦合系统的研究. 武汉: 华中科技大学, 2008.
[141] 任兰旭, 张缓, 薛婧婧, 等. 温度场对空间光到单模光纤耦合效率影响分析. 空间电子技术, 2021, 18(5): 88-93.
[142] 雷思琛. 自由空间光通信中的光耦合及光束控制技术研究. 西安: 西安理工大学, 2016.
[143] 陈锦妮, 柯熙政. 基于副载波外差检测的副载波-正交频分复用系统误码性能研究. 光学学报, 2016, 36(2): 32-40.
[144] Ke X Z, Zhang D Y. Fuzzy control algorithm for adaptive optical system. Applied Optics, 2019, 59(36): 9967-9975.

第 2 章　光纤模式理论

本章阐述光纤中的模式理论，分别从光纤的波动方程、矢量模式、归一化的截止频率、耦合模式理论等方面进行理论分析和公式推导，同时推导四种矢量模式的特征方程与标量模式，即线偏模式的解，计算归一化工作频率与矢量模式数量，即有效折射率的关系，并进行比较。

2.1　光　　纤

2.1.1　基本结构

1966 年，高锟发表《光频率的介质纤维表面波导》，从理论上分析了用光纤作为传输介质实现光通信的可能性，并预言了制造通信用的超低耗光纤的可能性。1970 年，美国康宁公司用改进型化学相沉积法研制成功传输损耗只有 20dB/km 的低损耗石英光纤。1977 年，世界上第一条光纤通信系统在美国芝加哥市投入商用，速率为 45Mbps。1979 年，赵梓森拉制出我国自主研发的第一根实用光纤，被誉为“中国光纤之父”。

光纤是一种由玻璃或塑料制成的纤维，可作为光传导工具。其传输原理是光的全反射。多数光纤在使用前必须由几层保护结构包覆。包覆后的缆线称为光缆。光纤外层的保护层和绝缘层可防止周围环境对光纤的伤害，如水、火、电击等。在多模光纤中，芯的直径有 50μm 和 62.5μm 两种。单模光纤芯的直径为 8～10μm。芯外面包围着一层折射率比芯低的玻璃封套，以使光线保持在芯内；外面是一层薄的塑料外套，用来保护封套。光纤通常被扎成束，外面有保护外壳。纤芯通常是石英玻璃制成的横截面积很小的双层同心圆柱体，它质地脆、易断裂，因此需要外加保护层。

光纤的基本结构示意图如图 2-1 所示。图 2-1(a)所示的光纤是一种圆柱形介质波导，将各个分立的元件连接起来。图 2-1(b)所示的是日常应用中最基本，也是最广泛的光纤——阶跃光纤(step index fiber，SIF)。从光纤的横截面来看，纤芯的折射率高于包层的折射率，两个部分的折射率均呈阶跃分布。图 2-1(c)所示的是梯度折射率光纤，其纤芯到包层的折射率逐渐降低，纤芯折射率呈渐变分布。目前，在光通信领域，光纤的使用越来越普及，与普通的塑料光纤不一样，光通信用光纤的材料主要是纯度达到 ppm 量级的高纯石英(SiO_2)。该材料具有光传输损耗低、带宽大、重量轻等优点。为了使光纤更好地铺设，提高其柔韧性与耐老化性，一般在光纤的外层涂覆环氧树脂或者硅橡胶[1]。

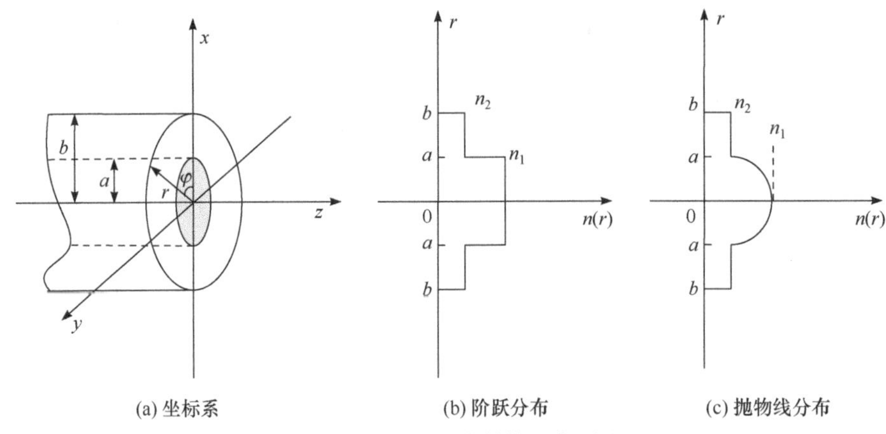

(a) 坐标系　(b) 阶跃分布　(c) 抛物线分布

图 2-1　光纤的基本结构示意图[1]

2.1.2　倒抛物线型光纤

2014 年，Wang 等[2,3]利用纤芯折射率渐变型的光纤，可以满足高折射率梯度与高模场梯度。2015 年，张晓强[4]在圆环光纤中引入一层高折射率层，增大纤芯与包层间的有效折射率差，可有效地抑制模间串扰，并优化环光纤结构的传输性能。结合两种结构特征可知，要在光纤中产生优质的涡旋光束，其结构必须满足高折射率梯度与高模场梯度令矢量模式达到有效地分离。

由于倒抛物线分布型的光纤具有尖锐折射率差，人们通过在纤芯与包层中间添加一层低折射率层，进一步增大纤芯与包层的折射率差，使其容纳的模式数量更多。光纤的折射率分布可表示为

$$n(r)=\begin{cases} n_1\sqrt{1-2N(r^2/r_{\text{core}}^2)}, & 0\leqslant r\leqslant r_{\text{core}} \\ n_2, & r_{\text{core}}<r\leqslant r_2 \\ n_3, & r>r_2 \end{cases}$$

式中，n_1 和 n_2 为纤芯中心($r=0$)与低折射率层($r\leqslant r_2=5\mu\text{m}$)的折射率值；倒抛物线折射率分布层半径为 $r_{\text{core}}=3\mu\text{m}$ ，n_3 为 $r>5\mu\text{m}$ 时包层的折射率。

图 2-2 中黑色曲线为设计的光纤结构，即倒抛物线渐变折射率分布型光纤的折射率分布(虚线部分为原光纤结构[2,3])。

由图 2-2 可知，$n_1=1.4539$ 、$n_2=1.440$ 、$n_3=1.444$ ，倒抛物线的曲率参数 $N=-4$ ，最大折射率差出现在倒抛物线型纤芯与低折射率层的分界处，并且

$n_a = n_1 - (n_1 - n_2)N$、$\Delta n_{\max} = n_a - n_2$。特殊地，$N = 0$时是常规的阶跃折射率分布的光纤结构。

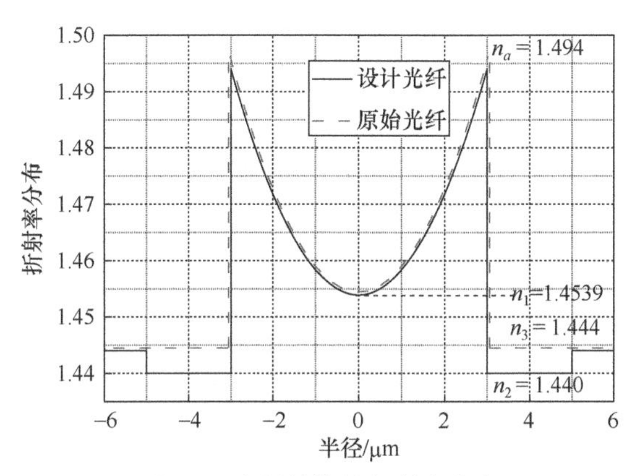

图2-2　光纤结构的折射率分布

2.2　模式理论

在光通信系统中，光纤是光波导，它将各个分立的元件连接起来。光纤的横截面可看作圆形的介质波导，我们可将光纤分解成纤芯与包层两部分。在分析光纤的导波模场时，一般将其轴线设为 z 轴。光纤的横截面示意图如图2-3所示。

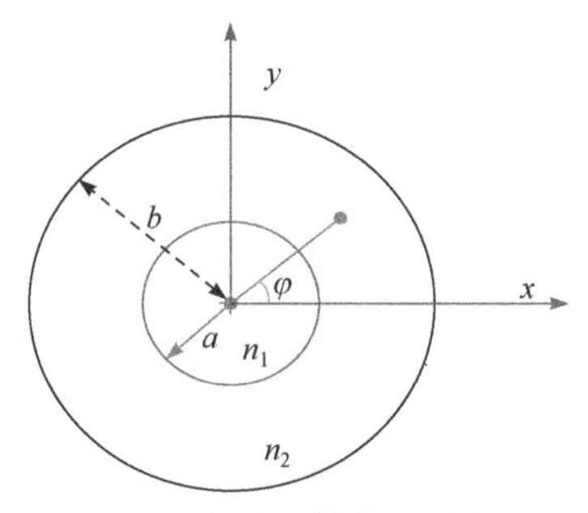

图2-3　光纤的横截面示意图

图2-3中 n_1 为纤芯折射率，n_2 为包层折射率，a、b 为纤芯、包层的半径，φ 为光纤截面上一点与坐标的夹角。

光在光纤中的传输依据光的全反射原理。射线理论主要是几何光线分析方法，对于常见的阶跃光纤，光纤纤芯中的光束传播遇到折射率低的包层面时会发生一次全反射，所以光束在光纤中呈“之”字形传播，如图1-5所示。对于其他结构的光纤，例如梯度折射率光纤，即折射率渐变型光纤，光束在光纤纤芯中的传输路径一般为曲线。另一种则是利用几何分析法，即波导理论，这种方法可以简单、直观地得到普通光纤中光束的传播特性，但这种方法只是对波动理论的近似，并不准确。光纤的纤芯在微米量级，因此需要利用波动理论分析光纤的波导特性。

2.2.1 波动方程

在阶跃光纤中，光纤的包层可以当作无限厚来处理。根据光纤的横截面图 2-1 求解介质中的 Maxwell 方程[1,2]，即

$$\nabla \times \boldsymbol{E} = -\frac{\partial \boldsymbol{B}}{\partial t} \tag{2-1}$$

$$\nabla \times \boldsymbol{H} = -\frac{\partial \boldsymbol{D}}{\partial t} + \boldsymbol{J} \tag{2-2}$$

$$\nabla \cdot \boldsymbol{D} = \rho \tag{2-3}$$

$$\nabla \cdot \boldsymbol{B} = 0 \tag{2-4}$$

式中，$\boldsymbol{J}$、ρ 分别为电流强度与电荷密度；$\boldsymbol{E}$、$\boldsymbol{H}$ 分别表示电场强度与磁场强度；$\nabla\times$、$\nabla\cdot$ 分别表示了旋度与散度；$\boldsymbol{D}$、$\boldsymbol{B}$ 分别表示电位移矢量与磁感应强度，即[1,3]

$$\boldsymbol{D} = \varepsilon_0 \varepsilon_r \boldsymbol{E} \tag{2-5}$$

$$\boldsymbol{B} = \mu_0 \mu_r \boldsymbol{H} \tag{2-6}$$

式中，ε_r 为介质的相对介电常数；ε_0 为真空介电常数；μ_r 和 μ_0 为介质的相对磁导率和真空磁导率[3]。

光波导为介质时，不存在电荷与电流，因此 $\rho = 0$、$\boldsymbol{J} = 0$、$\mu_r = 1$。

求解麦克斯韦方程，结合式(2-5)与式(2-6)，波动方程可以表示为[4]

$$\nabla^2 \boldsymbol{E} = \mu_0 \varepsilon_0 \varepsilon_r \frac{\partial^2 \boldsymbol{E}}{\partial t^2} \tag{2-7}$$

$$\nabla^2 \boldsymbol{E} = \mu_0 \varepsilon_0 \varepsilon_r \frac{\partial^2 \boldsymbol{E}}{\partial t^2} \tag{2-8}$$

由此可得复数形式的特解[4]，即

$$\boldsymbol{E}(x, y, z, t) = \boldsymbol{E}_0 \mathrm{e}^{\mathrm{i}(\omega t - bz)} \tag{2-9}$$

$$\boldsymbol{H}(x, y, z, t) = \boldsymbol{H}_0 \mathrm{e}^{\mathrm{i}(\omega t - bz)} \tag{2-10}$$

令 ω 为光的角频率，将特解分别代入式(2-9)与式(2-10)，可以得到不含时间 t 的矢量 Helmoholte 方程[1]，即

$$\nabla^2 \boldsymbol{E} + k^2 \boldsymbol{E} = 0 \tag{2-11}$$

$$\nabla^2 \boldsymbol{H} + k^2 \boldsymbol{H} = 0 \tag{2-12}$$

式中，$k=\omega\sqrt{\mu_0\varepsilon}=nk_0$，$k_0$表示自由空间的波数，$k_0=\omega\sqrt{\mu_0\varepsilon_0}=2\pi/\lambda$，介质的折射率为$n$，$n=\sqrt{\varepsilon/\varepsilon_0}=\sqrt{\varepsilon_r}$。

当光束在大小有限的介质中或几种介质组成的折射率不同的物质中传播时，$\boldsymbol{E}$和$\boldsymbol{H}$的各个分量可通过给定边界条件解出。

2.2.2　波动方程的解

光纤是一种圆形介质波导，由于其柱对称性，因此适合利用柱坐标系求解。在柱坐标系下，电场强度与磁场强度可以写为[1]

$$\boldsymbol{E}=e_rE_r+e_\varphi E_\varphi+e_zE_z \tag{2-13}$$

$$\boldsymbol{H}=e_rH_r+e_\varphi H_\varphi+e_zH_z \tag{2-14}$$

式中，E_z和H_z解的形式为[1]

$$\boldsymbol{E}(r,\phi,z,t)=\boldsymbol{E}_0\mathrm{e}^{\mathrm{i}(\omega t-bz)} \tag{2-15a}$$

$$\boldsymbol{H}(r,\phi,z,t)=\boldsymbol{H}_0\mathrm{e}^{\mathrm{i}(\omega t-\beta z)} \tag{2-15b}$$

将式(2-15)代入 Helmholtz 方程，在柱坐标系下，E_z、H_z均满足波导方程，即[1]

$$\frac{1}{r}\frac{\partial}{\partial r}\left(r\frac{\partial}{\partial r}\begin{bmatrix}E_z\\H_z\end{bmatrix}\right)+\frac{1}{r^2}\frac{\partial^2}{\partial\varphi^2}\begin{bmatrix}E_z\\H_z\end{bmatrix}+k_c^2\begin{bmatrix}E_z\\H_z\end{bmatrix}=0 \tag{2-16}$$

式中

$$k_c=\omega^2\mu_0\varepsilon_0n_c^2-\beta^2=k_0^2n_c^2-\beta^2=\begin{cases}k_0^2n_1^2-\beta^2, & 0\leqslant r<a;c=1\\k_0^2n_2^2-\beta^2, & r\geqslant a;c=2\end{cases}$$

波数$k_0=\dfrac{2\pi}{\lambda}$，横截面上光纤的模场分布符合圆对称分布。

假设沿角向分布场解的周期函数为[1]

$$\begin{bmatrix}E_z\\H_z\end{bmatrix}=\begin{bmatrix}A\\B\end{bmatrix}R(r)\Phi(\varphi)\mathrm{e}^{-\mathrm{j}\beta z} \tag{2-17}$$

式中，A、B均为待定系数，分离变量可得[1]

$$\Phi(\varphi)=\Phi_0^+\mathrm{e}^{-\mathrm{j}m\varphi}+\Phi_0^-\mathrm{e}^{-\mathrm{j}m\varphi} \tag{2-18a}$$

$$\frac{\mathrm{d}^2E_z(r)}{\mathrm{d}r^2}+\frac{1}{r}\frac{\mathrm{d}E_z(r)}{\mathrm{d}r}+\left(k_c^2-\frac{m^2}{r^2}\right)E_z(r)=0 \tag{2-18b}$$

只考虑正向传输时，可得解的两种等效形式，即

$$\Phi(\varphi)=\Phi_0 e^{jm\varphi}=\begin{cases}\sin(m\varphi), & 奇模\\ \cos(m\varphi), & 偶模\end{cases} \tag{2-19}$$

式中，当 $m=0$ 时，$\Phi(\varphi)=\Phi_0$ 为常数[1]。

在式(2-18b)中，设纤芯解的形式为[1]

$$E_z(r)=A_1 J_m(Ur)+B_1 N_m(Ur) \tag{2-20a}$$

对于包层，其解的形式为[1]

$$E_z(r)=C_1 K_m(Wr)+D_1 I_m(Wr) \tag{2-20b}$$

式中，A_1、B_1、C_1、D_1 均为常数；J_m、I_m 为 m 阶的贝塞尔函数、m 阶的虚宗量贝塞尔函数；N_m、K_m 为 m 阶纽曼函数、m 阶的汉克尔函数；函数 U 和 W 分别为[1]

$$U^2=k_0^2 n_1^2-\beta^2 \tag{2-21a}$$

$$W^2=\beta^2-k_0^2 n_2^2 \tag{2-21b}$$

当 $r<a$ 时，$E_z(r)$ 有限；当 $r>a$ 时，$E_z(r)\to 0$，根据贝塞尔函数形式，式(2-20)的形式只能为

$$E_z(r)=A_1 J_m(Ur), \quad r\leqslant a \tag{2-22a}$$

$$E_z(r)=C_1 K_m(Wr), \quad r>a \tag{2-22b}$$

同样，磁场的表达式为

$$H_z(r)=A_2 K_m(Ur), \quad r\leqslant a \tag{2-23a}$$

$$H_z(r)=C_2 K_m(Wr), \quad r>a \tag{2-23b}$$

当考虑边界条件发生模式截止时，导波模的传播常数与包层中的传播常数相等。考虑边界条件，对式(2-18)进行求解，选取第一类贝塞尔函数与第二类修正贝塞尔函数，可得光纤模场的纵向分量 E_z 和 H_z，即[5]

$$E_z(r,\varphi,z)=\exp\left[-i(\beta z\mp m\varphi)\right]\begin{cases}\dfrac{A}{J_m(u)}J_m\left(\dfrac{u}{a}r\right), & r<a\\ \dfrac{A}{K_m(u)}K_m\left(\dfrac{u}{a}r\right), & r\geqslant a\end{cases} \tag{2-24a}$$

$$H_z(r,\varphi,z)=\exp\left[-i(\beta z\mp m\varphi)\right]\begin{cases}\dfrac{B}{J_m(u)}J_m\left(\dfrac{u}{a}r\right), & r<a\\ \dfrac{B}{K_m(u)}K_m\left(\dfrac{u}{a}r\right), & r\geqslant a\end{cases} \tag{2-24b}$$

式中，A、B 为电场常数、磁场常数；a 为光纤纤芯半径；m 为圆周模阶数；u 为横向归一化常数。

在光纤中，我们利用 E_z 和 H_z 表示 r 和 φ 方向的分量，可得[6,7]

$$
\begin{aligned}
E_r &= \frac{-\mathrm{i}}{k^2n^2-\beta^2}\left(\beta\frac{\partial E_z}{\partial r}+\frac{\omega\mu_0}{r}\frac{\partial H_z}{\partial\varphi}\right)\exp[-\mathrm{i}(\beta z\mp\mu\varphi)] \\
&= \frac{-\mathrm{i}}{k^2n^2-\beta^2}\left(\beta\frac{\partial E_z}{\partial r}+\mathrm{i}\omega\mu_0\frac{\mu}{r}H_z\right)\exp[-\mathrm{i}(\beta z\mp\mu\varphi)]
\end{aligned}
\tag{2-25}
$$

$$
\begin{aligned}
E_\varphi &= \frac{-\mathrm{i}}{k^2n^2-\beta^2}\left(\beta\frac{\partial E_z}{\partial r}-\omega\mu_0\frac{\partial H_z}{\partial\varphi}\right)\exp[-\mathrm{i}(\beta z\mp m\varphi)] \\
&= \frac{-\mathrm{i}}{k^2n^2-\beta^2}\left(\mathrm{i}\beta\frac{\mu}{r}\partial E_z-\omega\mu_0\frac{\partial H_z}{\partial r}\right)\exp[-\mathrm{i}(\beta z\mp m\varphi)]
\end{aligned}
\tag{2-26}
$$

$$
\begin{aligned}
H_r &= \frac{-\mathrm{i}}{k^2n^2-\beta^2}\left(\beta\frac{\partial H_z}{\partial r}-\frac{\omega\varepsilon_0 n^2}{r}\frac{\partial E_z}{\partial\theta}\right)\exp[-\mathrm{i}(\beta z\mp m\varphi)] \\
&= \frac{-\mathrm{i}}{k^2n^2-\beta^2}\left(\beta\frac{\partial H_z}{\partial r}-\mathrm{i}\omega\varepsilon_0 n^2\frac{\mu}{r}E_z\right)\exp[-\mathrm{i}(\beta z\mp m\varphi)]
\end{aligned}
\tag{2-27}
$$

$$
\begin{aligned}
H_\varphi &= \frac{-\mathrm{i}}{k^2n^2-\beta^2}\left(\frac{\beta}{r}\frac{\partial H_z}{\partial\varphi}+\omega\varepsilon_0 n^2\frac{\partial E_z}{\partial\varphi}\right)\exp[-\mathrm{i}(\beta z\mp m\varphi)] \\
&= \frac{-\mathrm{i}}{k^2n^2-\beta^2}\left(\mathrm{i}\beta\frac{\mu}{r}H_z+\omega\varepsilon_0 n^2\frac{\partial E_z}{\partial r}\right)\exp[-\mathrm{i}(\beta z\mp m\varphi)]
\end{aligned}
\tag{2-28}
$$

通过 Maxwell 方程求解 E_z、H_z 的表达式(2-24)，代入式(2-25)～式(2-28)，可得[1]

$$
E_r=\begin{cases}
-\mathrm{i}\dfrac{a^2}{u^2}\left(A\beta\dfrac{u}{a}\dfrac{J_m'\left(\dfrac{u}{a}r\right)}{J_m(u)}-B\omega\mu_0\dfrac{\mu}{r}\dfrac{J_m\left(\dfrac{u}{a}r\right)}{J_m(u)}\right)\exp[-\mathrm{i}(\beta z\mp m\varphi)], & r<a \\
-\mathrm{i}\dfrac{a^2}{\omega^2}\left(A\beta\dfrac{\omega}{a}\dfrac{K_m'\left(\dfrac{\omega}{a}r\right)}{K_m(\omega)}-B\omega\mu_0\dfrac{\mu}{r}\dfrac{K_m\left(\dfrac{\omega}{a}r\right)}{K_m(\omega)}\right)\exp[-\mathrm{i}(\beta z\mp m\varphi)], & r\geqslant a
\end{cases}
\tag{2-29}
$$

$$E_\varphi=\begin{cases}-\mathrm{i}\dfrac{a^2}{u^2}\left(A\beta\dfrac{\mu}{r}\dfrac{J_m\left(\dfrac{u}{a}r\right)}{J_m(u)}-B\omega\mu_0\dfrac{\mu}{a}\dfrac{J_m'\left(\dfrac{u}{a}r\right)}{J_m(u)}\right)\exp[-\mathrm{i}(\beta z\mp m\varphi)], & r<a\\ -\mathrm{i}\dfrac{a^2}{\omega^2}\left(A\beta\dfrac{\omega}{r}\dfrac{K_m\left(\dfrac{\omega}{a}r\right)}{K_m(\omega)}-B\omega\mu_0\dfrac{\mu}{a}\dfrac{K_m'\left(\dfrac{\omega}{a}r\right)}{K_m(\omega)}\right)\exp[-\mathrm{i}(\beta z\mp m\varphi)], & r\geqslant a\end{cases}\tag{2-30}$$

$$H_r=\begin{cases}-\mathrm{i}\dfrac{a^2}{u^2}\left(-A\omega\varepsilon_0 n_1^2\dfrac{\mu}{r}\dfrac{J_m\left(\dfrac{u}{a}r\right)}{J_m(u)}+B\beta\dfrac{\mu}{a}\dfrac{J_m'\left(\dfrac{u}{a}r\right)}{J_m(u)}\right)\exp[-\mathrm{i}(\beta z\mp m\varphi)], & r<a\\ -\mathrm{i}\dfrac{a^2}{\omega^2}\left(-A\omega\varepsilon_0 n_1^2\dfrac{\mu}{r}\dfrac{K_m\left(\dfrac{\omega}{a}r\right)}{K_m(\omega)}+B\beta\dfrac{\omega}{a}\dfrac{K_m'\left(\dfrac{\omega}{a}r\right)}{K_m(\omega)}\right)\exp[-\mathrm{i}(\beta z\mp m\varphi)], & r\geqslant a\end{cases}\tag{2-31}$$

$$H_\varphi=\begin{cases}-\mathrm{i}\dfrac{a^2}{u^2}\left(A\omega\varepsilon_0 n_1^2\dfrac{\mu}{a}\dfrac{J_m'\left(\dfrac{u}{a}r\right)}{J_m(u)}+B\beta\dfrac{\mu}{r}\dfrac{J_m\left(\dfrac{u}{a}r\right)}{J_m(u)}\right)\exp[-\mathrm{i}(\beta z\mp m\varphi)], & r<a\\ -\mathrm{i}\dfrac{a^2}{\omega^2}\left(A\omega\varepsilon_0 n_1^2\dfrac{\mu}{a}\dfrac{K_m'\left(\dfrac{\omega}{a}r\right)}{K_m(\omega)}+B\beta\dfrac{\omega}{r}\dfrac{K_m\left(\dfrac{\omega}{a}r\right)}{K_m(\omega)}\right)\exp[-\mathrm{i}(\beta z\mp m\varphi)], & r\geqslant a\end{cases}\tag{2-32}$$

式中，J_m'、K_m'为J_m、K_m的一阶导数。

纤芯与包层的电介质常数分别为ε_1、ε_2，考虑光纤无磁性时$\mu=\mu_0$，当代入边界条件光纤$r=a$时，将式(2-29)～式(2-32)消去，可得[1]

$$m^2\beta^2\left(\frac{1}{U^2}+\frac{1}{W^2}\right)^2=\left(\frac{J_m'(U)}{UJ_m(U)}+\frac{K_m'(W)}{WK_m(W)}\right)\left(\frac{n_1^2k_0^2}{U}\frac{J_m'(U)}{J_m(U)}+\frac{n_2^2k_0^2}{W}\frac{K_m'(W)}{WK_m(W)}\right)\tag{2-33}$$

式(2-33)就是特征方程，也称色散方程，描述的是光纤中波导模式的传播常数

β 与光频率的关系。在已知光纤参数的情况下，利用纵向场分量求解电磁场的横向分量，根据光纤的边界条件和激励条件可以得到模场的传播常数，最终由截止条件确定光纤中可传输的矢量模式[5]。

2.3　光纤中光波传播的模式

光纤中传输的光必须同时满足全反射条件和驻波条件。全反射与光纤和包层之间的折射率差有关。驻波条件与纤芯尺寸有关。

2.3.1　矢量模式

用直角坐标系表示圆柱形光纤中的电场与磁场，不能直接反映光纤中矢量模式的变化，这里采用圆柱坐标系。圆柱坐标系下的拉普拉斯算子为[5]

$$\nabla^2 \frac{1}{r}\frac{\partial}{\partial r}\left(r\frac{\partial}{\partial r}\right)+\frac{1}{r^2}\frac{\partial^2}{\partial \theta^2}+\frac{\partial^2}{\partial z^2} \tag{2-34}$$

将式(2-34)和圆柱坐标系下的 E、H 分量代入式(2-32)和式(2-33)，令 β 表示纵向传播常数，可得到圆柱坐标系下光纤中的 E_r、E_θ、E_z 和 H_r、H_θ、H_z 的表达式，即[6]

$$\frac{\vartheta^2}{\vartheta r^2}\begin{bmatrix}E_z\\H_z\end{bmatrix}+\frac{1}{r}\frac{\vartheta}{\vartheta r}\begin{bmatrix}E_z\\H_z\end{bmatrix}+\frac{1}{r^2}\frac{\vartheta}{\vartheta \theta}\begin{bmatrix}E_z\\H_z\end{bmatrix}+(k^2-\beta^2)\begin{bmatrix}E_z\\H_z\end{bmatrix}=0 \tag{2-35}$$

$$\frac{1}{r}\frac{\vartheta}{\vartheta r}\left(r\frac{\vartheta E_r}{\vartheta r}\right)+\frac{1}{r^2}\frac{\vartheta^2 E_r}{\vartheta \theta^2}+\frac{2}{r^2}\frac{\vartheta E_\theta}{\vartheta \theta}-\frac{E_\theta}{r^2}-(\beta^2-k^2n^2)E_r=0 \tag{2-36}$$

$$\frac{1}{r}\frac{\vartheta}{\vartheta r}\left(r\frac{\vartheta E_\theta}{\vartheta r}\right)+\frac{1}{r^2}\frac{\vartheta^2 E_\theta}{\vartheta \theta^2}+\frac{2}{r^2}\frac{\vartheta E_r}{\vartheta \theta}-\frac{E_\theta}{r^2}-(\beta^2-k^2n^2)E_\theta=0 \tag{2-37}$$

这里只写 E 分量，对 H 分量同样成立。由式(2-35)可得光纤中矢量模式在 z 方向上的分量[7]，即

$$E_z(r,\theta,z)=\exp[-\mathrm{i}(\beta z\mp\mu\theta)]\times\begin{cases}\dfrac{A}{J_\mu(u)}J_\mu\left(\dfrac{u}{a}r\right), & r<a\\[2ex]\dfrac{A}{K_\mu(u)}K_\mu\left(\dfrac{u}{a}r\right), & r\geqslant a\end{cases} \tag{2-38}$$

$$H_z(r,\theta,z)=\exp[-\mathrm{i}(\beta z\mp\mu\theta)]\times\begin{cases}\dfrac{B}{J_\mu(u)}J_\mu\left(\dfrac{u}{a}r\right), & r<a\\[2ex]\dfrac{B}{K_\mu(u)}K_\mu\left(\dfrac{u}{a}r\right), & r\geqslant a\end{cases} \tag{2-39}$$

式中，u 为横向归一化常数；A 为电场常数；B 为磁场常数；a 为光纤纤芯半径；μ 为圆周模式阶数；$J_\mu(u)$ 是横向归一化常数为 u 时的贝塞尔方程；$K_\mu(u)$ 是横向归一化常数为 u 时的修正贝塞尔方程。

利用旋度在圆柱坐标系下的表达形式，可将麦克斯韦方程写成圆柱坐标系下的表达形式。令 n 为纤芯折射率，左右两边的 r、θ、z 分量分别相等，可得 E_z、H_z 在 r、θ 方向的分量形式[8]，即

$$\begin{aligned}E_r &= \frac{-\mathrm{i}}{k^2n^2-\beta^2}\left(\beta\frac{\partial E_z}{\partial r}+\frac{\omega\mu_0}{r}\frac{\partial H_z}{\partial\theta}\right)\exp[-\mathrm{i}(\beta z\mp\mu\theta)]\\ &= \frac{-\mathrm{i}}{k^2n^2-\beta^2}\left(\beta\frac{\partial E_z}{\partial r}+\mathrm{i}\omega\mu_0\frac{\mu}{r}H_z\right)\exp[-\mathrm{i}(\beta z\mp\mu\theta)]\end{aligned} \tag{2-40}$$

$$\begin{aligned}E_\theta &= \frac{-\mathrm{i}}{k^2n^2-\beta^2}\left(\beta\frac{\partial E_z}{\partial r}-\omega\mu_0\frac{\partial H_z}{\partial\theta}\right)\exp[-\mathrm{i}(\beta z\mp\mu\theta)]\\ &= \frac{-\mathrm{i}}{k^2n^2-\beta^2}\left(\mathrm{i}\beta\frac{\mu}{r}\partial E_z-\omega\mu_0\frac{\partial H_z}{\partial r}\right)\exp[-\mathrm{i}(\beta z\mp\mu\theta)]\end{aligned} \tag{2-41}$$

$$\begin{aligned}H_r &= \frac{-\mathrm{i}}{k^2n^2-\beta^2}\left(\beta\frac{\partial H_z}{\partial r}-\frac{\omega\varepsilon_0 n^2}{r}\frac{\partial E_z}{\partial\theta}\right)\exp[-\mathrm{i}(\beta z\mp\mu\theta)]\\ &= \frac{-\mathrm{i}}{k^2n^2-\beta^2}\left(\beta\frac{\partial H_z}{\partial r}-\mathrm{i}\omega\varepsilon_0 n^2\frac{\mu}{r}E_z\right)\exp[-\mathrm{i}(\beta z\mp\mu\theta)]\end{aligned} \tag{2-42}$$

$$\begin{aligned}H_\theta &= \frac{-\mathrm{i}}{k^2n^2-\beta^2}\left(\frac{\beta}{r}\frac{\partial H_z}{\partial\theta}+\omega\varepsilon_0 n^2\frac{\partial E_z}{\partial\theta}\right)\exp[-\mathrm{i}(\beta z\mp\mu\theta)]\\ &= \frac{-\mathrm{i}}{k^2n^2-\beta^2}\left(\mathrm{i}\beta\frac{\mu}{r}H_z+\omega\varepsilon_0 n^2\frac{\partial E_z}{\partial r}\right)\exp[-\mathrm{i}(\beta z\mp\mu\theta)]\end{aligned} \tag{2-43}$$

将式(2-40)和式(2-41)代入式(2-42)和式(2-43)，可得[7]

$$E_r=\begin{cases}-\mathrm{i}\dfrac{a^2}{u^2}\left(A\beta\dfrac{\mu}{a}\dfrac{J'_\mu\left(\dfrac{u}{a}r\right)}{J_\mu(u)}-B\omega\mu_0\dfrac{\mu}{r}\dfrac{J_\mu\left(\dfrac{u}{a}r\right)}{J_\mu(u)}\right)\exp[-\mathrm{i}(\beta z\mp\mu\theta)], & r<a\\ -\mathrm{i}\dfrac{a^2}{\omega^2}\left(A\beta\dfrac{\omega}{a}\dfrac{K'_\mu\left(\dfrac{\omega}{a}r\right)}{K_\mu(\omega)}-B\omega\mu_0\dfrac{\mu}{r}\dfrac{K_\mu\left(\dfrac{\omega}{a}r\right)}{K_\mu(\omega)}\right)\exp[-\mathrm{i}(\beta z\mp\mu\theta)], & r\geqslant a\end{cases} \tag{2-44}$$

$$E_\theta=\begin{cases}-\mathrm{i}\dfrac{a^2}{u^2}\left(A\beta\dfrac{\mu}{r}\dfrac{J_\mu\left(\dfrac{u}{a}r\right)}{J_\mu(u)}-B\omega\mu_0\dfrac{\mu}{a}\dfrac{J'_\mu\left(\dfrac{u}{a}r\right)}{J_\mu(u)}\right)\exp[-\mathrm{i}(\beta z\mp\mu\theta)],\quad r<a\\-\mathrm{i}\dfrac{a^2}{\omega^2}\left(A\beta\dfrac{\omega}{r}\dfrac{K_\mu\left(\dfrac{\omega}{a}r\right)}{K_\mu(\omega)}-B\omega\mu_0\dfrac{\mu}{a}\dfrac{K'_\mu\left(\dfrac{\omega}{a}r\right)}{K_\mu(\omega)}\right)\exp[-\mathrm{i}(\beta z\mp\mu\theta)],\quad r\geqslant a\end{cases}$$

(2-45)

$$H_r=\begin{cases}-\mathrm{i}\dfrac{a^2}{u^2}\left(-A\omega\varepsilon_0 n_1^2\dfrac{\mu}{r}\dfrac{J_\mu\left(\dfrac{u}{a}r\right)}{J_\mu(u)}+B\beta\dfrac{\mu}{a}\dfrac{J'_\mu\left(\dfrac{u}{a}r\right)}{J_\mu(u)}\right)\exp[-\mathrm{i}(\beta z\mp\mu\theta)],\quad r<a\\-\mathrm{i}\dfrac{a^2}{\omega^2}\left(-A\omega\varepsilon_0 n_1^2\dfrac{\mu}{r}\dfrac{K_\mu\left(\dfrac{\omega}{a}r\right)}{K_\mu(\omega)}+B\beta\dfrac{\omega}{a}\dfrac{K'_\mu\left(\dfrac{\omega}{a}r\right)}{K_\mu(\omega)}\right)\exp[-\mathrm{i}(\beta z\mp\mu\theta)],\quad r\geqslant a\end{cases}$$

(2-46)

$$H_\theta=\begin{cases}-\mathrm{i}\dfrac{a^2}{u^2}\left(A\omega\varepsilon_0 n_1^2\dfrac{\mu}{a}\dfrac{J'_\mu\left(\dfrac{u}{a}r\right)}{J_\mu(u)}+B\beta\dfrac{\mu}{r}\dfrac{J_\mu\left(\dfrac{u}{a}r\right)}{J_\mu(u)}\right)\exp[-\mathrm{i}(\beta z\mp\mu\theta)],\quad r<a\\-\mathrm{i}\dfrac{a^2}{\omega^2}\left(A\omega\varepsilon_0 n_1^2\dfrac{\mu}{a}\dfrac{K'_\mu\left(\dfrac{\omega}{a}r\right)}{K_\mu(\omega)}+B\beta\dfrac{\omega}{r}\dfrac{K_\mu\left(\dfrac{\omega}{a}r\right)}{K_\mu(\omega)}\right)\exp[-\mathrm{i}(\beta z\mp\mu\theta)],\quad r\geqslant a\end{cases}$$

(2-47)

式中，ε_0为电导率；μ_0为磁导率。

在 $r=a$ 处，光纤的切向电场与切向磁场连续，将式(2-45)～式(2-47)代入边界条件可得[7]

$$A\frac{\mathrm{i}\mu\beta}{a}\left(\frac{1}{u^2}+\frac{1}{\omega^2}\right)-B\frac{\omega\mu_0}{a}\left(\frac{1}{u}\frac{J'_\mu(u)}{J_u(u)}+\frac{1}{\omega}\frac{K'_\mu(\omega)}{K_u(\omega)}\right)=0 \tag{2-48}$$

$$A\frac{\omega\varepsilon_0}{a}\left(\frac{n_1^2}{u}\frac{J'_\mu(u)}{J_u(u)}+\frac{n_2^2}{\omega}\frac{K'_\mu(\omega)}{K_u(\omega)}\right)+B\frac{\mathrm{i}\mu\beta}{a}\left(\frac{1}{u^2}+\frac{1}{\omega^2}\right)=0 \tag{2-49}$$

对于式(2-48)和式(2-49)组成的齐次方程，若 A、B 有非零解，则它们的系数行列式应为零，可导出光纤矢量模式的特征方程[6]，即

$$\left(\frac{1}{u}\frac{J'_\mu(u)}{J_\mu(u)}+\frac{1}{\omega}\frac{K'_\mu(\omega)}{K_\mu(\omega)}\right)\left(\frac{n_1^2}{un_2^2}\frac{J'_\mu(u)}{J_\mu(u)}+\frac{n_2^2}{\omega}\frac{K'_\mu(\omega)}{K_\mu(\omega)}\right)=\mu^2\left(\frac{n_1^2}{n_2^2}\frac{1}{u^2}+\frac{1}{\omega^2}\right)\left(\frac{1}{u^2}+\frac{1}{\omega^2}\right) \tag{2-50}$$

利用色散方程可以确定 μ 阶模式的 β 值或 u 值。

光纤中存在四种矢量模式，分别是径向矢量光束 $TE_{0\nu}$、角向矢量光束 $TM_{0\nu}$、混合矢量偏振光束 $HE_{\mu\nu}$ 和混合矢量偏振光束 $EH_{\mu\nu}$，其中 μ 表示圆周模式阶数，ν 代表径向模式阶数。在式(2-50)中，当 $\mu=0$，$E_z=E_r=H_\theta=0$ 时，为 $TE_{0\nu}$ 模式；当 $\mu=0$，$E_\theta=H_r=H_z$ 时，为 $TM_{0\nu}$ 模式。当 μ 取正值时，定义为 $HE_{\mu\nu}$ 模式；当 μ 取负值时，定义为 $EH_{\mu\nu}$ 模式。相位因子 $\exp[-\mathrm{j}(\beta z\mp\mu\theta)]$ 中，取“+”时，z 增大、θ 减小，顺时针旋转表示右旋偏振；取“−”时，z 增大、θ 增大，逆时针旋转表示左旋偏振。EH、HE 具有奇模和偶模的状态，分别用 $HE_{\mu\nu}^{odd}$、$HE_{\mu\nu}^{even}$ 和 $EH_{\mu\nu}^{odd}$、$EH_{\mu\nu}^{even}$ 表示。

如图 2-4 所示，光纤中的模式同一种光强分布对应的矢量模式有可能是不同的。图 2-4(a)、图 2-4(b)、图 2-4(d)、图 2-4(e)属于光纤中的一阶模式，在光强分布上没有差异，在偏振上有一定的偏振。图 2-4(a)中 TE 模式的偏振为径向分布。图 2-4(b)中 TM 模式的偏振为角向分布。在图 2-4(d)和图 2-4(e)中，$HE_{\mu\nu}^{odd}$ 与 $HE_{\mu\nu}^{even}$ 偏振相差 π/2。比较图 2-4(d)、图 2-4(e)和图 2-4(c)、图 2-4(f)，HE 模式的奇模、偶模与 EH 模式的奇模、偶模偏振分布方向相反，光强的分布也是不同的。

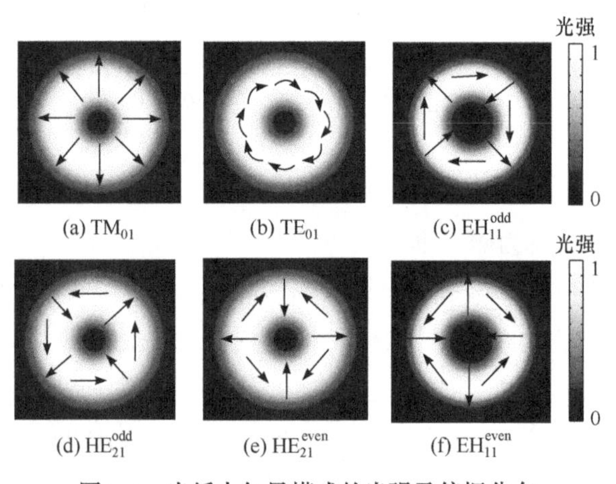

图 2-4　光纤中矢量模式的光强及偏振分布

TE 叫作横电模，指的是电场方向与传播方向垂直。TM 叫作横磁模，指的是磁场方向与传播方向垂直。TE 和 TM 可以合称 LP，即线性偏振模。TEM 叫作横电磁模，指的是电场、磁场方向都和传播方向垂直。当电磁波在光纤中传输时，会在纤芯和包层的交界面处不断反射，是折线前行的(阶跃光纤中)，传播方向并不是光纤中的光线行进的方向，而是纤芯的方向。

1. TE 模式与 TM 模式

在求解不同模式下的截止条件时，需利用本征方程式(2-33)。当 m=0 时，令式(2-33)左边为 0，可以分别解出 TE_{0n} 与 TM_{0n} 的特征方程[8,9]，即

$$\frac{1}{U}\frac{J_m'(U)}{J_m(U)}+\frac{1}{W}\frac{K_m'(W)}{K_m(W)}=0 \tag{2-51}$$

$$\frac{n_1^2}{U}\frac{J_m'(U)}{J_mU}+\frac{n_2^2}{W}\frac{K_m'(W)}{K_m(W)}=0 \tag{2-52}$$

式(2-52)对应的场只有 E_φ、H_r、H_z，电场只存在沿角向的分量，称为 TE_{mn} 模式。对于 TE_{0n}，模式截止条件为 $J_0(U)=0$，TE_{0n} 模式截止时的本征值为 U，$J_0=0$ 的根为截止频率。此外，远离截止条件为 $J_1(U_{0n}^\infty)=0$ ($U_{0n}^\infty\neq 0$)，TE_{0n} 模式远离截止条件时的本征值为 U_{0n}^∞，$J_1=0$ 的根为远离截止频率。

导模截止时，$\omega\to 0$，由修正贝塞尔函数的递推式和渐近线可得 $J_0(U)=0$。横向归一化常数 u 与贝塞尔函数 $J(u)$的关系图如图 2-5 所示。

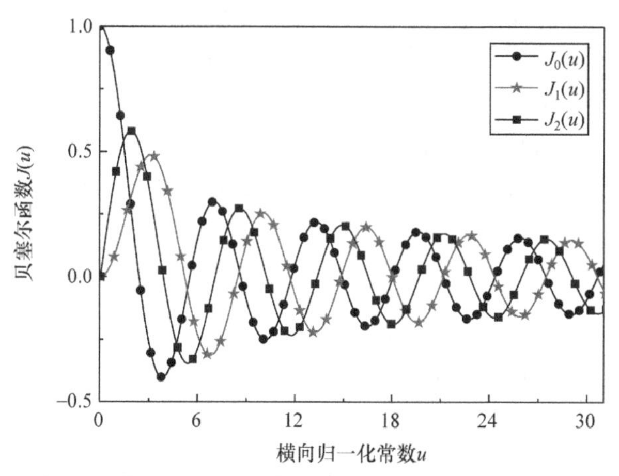

图 2-5　横向归一化常数 u 与贝塞尔函数 $J(u)$的关系图

可以看出，贝塞尔曲线呈振荡形式，其根也有多个。在贝塞尔阶数确定后，一定的横向归一化常数 u 只有一个根。

式(2-52)对应的场为 H_φ、E_r、E_z，只存在横向分量，称为 TM_{mn} 模式。同样，对于 TM_{0n} 模式，截止条件为 $J_0(U_{0n}^0)=0$，TM_{0n} 模式截止时的本征值为 U_{0n}^0，截止频率为 $J_0=0$ 的根；远离截止条件为 $J_1(U_{0n}^\infty)=0$（$U_{0n}^\infty\neq 0$），TM_{0n} 模式远离截止条件时的本征值为 U_{0n}^∞，远离截止频率为 $J_1=0$ 的根。由式(2-34)与式(2-35)求解 TE 模式与 TM 模式的截止条件时发现，TE 模式与 TM 模式具有相同的本征值，两种模式处于简并(degeneracy)态[5]。

2. HE 模式

由式(2-33)可得 HE_{mn} 模式的特征方程[4]，即

$$\frac{1}{U}\frac{J_m'(U)}{J_m(U)}+\frac{1}{W}\frac{K_m'(W)}{K_m(W)}=-m\left(\frac{1}{U^2}+\frac{1}{W^2}\right) \tag{2-53}$$

利用贝塞尔函数的递推式进行化简，当 $m=1$ 时，式(2-36)可表示为[10]

$$\frac{1}{U}\frac{J_0(U)}{J_1(U)}-\frac{1}{W}\frac{K_0(W)}{K_1(W)}=0 \tag{2-54}$$

对于 HE_{mn} 模式，当 $m=1$ 时，截止条件为 $J_1(U_{1n}^0)=0$，HE_{1n} 模式截止时的本征值为 U_{1n}^0，同样 $J_1(U)=0$ 的根为 HE_{1n} 模式的截止频率；远离截止条件为 $J_0(U_{1n}^\infty)=0$，远离截止条件的本征值为 U_{1n}^∞，$J_0(U)=0$ 的根为 HE_{1n} 模式远离截止频率[5]。由表 2-1 可知 HE_{11}、HE_{12}、HE_{13} 的截止频率与远离截止频率，HE_{11} 的截止频率为 $J_1(U)$ 的第 1 个根 0，远离截止频率为 $J_0(U)$ 的第 1 个根 2.4084；HE_{12} 的截止频率为 $J_1(U)$ 的第 2 个根 3.831，远离截止频率为 $J_0(U)$ 的第 2 个根 5.52021；HE_{13} 的截止频率为 $J_1(U)$ 的第 3 个根 3.831，远离截止频率为 $J_0(U)$ 的第 3 个根 8.6537。依此类推，可得 HE 的截止频率与远离截止频率。通过求解截止频率与远离截止频率，任何波长与任意光纤条件下 HE_{11} 的截止频率为 0，是光纤中的基模。当 $m>1$ 时，式(2-54)可表示为[4]

$$\frac{J_{m-1}(U)}{J_m(U)}=\frac{U}{2(U-1)} \tag{2-55}$$

由此可得高阶模的截止频率。对于 $m>1$，可得截止条件为 $J_{m-2}(U_{mn}^0)=0$（$U_{mn}^0\neq 0$），截止条件的本征值为 U_{mn}^0，截止频率为 $J_{m-2}(U)=0$ 的根；远离截止条件为 $J_{m-1}(U_{mn}^\infty)=0$（$U_{mn}^\infty\neq 0$），远离截止条件的本征值为 U_{mn}^∞，远离截止频率为 $J_{m-1}=0$ 的根。将 m、n 代入式(2-24a)，可以得到图 2-6 中 HE 模式的光强分布。

表 2-1　贝塞尔函数的根(0～7 阶)[10]

n	m						
	0	1	2	3	4	5	7
1	2.4048	3.8317	5.1356	6.3802	7.5883	8.7715	11.0864
2	5.5201	7.0156	8.4172	9.7610	11.0647	12.3386	14.8213
3	8.6537	10.1735	11.6198	13.0152	14.3725	15.7002	18.2876
4	11.7915	13.3237	14.7960	16.2235	17.6160	18.9801	21.6415
5	14.9309	16.4706	17.9598	19.4094	20.8269	22.2178	24.9349
6	18.0711	19.6159	21.1170	22.5827	24.0190	25.4303	28.1912
7	21.2116	22.7601	24.2701	25.7482	27.1991	28.6266	31.4228
8	24.3525	25.9037	27.4206	28.9084	30.3710	31.8117	34.6371

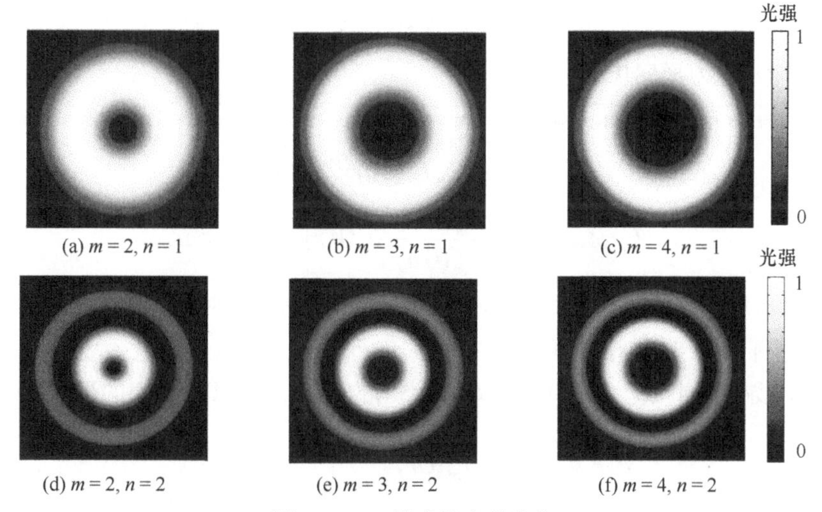

图 2-6　HE 模式的光强分布

可以发现，随着 m 的增大，中心暗斑面积越大，能量越集中与环上。通过上下光强的比对，n 决定矢量模式的径向分布，即矢量模式光强的圈数。

3. EH 模式

利用式(2-33)化简，可以得到矢量模式 EH_{mn} 模式的特征方程[4]，即

$$\frac{1}{U}\frac{J_m'(U)}{J_m(U)}+\frac{1}{W}\frac{K_m'(W)}{K_m(W)}=m\left(\frac{1}{U^2}+\frac{1}{W^2}\right) \tag{2-56}$$

式(2-56)的解与 HE 的模式相同。对于 EH_{mn} 模式，$m>1$ 时的截止条件为 $J_m(U_{mn}^0)=0\,(U_{mn}^0\neq 0)$，远离截止条件为 $J_{m+1}(U_{mn}^\infty)=0\,(U_{mn}^\infty\neq 0)$，同理光纤中矢

量模式的偏振与 HE 模式也相同[6]。

利用修正贝塞尔函数的递推式与渐近线可得截止频率与导模截止。因为贝塞尔曲线呈现振荡的形式,其根有多个(表 2-1)。在 $J_0(u)$ 的根中,TE_{01} 和 TM_{01} 、TE_{02} 和 TM_{02} 截止频率分别对应 2.4084、5.52021、⋯。当 n=1 时，$J_m(U)$ 的第一个根为 2.4084、3.8317、5.1356、⋯，分别对应 HE_{11}、HE_{21} 与 EH_{11}、HE_{31} 与 EH_{21} 截止时的 U 值。

2.3.2 标量模式的解

由麦克斯韦方程可得光纤中实际存在解的模式。光纤中标量模式的解为同一阶数矢量模式的简并, 称为线偏模, 即 LP_{mn} 模式。光纤中的场分布采用标量近似, 得到的线偏模 LP 模式沿 z 轴向的光场为[1]

$$\Psi(r,\phi,z)=\Psi_0(r,\phi)\mathrm{e}^{\mathrm{j}(\omega t-\beta z)} \tag{2-57}$$

式中，$\Psi_0(r,\phi)$ 为横向场。

电场可以表达成以下形式[1]，即

$$\Psi(r,\phi,z)=C_m J_m(Ur)\mathrm{e}^{\mathrm{j}m\phi},\quad r<a \tag{2-58a}$$

$$\Psi(r,\phi,z)=C_m\frac{J_m(Wr)}{K_m(Wa)}K_m(Wr)\mathrm{e}^{\mathrm{j}m\phi},\quad r>a \tag{2-58b}$$

考虑边界电场在光纤纤芯与包层分界处的连续性，左右取等号可得色散方程(2-58)。我们可以对 $\Psi_0(r,\phi)$ 利用欧拉公式进行分解，可以看出电磁场沿圆周的分布由两个线偏振组成。除了可以取式(2-58)的形式，可以得到解的形式[1]，即

$$\Psi(r,\phi,z)=C_m J_m(Ur)\begin{cases}\sin(m\phi)\\ \cos(m\phi)\end{cases},\quad r<a \tag{2-59a}$$

$$\Psi(r,\phi,z)=C_m\frac{J_m(Wr)}{K_m(Wa)}K_m(Wr)\begin{cases}\sin(m\phi)\\ \cos(m\phi)\end{cases},\quad r>a \tag{2-59b}$$

式(2-58)与式(2-59)表述的波形都是 LP_{mn} 模式，即线偏振。随着时间的变化其偏振方向不变，这种近似的理论常称为线偏模理论。图 2-7 所示为考虑偏振状态后光纤中的模场分布。

在弱导近似的情况下，线偏模是由几个传播常数接近的矢量模式兼并到一起形成的。图 2-7 中 LP 模式上标中的 o、e 分别表示光纤中 LP 模式的奇模与偶模, LP 模式的上标 x、y 分别表示偏振方向的坐标，箭头表示 LP 模场的偏振方向。习惯上也有用下标 o 与 e 分别表示光纤中的奇模与偶模，线偏奇偶模也可以表示为 $LP_{mn,o}$ 与 $LP_{mn,e}$。表 2-2 所示为光纤中 LP 模式和矢量模式之间的对应关系。LP 模式的光强分布如图 2-8 所示。

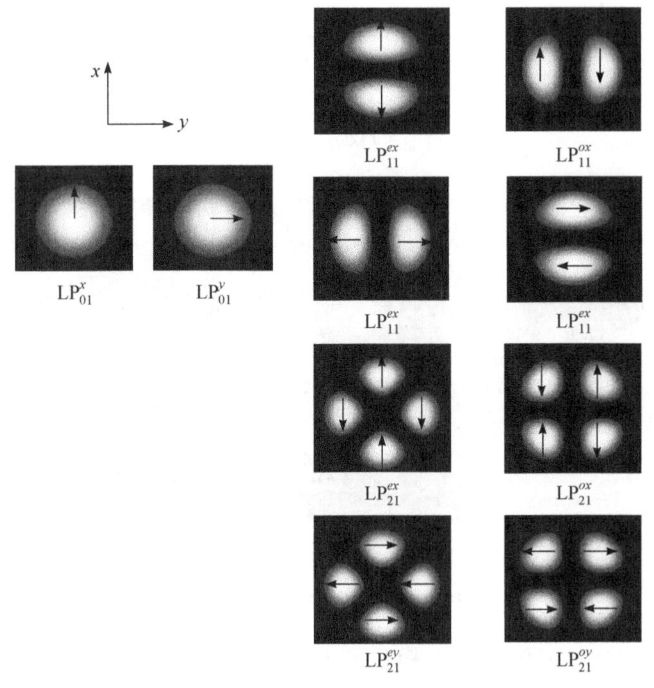

图 2-7　考虑偏振后光纤中的模场分布(弱导近似)

表 2-2　光纤中 LP 模式和矢量模式之间的对应关系

LP 模式	矢量模式	LP 模式 兼并度
LP_{01}	HE_{11}	2
LP_{11}	TE_{01}、HE_{21}、TM_{01}	4
LP_{21}	HE_{31}、EH_{11}	4
LP_{31}	HE_{41}、EH_{21}	4

通过图 2-8(a)、图 2-8(b)、图 2-8(c)中的 LP_{11} 模式、LP_{21} 模式、LP_{31} 模式可以体现出圆周模阶数 l 对标量模式光强分布的影响。LP_{11} 模式沿圆周方向出现两个亮斑，LP_{21} 模式沿圆周方向出现四个亮斑，LP_{31} 模式沿圆周方向出现六个亮斑。图 2-8(a)、图 2-8(d)和图 2-8(e)中的 LP_{11}、LP_{12} 和 LP_{13} 模式体现径向模阶数 m 对模式光强分布的影响，LP_{11} 模式的电磁场沿半径方向只有一圈亮斑，LP_{12} 模式沿半径方向有两圈亮斑，LP_{13} 模式电磁场沿半径方向有三圈亮斑。因此，我们可以得到以下结论，l 越大，LP 模式的光强分布在圆周方面上亮斑的个数越多，并且亮斑的个数与 l 有关，为 $2l$ 个；同样，m 越大，半径方向上亮斑的圈数也越多，并且亮斑的圈数与 m 相等。光纤中 LP 模式的组成方式为[10]

$$\mathrm{LP}_{l,m} = \mathrm{HE}_{l+1,m} \pm \mathrm{EH}_{l-1,m} \tag{2-60}$$

$$\mathrm{LP}_{l,m} = \mathrm{HE}_{l+1,m} \pm \mathrm{TM}_{l-1,m} \tag{2-61}$$

$$\mathrm{LP}_{l,m} = \mathrm{HE}_{l+1,m} \pm \mathrm{TE}_{l-1,m} \tag{2-62}$$

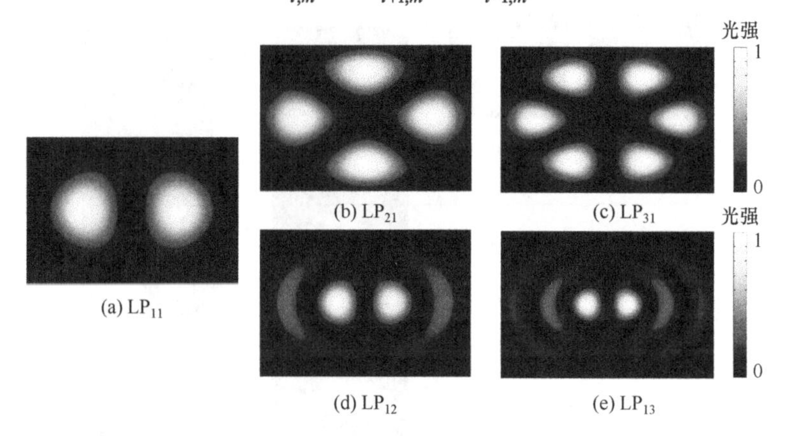

图 2-8　LP 模式的光强分布

由此可知，光纤中线偏振 LP 模式可由光纤中不同的矢量模式 $\mathrm{HE}_{l+1,m}$、$\mathrm{EH}_{l-1,m}$、$\mathrm{TE}_{l-1,m}$，以及 $\mathrm{TM}_{l-1,m}$ 叠加组成。由于不同的矢量模式具有不同的有效折射率，即纵向传播常数不同，不同的模式间进行叠加会形成模式走离现象。

2.3.3　归一化工作频率

光纤中存在四种矢量模式，每种模式都对应固定的截止频率与远离截止频率。各阶矢量模式对应的归一化截止频率称为归一化工作频率。归一化工作频率可表示为

$$V = \frac{2\pi a}{\lambda}\sqrt{n_1^2 - n_2^2} < 2.4048 \tag{2-63}$$

式(2-63)为单模光纤的传输条件，当 $V<2.4048$ 时，光纤中只可传输 HE_{11}，即基模。当基模不满足传输需求时，我们要让光纤可容纳及传输高阶矢量模式，需要利用少模光纤或者多模光纤。在求解多模光纤中的矢量模式时，可以利用特征方程求解各阶矢量模式的有效折射率。

令 $n_{\mathrm{eff}} = \beta / k_0$ 为光纤的有效折射率公式，利用光纤的有效折射率 n_{eff} 与特征方程可解出 U、W 与 V 之间的关系[11-14]，即

$$U^2 = (k_0^2 n_1^2 - {k_0}^2 n_{\mathrm{eff}}^2) a^2 \tag{2-64}$$

$$W^2 = (k_0^2 n_{\mathrm{eff}}^2 - k_0^2 n_2^2) a^2 \tag{2-65}$$

$$V^2 = U^2 + W^2 \tag{2-66}$$

其中，β 为纵向传播常数；k_0 为波数；U、W 分别为归一化常数与归一化衰减系数。

将表 2-1 中矢量模式的截止频率代入 U，再利用式(2-61)与式(2-63)可以得到各阶矢量模式的有效折射率。如图 2-9 所示，随着归一化工作频率的增加，光纤中矢量模式的数目也随之增多。HE_{11} 为基模，无截止频率。当 $V>2.4048$ 时，开始出现一阶模式，包括 HE_{21}、TM_{01}、TE_{01}，统称为 LP_{1n} 模式；当 $V>3.8317$ 时，开始出现二阶模式。依此类推，可以得到相应归一化截止频率下会出现的相应矢量模式。

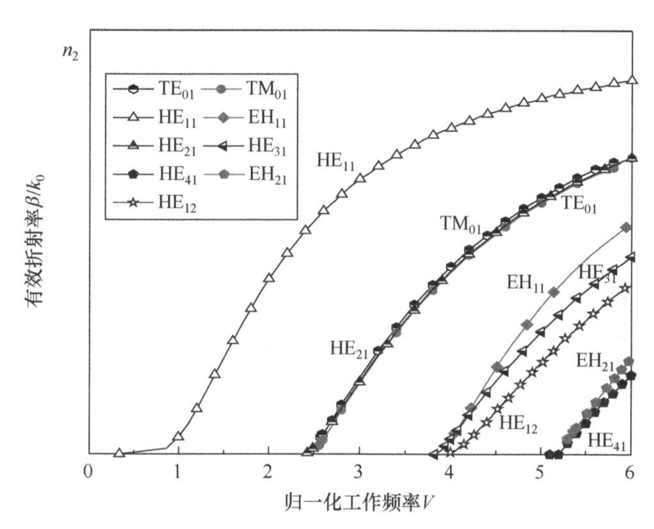

图 2-9 有效折射率与归一化工作频率关系(0～3 阶模式)

2.3.4 高斯模的耦合效率[15]

当单模光纤的归一化频率 V 在 1.9～2.4 时，光纤内传输的光束可以高斯光束近似。对于阶跃型单模光纤，高斯光束近似下的模斑尺寸 ω 为[15]

$$\omega = a(0.65 + 1.619V^{-3/2} + 2.8798V^{-6}) \tag{2-67}$$

式中，a 为光纤纤芯半径；V 为归一化频率，定义为 $V^2 = (n_1^2 - n_2^2)k_0^2a^2$，$n_1$ 为纤芯折射率，n_2 为包层折射率，k_0 为自由空间的波数。

在高斯光束近似下，各种耦合都可归结为两高斯模之间的耦合。V 越小，光纤限制光纤限制光泄露的能力越弱，允许传输的模式数量也越少。当 $V<2.045$ 时，光纤中只有一个模式可以传播，称为单模光纤。

如图 2-10 所示，高斯光束 1 由左向右传播，高斯光束 2 由右向左传播，在过 o 点垂直于 z 轴的平面处，光束 2 相对于光束 1 有一横向偏离 x_0 和角度偏离 θ。

以光束 1 的对称轴为 z 轴建立坐标系,则描述高斯模 1 的光场复振幅为(归一化)[15]

$$\varphi_1=\left(\frac{2}{\pi}\right)^{1/4}\left(\frac{1}{\omega_1}\right)^{1/2}\exp\left(-\frac{x^2}{\omega_1^2}-\frac{1}{2}\mathrm{i}k_0\frac{x^2}{R_1}\right) \tag{2-68}$$

式中，ω_1 为在平面 o 处光束 1 的光斑半径；R_1 为相应波面的曲率半径；k_0 为自由空间的传播常数。

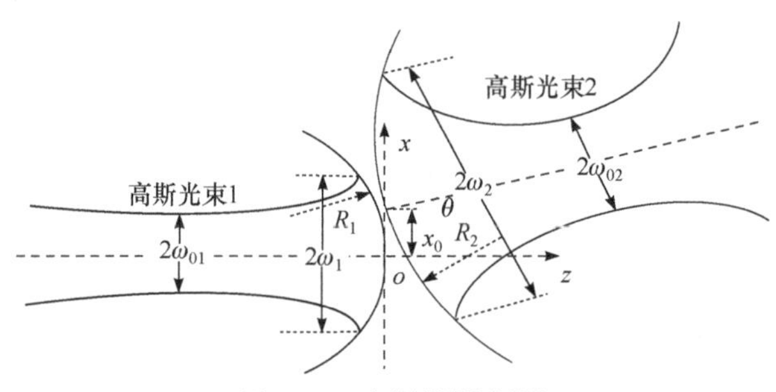

图 2-10　高斯模耦合[15]

对于光束 2，当角度误差 θ 很小时，它对复振幅的影响仅为附加一位相因子 $\exp(\mathrm{i}k_0\theta x)$，因此在小角近似下，高斯模 2 的归一化复振幅为[15]

$$\varphi_1=\left(\frac{2}{\pi}\right)^{1/4}\left(\frac{1}{\omega_2}\right)^{1/2}\exp\left[-\frac{(x-x_0)^2}{\omega_2^2}-\frac{1}{2}\mathrm{i}k_0\frac{(x-x_0)^2}{R_2}\right]\exp(\mathrm{i}k_0\theta x) \tag{2-69}$$

两高斯模的耦合效率为[15]

$$\begin{aligned}\eta=q^{1/2}\exp\Bigg[q\Bigg(&-\frac{x_0^2}{2\omega_2^2}-\frac{x_0}{2\omega_1^2}-\frac{k_0^2\omega_2^2x_0^2}{8R_2^2}+\frac{1}{8}k_0^2\omega_0^2\theta^2-\frac{3k_0^2\omega_1^2x_0}{8R_2^2}\\&-\frac{1}{8}k_0\omega_1^2\theta^2+\frac{k_0^2\omega_1^2x_0\theta}{2R_2}+\frac{k_0^2\omega_1^2x_0^2}{2R_1R_2}-\frac{k_0^2\omega_1^2x_0\theta}{4R_1}-\frac{k_0^2\omega_1^2x_0^2}{8R_1^2}\Bigg)\Bigg]\end{aligned} \tag{2-70}$$

式中，$q=4\left\{\omega_1^2\omega_2^2\left[\left(\frac{1}{\omega_1^2}+\frac{1}{\omega_2^2}\right)+\frac{1}{4}k_0^2\left(\frac{1}{\mathrm{R}_2}-\frac{1}{\mathrm{R}_1}\right)^2\right]\right\}^{-1}$。 (2-71)

式(2-70)便是将横向和角度误差同时考虑的高斯模耦合效率公式。

1. $x_0=0,\theta=0$

两高斯模完全对准情况下的耦合效率为[15]

$$\eta_a = q^{\frac{1}{2}} = 2 \Big/ \omega_1\omega_2\left[\left(\frac{1}{\omega_1^2}+\frac{1}{\omega_2^2}\right)+\frac{1}{4}k_0^2\left(\frac{1}{R_2}-\frac{1}{R_1}\right)^2\right]^{\frac{1}{2}} \tag{2-72}$$

2. $x_0 = 0$

仅有角度误差时，耦合效率为[15]

$$\eta = \eta_a \exp[-(\theta/\theta_e)^2] \tag{2-73}$$

式中

$$\theta_e = 2^{\frac{3}{2}} / k_0\eta_a(\omega_1^2+\omega_2^2)^{\frac{1}{2}} \tag{2-74}$$

由式(2-73)可知，θ_e 表示 η 下降到 η_a / e 时对应的角度误差。

3. $\theta = 0$

只存在横向误差时，耦合效率为[15]

$$\eta = q^{1/2}\exp\left[q\left(\frac{x_0^2}{2\omega_2^2}-\frac{x_0^2}{2\omega_1^2}-\frac{k_0^2\omega_2^2x_0^2}{8R_2^2}-\frac{3k_0^2\omega_1^2x_0^2}{8R_2^2}+\frac{k_0^2\omega_1^2x_0}{2R_1R_2}-\frac{k_0^2\omega_1^2x_0^2}{8R_1^2}\right)\right] \tag{2-75}$$

实际上，两高斯模的腰靠得很近，因此有 $1/R_1^2 \to 0$、$1/R_2^2 \to 0$。所以，有

$$\eta \approx q^{1/2}\exp\left[q\left(-\frac{x_0^2}{2\omega_2^2}-\frac{x_0^2}{2\omega_0^2}\right)\right] = \eta_a\exp[-(x_0/x_e)^2] \tag{2-76}$$

式中

$$x_e = 2^{\frac{1}{2}} / \eta_a\left(\frac{1}{\omega_1^2}+\frac{1}{\omega_2^2}\right)^{\frac{1}{2}} \tag{2-77}$$

式中，x_e 为 η 下降到 η_a / e 时对应的横向误差。

2.4　模式有效折射率

2.4.1　矢量模式的有效折射率

光纤的色散、限制损耗和非线性系数等特性均与有效折射率密切相关，利用有效折射率可以了解光纤传输信号时的各种特性。对于模式的不同传播常数 β，有不同的有效折射率。有效折射率 n_{eff} 可表示为[16]

$$n_{\mathrm{eff}} = \frac{\beta}{k_0} \tag{2-78}$$

式中，$k_0 = 2\pi/\lambda$为真空中的波数，λ为光波波长；β 为传播常数。

光子晶体光纤在波长 1.15～2.0μm 时，矢量模式的有效折射率与波长的关系如图 2-11 所示。在实际的传播过程中，有效折射率会随着光波长的变化发生改变。由图 2-11 可知，在波长 1.15～2.0μm，当光波长增加时，光束的场强分布会逐渐扩散到包层部分，因此光子晶体光纤中各矢量模式的有效折射率 n_{eff} 随波长的增加而逐渐减小。在同一波长情况下，模式阶数越大，光场越容易扩散到包层部分。因此，随波长增加和模式阶数增大，有效折射率下降速度更快，曲线更倾斜。

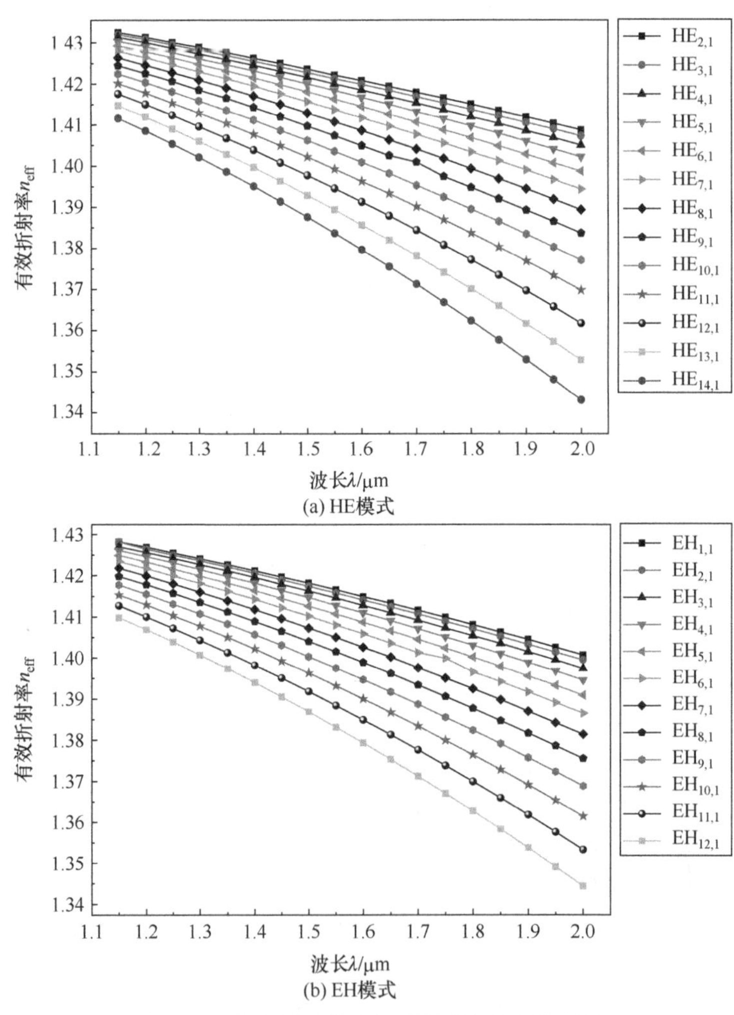

图 2-11　矢量模式的有效折射率与波长的关系

2.4.2 模式间的有效折射率差

光子晶体光纤模间有效折射率差与波长的关系如图 2-12 所示。不同模式具有相同的特性(传输)参量，叫作模式简并。圆波导的简并有两种，一种是极化简并，另一种是模式简并。模式简并会严重影响光纤中传输信号的质量。因此，模间有效折射率差要满足大于 1×10^{-4} 这一基本条件。可以看出，有效折射率差Δn_{eff}随波长的增加而增大。由图中折射率差值为 1×10^{-4} 的标准线可知，该光纤所有矢量模式间的有效折射率差Δn_{eff}均大于 1×10^{-4}，其中在 1.55μm 波长处，$HE_{3,1}$ 和 $EH_{1,1}$ 的有效折射率差Δn_{eff}可以达到 2.6×10^{-3}，相较 1×10^{-4} 这一基础条件提高一个量级。有效折射率差的提高会减小模式耦合的可能性，由于每种模式是单独传输的，因此可以减小模间串扰。

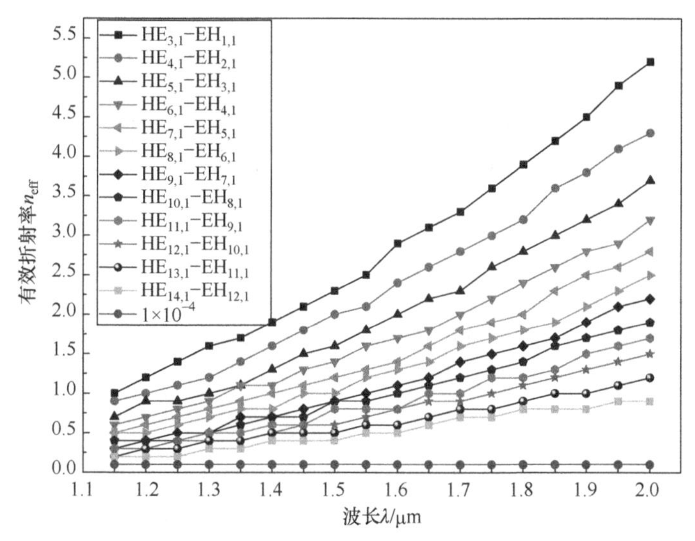

图 2-12　光子晶体光纤模间有效折射率差与波长的关系

2.4.3 色散特性

根据导波光学理论，光信号在光纤中以不同的速度进行传播，到达一定距离后会引起传输信号的畸变。这种效应称为光纤色散。普通的光纤由于自身结构和材料的限制，其色散是不可控的，已经无法满足光纤通信对光纤色散的要求。光子晶体光纤的构成材料比较简单，并且具有灵活的结构，通过合理地调整光子晶体光纤中空气孔的直径，以及孔间距等便可实现可控的色散性能，生产出满足实际色散需求的光子晶体光纤结构。

光纤中的色散主要包括波导色散 D_{w} 和材料色散 D_{m}。材料色散主要是基底材料引起的，其对总色散的影响并不大。由于大部分光子晶体光纤的基底材料是单一材料组成的，与光纤结构无关，因此材料色散是恒定不变的，可以将其忽略[17]。波导色散主要受光子晶体光纤结构的影响，是由光纤的几何尺寸和结构决定的，可以通过合理地改变光纤中的结构参数对光纤色散进行有效的控制，最终设计出满足各种实际需求的光子晶体光纤结构。光子晶体光纤中的色散系数 D 为[18]

$$D = -\frac{\lambda}{c}\frac{\partial^2 \left|\mathrm{Re}(n_{\mathrm{eff}})\right|}{\partial \lambda^2} \tag{2-79}$$

式中，c 为真空中的光速；$\mathrm{Re}(n_{\mathrm{eff}})$为模式的有效折射率的实部；$\lambda$ 为波长。

图 2-13 所示为该光子晶体光纤在 1.15～2.0μm(850nm)波长范围内各矢量模式的色散系数变化。由此可得，入射光波长在 1.15～2.0μm(850nm)范围内，低阶模式(l < 6)的色散系数随波长的增大而变化较小，色散系数曲线趋于平坦分布。然而，高阶模式的色散系数相对低阶模式色散系数较大，并且随波长的增大而逐渐变大。这也验证了光纤中高阶模式传输不稳定的特性。虽然高阶模式的色散系数较大，但是在实际应用中，可利用色散补偿技术进行补偿。其中，在 1.55μm 波长处，$\mathrm{HE}_{3,1}$ 模式的色散系数为 46.9649ps/(nm · km)，$\mathrm{HE}_{4,1}$ 模式的色散系数为 57.4461ps/(nm · km)。

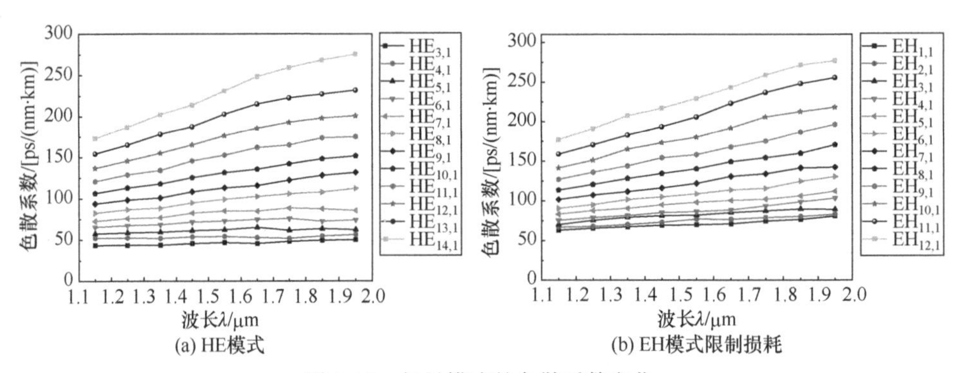

图 2-13　矢量模式的色散系数变化

光子晶体光纤具有特殊的波导结构，光子晶体光纤中存在不同形状大小的空气孔，在光子晶体光纤中传输的光场，会有一部分能量扩散到包层区域中，又因为包层区域无法做到无限大，因此存在部分能量在传输中消失，引起能量损耗，称为限制损耗[19]或泄露损耗。限制损耗 L 可表示为[20]

$$L = \frac{2\pi}{\lambda}\frac{20}{\ln 10}\mathrm{Im}(n_{\mathrm{eff}}) \tag{2-80}$$

式中，$\mathrm{Im}(n_{\mathrm{eff}})$为模式的有效折射率虚部；$\lambda$ 为波长；L 的单位为 dB/m。

表 2-3 所示为光子晶体光纤中的矢量模式在 1.55μm 波长处的限制损耗。

表 2-3　光子晶体光纤中的矢量模式在 1.55μm 波长处的限制损耗

矢量模式	限制损耗/(dB/m)	矢量模式	限制损耗/(dB/m)
$HE_{1,1}$	4.84×10^{-10}	$HE_{14,1}$	2.04×10^{-9}
$HE_{2,1}$	1.48×10^{-10}	$EH_{1,1}$	3.70×10^{-10}
$HE_{3,1}$	1.25×10^{-9}	$EH_{2,1}$	2.85×10^{-11}
$HE_{4,1}$	1.30×10^{-10}	$EH_{3,1}$	3.31×10^{-11}
$HE_{5,1}$	2.54×10^{-10}	$EH_{4,1}$	5.90×10^{-10}
$HE_{6,1}$	7.54×10^{-11}	$EH_{5,1}$	7.50×10^{-10}
$HE_{7,1}$	2.85×10^{-11}	$EH_{5,1}$	7.50×10^{-10}
$HE_{8,1}$	3.31×10^{-10}	$EH_{6,1}$	3.19×10^{-10}
$HE_{9,1}$	5.90×10^{-10}	$EH_{7,1}$	3.14×10^{-10}
$HE_{10,1}$	7.50×10^{-10}	$EH_{8,1}$	2.85×10^{-11}
$HE_{11,1}$	3.19×10^{-10}	$EH_{9,1}$	3.31×10^{-10}
$HE_{12,1}$	3.14×10^{-10}	$EH_{10,1}$	5.90×10^{-10}
$HE_{13,1}$	9.08×10^{-10}	$EH_{11,1}$	7.50×10^{-10}
$HE_{14,1}$	2.04×10^{-9}	$EH_{12,1}$	3.19×10^{-10}

可以看出，在波长 1.55μm 处，光纤中各矢量模式都有相对较低的限制损耗。限制损耗均在 10^{-11}～10^{-9}dB/m 量级范围内，这主要是高折射率环性区域的存在，使各矢量模式的限制损耗具有比较理想的效果。其中，$HE_{4,1}$ 模式的限制损耗仅为 1.30×10^{-10}dB/m，较小的限制损耗为实际使用这种光纤结构进行传输提供了有利条件。光子晶体光纤可以通过对光纤中的结构参数进行改进，使限制损耗呈现更理想的效果。

2.4.4　非线性效应

非线性效应也是光子晶体光纤重要的光学特性之一。光子晶体光纤中的非线性效应可用非线性系数表示。当非线性系数较小时，可有效地抑制光子晶体光纤中的非线性效应，从而提高通信系统的传输质量。在讨论非线性系数这一特性之前，首先对光子晶体光纤的有效模场面积进行分析。有效模场面积可以表示为[21]

$$A_{\text{eff}}=\frac{\left(\iint\left|\boldsymbol{E}(x,y)\right|^2\mathrm{d}x\mathrm{d}y\right)^2}{\iint\left|\boldsymbol{E}(x,y)\right|^4\mathrm{d}x\mathrm{d}y}\tag{2-81}$$

式中，$\boldsymbol{E}(x,y)$为光纤的横向电场强度分布。

非线性系数可以表示为[22]

$$\gamma=\frac{2\pi n_2}{\lambda A_{\mathrm{eff}}} \tag{2-82}$$

式中，n_2为光子晶体光纤的基底材料的非线性折射率系数。

由式(2-65)和式(2-66)可以看出，光子晶体光纤的非线性系数特性的变化趋势与有效模场面积是相反的。一般情况下，可先通过计算光子晶体光纤的有效模场面积，再根据反比关系得到光子晶体光纤的非线性系数。光子晶体光纤中矢量模式的有效模场面积变化示意图如图 2-14 所示。可以看出，在 1.15～2.0μm 波长范围内，当光波长逐渐增加时，该光子晶体光纤中矢量模式的有效模场面积 A_{eff} 也逐渐增加。同时，当模式阶数增大时，有效模场面积 A_{eff} 也随之增加。这是因为高阶模式的能量更容易泄露到空气包层中，所以有效模场面积随着模式阶数的增大而增大。

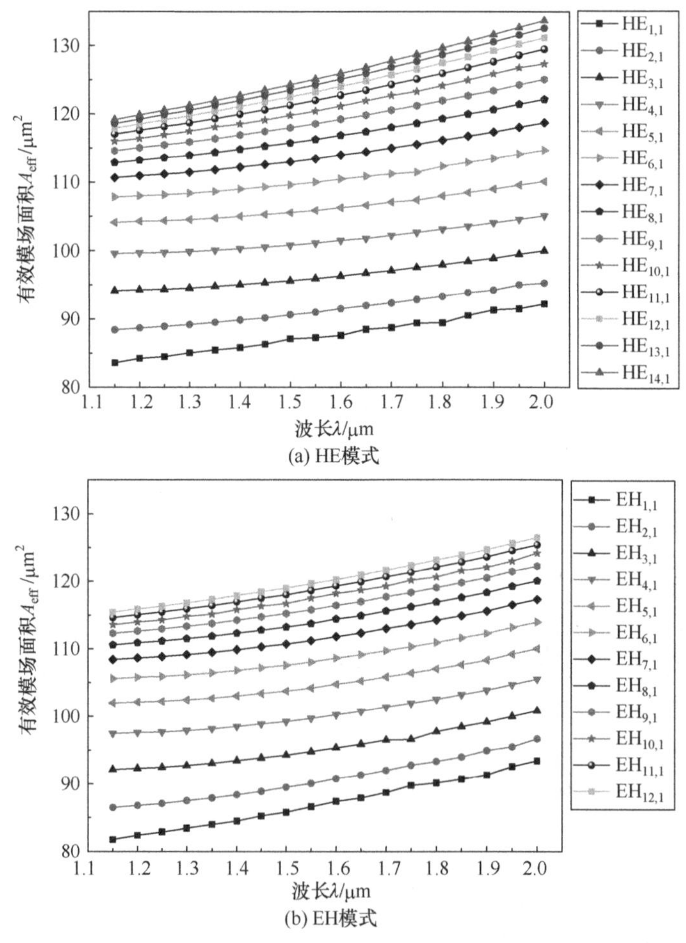

(a) HE模式

(b) EH模式

图 2-14　光子晶体光纤中矢量模式的有效模场面积变化示意图

光子晶体光纤的非线性系数的变化趋势与有效模场面积相反。如图 2-15 所示，在 1.15～2.0μm 波长范围内，光子晶体光纤中矢量模式的非线性系数随波长和模式阶数的增大而逐渐减小，低阶模式的非线性系数相对较大，而高阶模式相对较小。光子晶体光纤中矢量模式的非线性系数相对较小，均在 0.6～1.6W^{-1}/km。在波长 1.55μm 处，$HE_{8,1}$ 模式的非线性系数仅为 0.80175W^{-1}/km，与文献[21]的结果和文献[23]相比，本书光子晶体光纤的模式非线性系数相对更小，更有利于减小光纤中的非线性效应。这种具有较小非线性效应的光子晶体光纤可以应用到很多方面，具有十分广阔的前景。

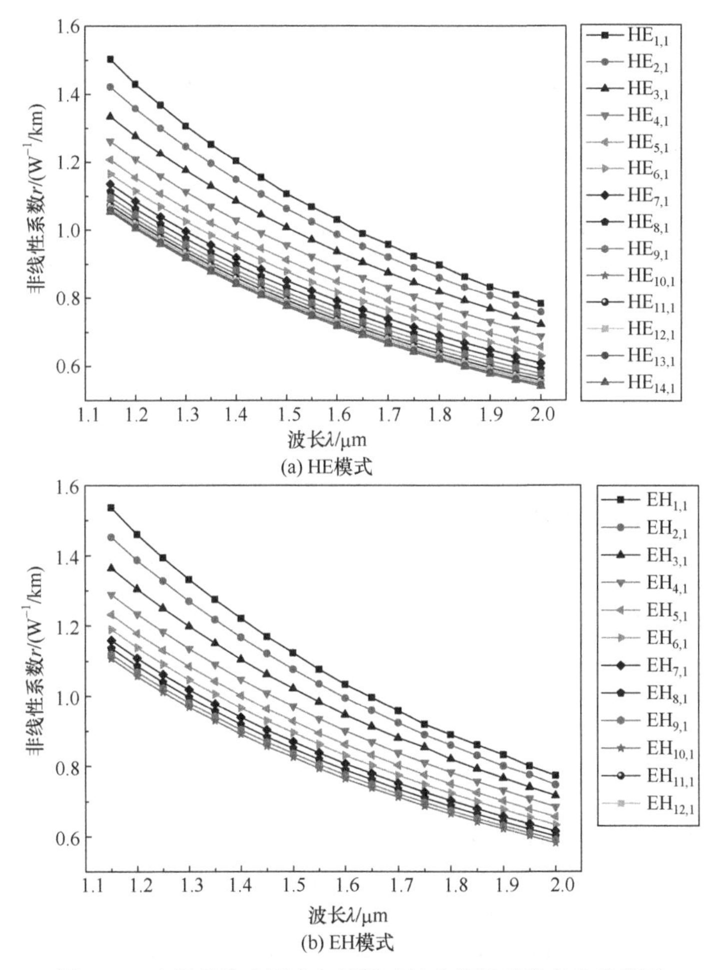

(a) HE模式

(b) EH模式

图 2-15 光子晶体光纤中矢量模式的非线性系数变化示意图

实际光纤中的电磁场不但可由一组理想模的线性组合表示，而且可用一组 LP 模式的线性组合描述。LP 模式不是理想光纤的简并模，而是具有剩余耦合的耦合波。求解仅包含剩余耦合的耦合波方程，可得到理想光纤的理想模。若耦合 LP 模式间无简并，LP 模式本身便是对应理想模的近似；若 LP 导行模式间发生简并，只有合成模才是理想模的良好近似。如果出现导行 LP 模式与辐射模简并的情形，则对应的理想模会发生泄漏损失(即衰减)，求解同时包括剩余耦合与固有耦合的耦合波方程，可解决更复杂的问题，如具有各种不规则性(如微弯)的各向异性光纤。

参 考 文 献

[1] 卫俊超. 涡旋光纤的理论研究与设计. 北京: 北京交通大学, 2017.

[2] Wang B, Vaity P, Wang L, et al. Few-mode fiber with inverse-parabolic graded-index profile for transmission of OAM-carrying modes. Optics Express, 2014, 22(15): 18044-18055.

[3] Wang L, Vaity P, Ung B, et al. Characterization of OAM fibers using fiber Bragg gratings. Optics Express, 2014, 22(13): 15653-15661.

[4] 张晓强. 光纤中涡旋光束的产生与调控研究. 合肥: 中国科学技术大学, 2016.

[5] Zhang W, Huang L, Wei K, et al. High-order optical vortex generation in a few-mode fiber via cascaded acoustically driven vector mode conversion. Optics Letters, 2016, 41(21): 5082-5085.

[6] 陈俊华. 关于麦克斯韦方程组的讨论. 物理与工程, 2002, 12(4): 18-20.

[7] 乔海亮, 王玥, 陈再高, 等. 全矢量有限差分法分析任意截面波导模式. 物理学报, 2013, 62(7): 24-31.

[8] 孙培敬. 光纤中矢量涡旋光束的产生. 哈尔滨: 哈尔滨理工大学, 2016.

[9] 孙雨南. 光纤技术:理论基础与应用. 北京: 北京理工大学出版社, 2006.

[10] 柯熙政, 葛甜. 利用少模光纤产生涡旋光的实验. 中国激光, 2017, 11(23): 182-189.

[11] Youngworth K, Brown T. Focusing of high numerical aperture cylindrical-vector beams. Optics Express, 2000, 7(2): 77-87.

[12] 李新忠, 孟莹, 李贺贺, 等. 完美涡旋光束的产生及其空间自由调控技术. 光学学报, 2016, 36(10): 446-453.

[13] Orlov S, Stabinis A. Free-space propagation of light field created by Bessel-Gauss and Laguerre-Gauss singular beams. Optics Communications, 2003, 226(1-6): 97-105.

[14] 田伟. 承载光子轨道角动量光波模式的光纤设计. 北京: 北京邮电大学, 2017.

[15] 谢晓新, 徐森禄. 高斯模耦合效率的一般公式. 陕西师大学报(自然科学版), 1989, 17(4): 14-16.

[16] 丁润琪. 太赫兹波段光子晶体光纤的设计与传输性能. 兰州: 兰州理工大学, 2018.

[17] Dashti P Z, Alhassen F, Lee H P. Observation of orbital angular momentum transfer between acoustic and optical vortices in optical fiber. Physical Review Letters, 2006, 96(4): 43-60.

[18] Kaneshima K. Numerical investigation of octagonal photonic crystal fibers with strong confinement field. Ieice Transactions on Electronics, 2006, 89(6): 830-837.

[19] Maji P S, Chaudhuri P R. Circular photonic crystal fibers: Numerical analysis of chromatic dispersion and losses. Isrn Optics, 2013, 4: 1-9.

[20] Xu H, Wu J, Xu K. Ultra-flattened chromatic dispersion control for circular photonic crystal fibers. Journal of Optics, 2011, 13(5): 994-1001.

[21] Tian W, Zhang H , Zhang X. A circular photonic crystal fiber supporting 26 OAM modes. Optical Fiber Technology, 2016, 30: 184-189.

[22] 白秀丽, 陈鹤鸣, 张凌菲. 轨道角动量模传输的圆环形光子晶体光纤. 红外与激光工程, 2019, 48(2): 224-231.

[23] Tian W, Zhang H, Zhang X. A circular photonic crystal fiber supporting 26 OAM modes. Optical Fiber Technology, 2016, 30: 184-189.

第 3 章　理想条件下透镜-单模光纤耦合

本章在理想条件下分析空间平面波、高斯光束经单透镜耦合进单模光纤的耦合性能，推导空间平面波经单透镜耦合进单模光纤的耦合效率计算公式，分析透镜相对孔径对耦合效率的影响。同时，对装配误差引起的耦合效率衰落给出具体的数学模型并进行数值分析，为空间光-单透镜-单模光纤耦合系统安装奠定理论依据；分析非共光路误差对空间光-光纤耦合效率的影响，为空间光-光纤耦合技术提供实验依据。最后，分析高斯光束经单透镜耦合进单模光纤的耦合效率。

3.1　平面波耦合

光纤属于介质波导，其横截面通常是圆形，如图 2-3 所示。光纤利用全反射原理将光波能量约束在界面内，并引导光波沿着光纤的轴线方向行进。其传输特性由结构(纤芯直径 D_f)和材料(纤芯和包层的折射率 n_1 和 n_2)共同决定。由于纤芯边界的限制，其电磁场解不是连续的。这种不连续的场解称为模式[1]。

在傅里叶光学中，透镜是光波的相位变换器[2]。在理想条件下，平面波经过理想薄透镜(不考虑透镜像差影响)后，变成汇聚的球面波，并汇聚于透镜的焦点处。如图 3-1 所示，若光纤轴线与透镜光轴重合，光纤端面放置于透镜的焦平面处，便可利用全反射原理将光能量约束在光纤界面内，并使光波沿着光纤的轴线方向行进。若放置于焦点处的光纤为单模光纤，则属于空间平面波-透镜-单模光纤耦合的过程。耦合效率是衡量耦合系统性能的一个重要指标，定义为耦合进光纤中光功率 P 与入射在光学系统接收平面内的光功率 P_0 之比，即

$$\eta = P/P_0 \tag{3-1}$$

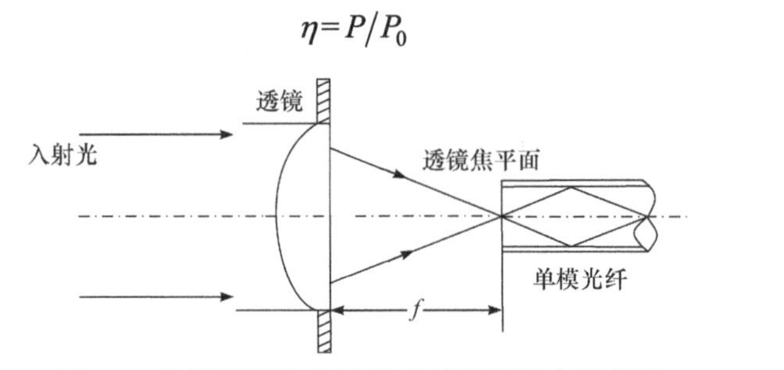

图 3-1　空间平面波-单透镜-单模光纤耦合示意图

3.1.1　耦合效率的几何光学分析

如图 3-2 所示，平面波入射到接收端面上，通过单透镜整形、汇聚后入射到光纤端面。影响耦合效率的主要因素表现为，信号光发散角和光纤数值孔径角的匹配，以及光斑直径与光纤纤芯直径的匹配。不考虑反射、吸收损耗和透镜相差，入射到光纤纤芯范围内且入射角度小于光纤数值孔径角 $2\theta_c$ 的光线可全部耦合进光纤，即

$$2\theta_c = \arcsin\frac{\sqrt{n_1^2 - n_2^2}}{n_0} \tag{3-2}$$

式中，n_0、n_1、n_2 为光纤所处环境折射率、光纤纤芯折射率、包层折射率。

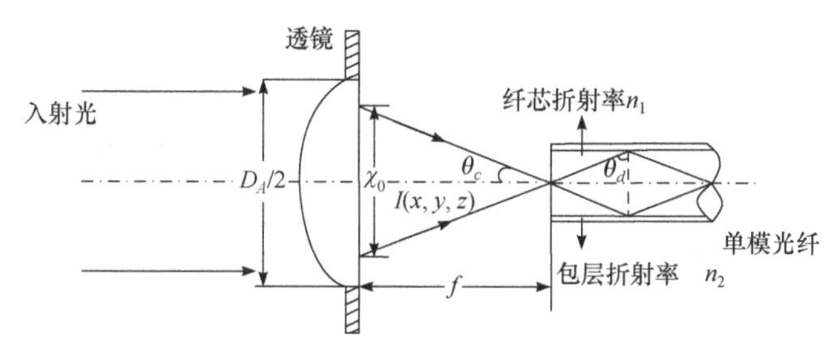

图 3-2　空间平面波-单透镜-单模光纤耦合几何光学示意图

设光信号束传输距离 L 后，透镜端面的光强分布为 $I(x,y,L)$，并且光纤端面位于单透镜焦点处，则入射到透镜上总的光功率为

$$P_0 = \int_{-D_A/2}^{D_A/2}\int_{-D_A/2}^{D_A/2} I(x,y,L)\mathrm{d}x\mathrm{d}y \tag{3-3}$$

式中，D_A 为接收透镜直径。

耦合进光纤内部的光功率为

$$P = \int_{-f\tan\theta_c}^{f\tan\theta_c}\int_{-f\tan\theta_c}^{f\tan\theta_c} I(x,y,L)\mathrm{d}x\mathrm{d}y \tag{3-4}$$

式中，f 为透镜的焦距。

耦合效率为

$$\eta = \frac{P}{P_0} = \frac{\int_{-f\tan\theta_c}^{f\tan\theta_c}\int_{-f\tan\theta_c}^{f\tan\theta_c} I(x,y,L)\mathrm{d}x\mathrm{d}y}{\int_{-D_A/2}^{D_A/2}\int_{-D_A/2}^{D_A/2} I(x,y,L)\mathrm{d}x\mathrm{d}y} \tag{3-5}$$

用几何光学的方法分析耦合效率直观，但是不适合耦合系统的结构设计和优化。几何光学分析建立在光是直线传输的基础上，没有考虑光的波动性质，尤其

是衍射效应。模场分析法可以得到更完备的解，并且可以看到透镜和光纤的各个物理参量对耦合系统的影响，方便对各参数进行优化设计。

3.1.2 耦合效率的模场分析

如图 3-3 所示，空间光到光纤耦合时应将光学系统口径的衍射效应考虑在内，尤其是当入射光波长与光纤纤芯直径(与芯径较小的单模光纤耦合时)或者光学系统口径相当时，衍射效应较大，利用模场匹配的方法进行分析的结果更符合实际情况。在模场分析法中，耦合效率定义为[3]

$$\eta=\frac{\left|\iint U_i^*(r)U_f(r)r\mathrm{d}r\mathrm{d}\theta\right|^2}{\iint U_i(r)r)U_i^*(r)r\mathrm{d}r\mathrm{d}\theta\times\iint U_f(r)U_f^*(r)r\mathrm{d}r\mathrm{d}\theta} \tag{3-6}$$

式中，$U_i(r)$为信号光在光纤($U_{i,B}(r)$)或透镜($U_{i,A}(r)$)端面上的振幅分布；$U_f(r)$为单模光纤电磁场在光纤($U_{f,B}(r)$)或透镜($U_{f,A}(r)$)面上的分布。

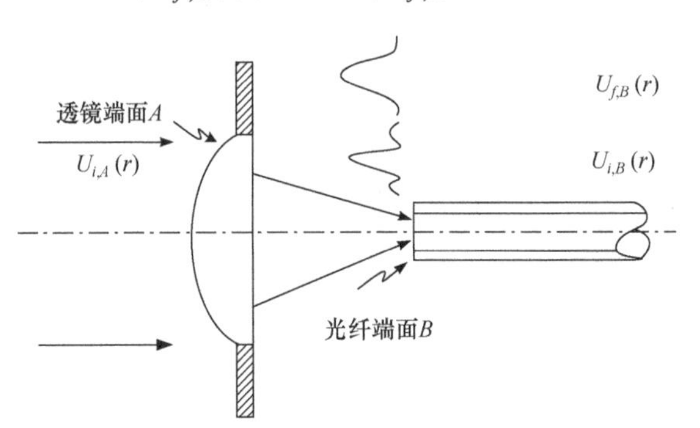

图 3-3 空间平面波-单透镜-单模光纤耦合模场示意图

1. 光纤电磁场分布$U_{f,B}(r)$

如图 3-4 所示，由于单模光纤只能传输基模 LP_{01} [1]，基模 LP_{01} 的在光纤横截面 B 的电磁场分布是零阶贝塞尔函数，可以用高斯分布近似表达场分布[4]，即

$$U_{f,B}(r)=\sqrt{\frac{2}{\pi}}\frac{1}{W_m}\exp\left(-\left(\frac{r}{W_m}\right)^2\right) \tag{3-7}$$

式中，$r=\sqrt{x^2+y^2}$为光纤横截面上任意一点到中心的径向距离；W_m为单模光纤模场半径。

通常$\lambda=1550\mathrm{nm}$时，W_m的典型值为$5.25\mu\mathrm{m}\pm0.5\mu\mathrm{m}$；$\lambda=1310\mathrm{nm}$时，$W_m$的典型值为$4.60\mu\mathrm{m}\pm0.25\mu\mathrm{m}$；$\lambda=632.8\mathrm{nm}$时，$W_m$的典型值为$2.20\mu\mathrm{m}\pm0.25\mu\mathrm{m}$[4]。

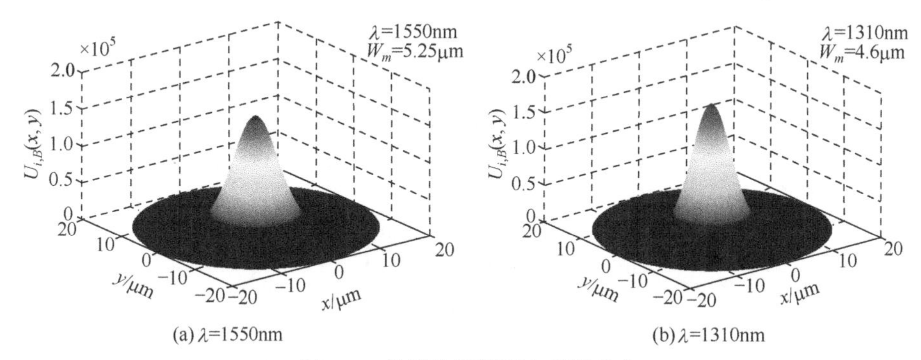

(a) λ=1550nm　　(b) λ=1310nm

图 3-4　单模光纤端面电磁场分布

2. 单透镜焦点处(光纤端面)平面光入射光场的电磁场分布 $U_{i,B}(r)$

在无线光通信系统中，常采用激光光源作为信号光源。由于激光的方向性和单色性较好，经过远距离传输后，其波前可视为单色平面波。考虑接收透镜孔径 D_A 的限制，不考虑透镜像差的影响，利用菲涅耳衍射公式可将入射平面波在接收透镜焦平面的光场分布表示为[5]

$$U_{i,B}(r)=\frac{1}{\mathrm{i}\lambda f}\exp(\mathrm{i}kf)\exp\left(\frac{\mathrm{i}kr^2}{2f}\right)\pi\left(\frac{D_A}{2}\right)\left(\frac{2J_1\left(\frac{\pi D_A r}{\lambda f}\right)}{\frac{\pi D_A r}{\lambda f}}\right) \tag{3-8}$$

式中，f 为耦合透镜焦距；D_A 为耦合透镜直径；$J_1(\cdot)$为一阶第一类贝塞尔函数；$k=2\pi/\lambda$ 为波的空间角频率(也称波矢)。

可以看出，平面波在焦点处的电磁场分布与透镜的相对孔径 D_A/f 和入射光波波长 λ 相关。

如图 3-5 所示，取 D_A= 10mm、λ= 1550nm，利用式(3-8)对平面波通过不同相对孔径单透镜在焦平面处光场分布进行计算。可以看出，若透镜直径保持不变，随着透镜焦距的增大，光斑受衍射效应的影响越来越严重，光场分布越来越弥散。

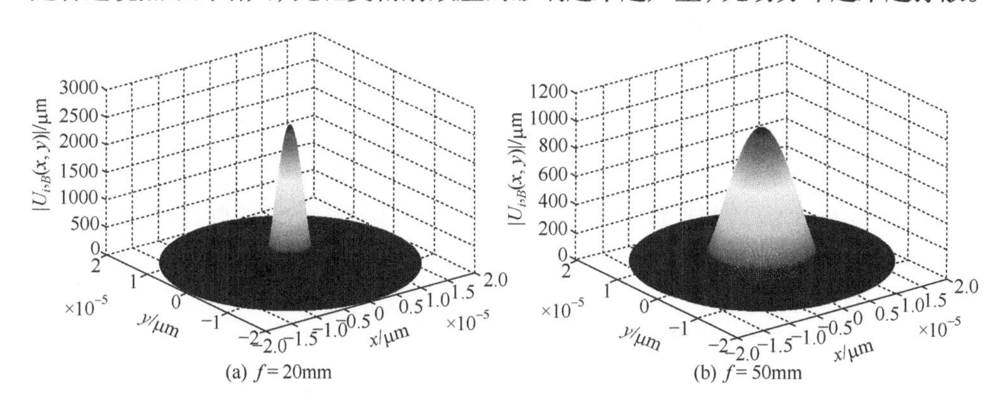

(a) f= 20mm　　(b) f= 50mm

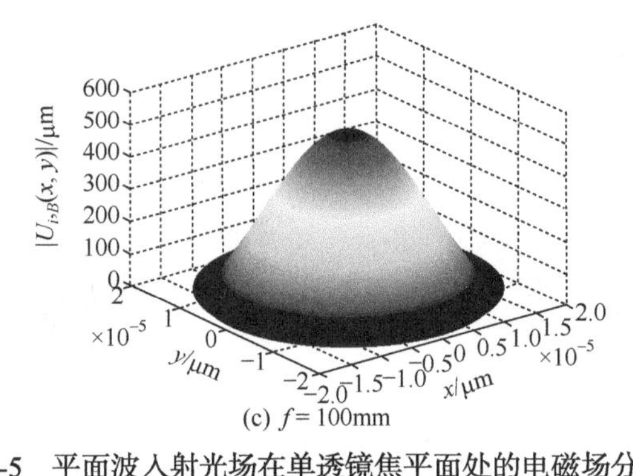

(c) f = 100mm

图 3-5　平面波入射光场在单透镜焦平面处的电磁场分布[6]

3. 单色平面波-单透镜-单模光纤耦合效率 η

忽略透镜相差和反射、吸收损耗，在光纤横截面处计算耦合效率。假设单色平面波入射，且有 $\iint U_{f,B}(r)U_{f,B}^{*}(r)r\mathrm{d}r\mathrm{d}\theta=1$，将式(3-7)和式(3-8)代入式(3-6)中计算耦合效率，即

$$
\begin{aligned}
\eta &= \frac{\left|\iint U_{i,B}^{*}(r)U_{f,B}(r)r\mathrm{d}r\mathrm{d}\theta\right|^{2}}{\iint U_{i,B}(r)U_{i,B}^{*}(r)r\mathrm{d}r\mathrm{d}\theta} \\
&= \frac{4\left|\int \exp(-\mathrm{i}kf)\exp[-\mathrm{i}kr^{2}/(2f)]J_{1}[\pi D_{A}r/(\lambda f)]\exp[-(r/W_{m})^{2}]\mathrm{d}r\right|^{2}}{W_{m}^{2}\int_{0}^{\infty}\{J_{1}[\pi D_{A}r/(\lambda f)]\}^{2}/r\mathrm{d}r}
\end{aligned}
\tag{3-9}
$$

如图 3-6 所示，利用式(3-9)进行不同透镜相对孔径、不同波长光束对耦合效率影响的仿真，仿真取 D_A=10mm，相对孔径从小变大，则透镜焦距从大变小。

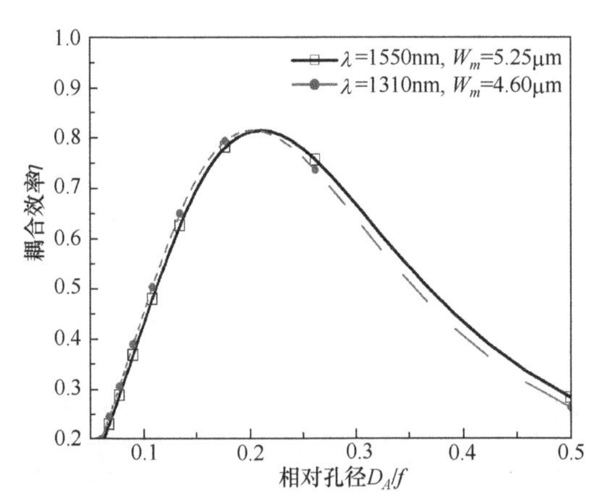

图 3-6　相对孔径与耦合效率的关系

可以看出，耦合效率随着透镜相对孔径从小变大，会出现一个峰值。这是因为相对孔径较小时，透镜焦距较长，光斑能量分布受衍射效应的影响而弥散。从几何光学的角度来说，虽然光束的发散角都在光纤的数值孔径内，但是入射光斑面积与光纤端面面积失配，会引起耦合效率下降。随着相对孔径的逐步增大、焦距变短，受衍射影响变小，此时耦合效率逐步升高。但是，超过一定数值后，继续增大相对孔径，焦距继续变短，则会造成光束入射角与光纤数值孔径失配，也会引起耦合效率下降。此外，不同波长的入射光束需要不同的耦合结构与之配合。当入射光束波长发生变化时，同样想要获得最大 81.4%的耦合效率，1550nm 光波需要选择相对孔径为 0.211 的透镜与之配合；1310nm 光波需要选择相对孔径为 0.203 的透镜。

3.1.3 透镜端面上的耦合效率

如图 3-3 所示，透镜端面的光场分布和焦平面处的光场分布满足傅里叶变换关系[7]。根据 Parseval 定理[8]，将入射光场分布经傅里叶变换折算到光纤端面计算耦合效率与将光纤端面电磁场分布经傅里叶变换折算到透镜端面计算耦合效率，这两个过程是等价的。因此，式(3-6)所示的积分可在接收孔径平面处进行，即

$$\eta = \frac{\left|\iint U_{i,A}^{*}(r)U_{f,A}(r)r\mathrm{d}r\mathrm{d}\theta\right|^2}{\iint U_{i,A}(r)U_{i,A}^{*}(r)r\mathrm{d}r\mathrm{d}\theta \times \iint U_{f,A}(r)U_{f,A}^{*}(r)r\mathrm{d}r\mathrm{d}\theta} \tag{3-10}$$

式中，$U_{i,A}(r)$ 为接收透镜平面上的光场分布；$U_{f,A}(r)$ 为单模光纤在接收透镜平面上的电磁场分布。

假设光纤横截面垂直于入射光场，并且位于透镜焦平面中心，由于高斯函数的傅里叶变化仍为高斯函数，归一化光纤模场分布折算到接收透镜表面的模场分布 $U_{f,A}(r)$ 为[9,10]

$$U_{f,A}(r) = \frac{kW_m}{\sqrt{2\pi}f}\exp\left[-\left(\frac{kW_m}{2f}\right)^2 r^2\right] \tag{3-11}$$

式中，W_m 为光纤模场半径；f 为透镜焦距；r 为透镜表面径向任意一点到透镜中心的距离。

假设完全相干的单位单色平面光波入射，即 $U_{i,A}(r)=1$，式(3-10)耦合效率可表示为

$$\eta_A = \frac{\left| \int_0^{2\pi} \int_0^{D_A/2} \frac{kW_m}{\sqrt{2\pi} f} \exp\left[-\left(\frac{kW_m}{2f} \right)^2 r^2 \right] r \mathrm{d}r \mathrm{d}\theta \right|^2}{\int_0^{2\pi} \int_0^{D_A/2} r \mathrm{d}r \mathrm{d}\theta} \tag{3-12}$$

式中，D_A为接收孔径的直径。

令$a = \pi W_m D_A / (2\lambda f)$为耦合参数[11]，式(3-12)可以化简为

$$\eta_A = \frac{2[1-\exp(-a^2)]^2}{a^2} \tag{3-13}$$

式(3-13)比式(3-9)的耦合效率表达式更简单、直观。可以看出，理想条件下，耦合效率η_A只是耦合参数a的函数。

如图 3-7 所示，取$\lambda = 1550\text{nm}$、$W_m = 5.25\mu\text{m}$时，分别用式(3-9)和式(3-13)计算耦合效率曲线。利用两种方法算出的耦合效率完全一致，但是透镜平面上的耦合效率η_A表达形式简单。当$D_A/f = 0.211$、$a = \pi W_m D_A / (2\lambda f) \approx 1.12$时，可获得最大耦合效率 81.4%。

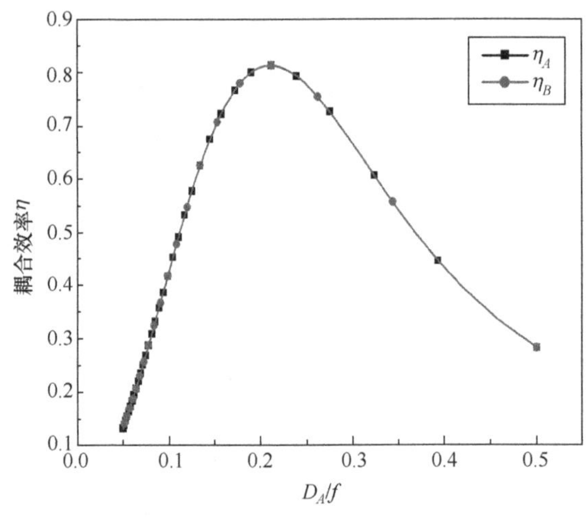

图 3-7　光纤端面(η_B)与接收透镜端面(η_A)上的耦合效率曲线

3.2　装配误差引起的耦合效率衰落

装配误差在实际耦合系统的安装中是不可避免的。装配误差大致可分为[12]径向误差Δr、轴向误差Δz(离焦)和轴倾斜误差$\Delta\varphi$。

3.2.1　径向误差

如图 3-8 所示，径向误差指在耦合系统装配时，光纤光轴与耦合系统光轴不重合，存在径向误差 Δr ，但是光纤横截面与透镜焦平面重合。光纤端面的电磁场分布为

$$U_{f,B}(r)=\sqrt{\frac{2}{\pi}}\frac{1}{W_m}\exp\left[-\left(\frac{r+\Delta r}{W_m}\right)^2\right] \tag{3-14}$$

将式(3-14)和式(3-8)代入式(3-6)中，可将径向误差 Δr 引起的耦合效率衰落表示为

$$\eta_B(\Delta r)=\frac{\left|\int_0^{\infty}\frac{1}{-\mathrm{i}}\exp(-\mathrm{i}kf)\exp\left(\frac{-\mathrm{i}kr^2}{2f}\right)J_1\left(\frac{\pi D_A r}{\lambda f}\right)\exp\left[-\left(\frac{r+\Delta r}{W_m}\right)^2\right]\mathrm{d}r\right|^2}{\int_0^{\infty}J_1\left(\frac{\pi D_A r}{\lambda f}\right)^2\Big/ r\mathrm{d}r\times\int_0^{\infty}\exp\left[-2\left(\frac{r+\Delta r}{W_m}\right)^2\right]r\mathrm{d}r} \tag{3-15}$$

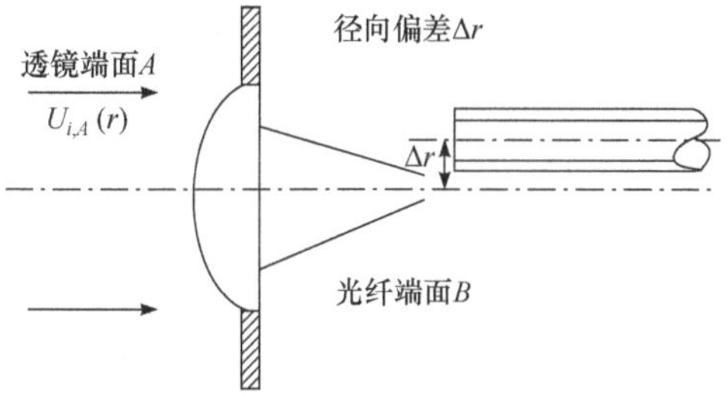

图 3-8　径向误差示意图

如图 3-9 所示，随着径向误差的增大，耦合效率不断下降。对波长较短的光束而言，径向误差引起的耦合效率下降更为显著。

3.2.2　轴向误差

如图 3-10 所示，轴向误差是指在耦合系统装配时，光纤横截面所在位置与透镜焦平面不重合，存在轴向误差 Δr (离焦[13])。

不考虑透镜像差的影响，离焦时光纤端面的电磁场分布不变(式(3-7))，入射光在光纤端面的光场分布发生变化。考虑孔径限制时，利用菲涅耳衍射公式[14]，将单透镜焦点轴向离焦 Δz 处的光场分布表示为

$$\begin{aligned}U_{i,B}(r,\Delta z)=&\frac{1}{\mathrm{i}\lambda(f+\Delta z)}\exp[\mathrm{i}k(f+\Delta z)]\exp\left[\frac{\mathrm{i}kr^2}{2(f+\Delta z)}\right]\\&\times\mathcal{B}\left\{\mathrm{circ}\left(\frac{r_0}{D_A/2}\right)\times\exp\left[\frac{\mathrm{i}kr_0^{\ 2}}{2(f+\Delta z)}\right]\times\exp\left(-\frac{\mathrm{i}kr_0^{\ 2}}{2f}\right)\right\}\end{aligned} \tag{3-16}$$

式中，$\mathcal{B}(\cdot)$为傅里叶-贝塞尔变换[15,16]。

可以看出，当$\Delta z \to 0$时，该光场分布与式(3-8)相同，即平面光波考虑孔径限制时在焦平面处的光场分布。

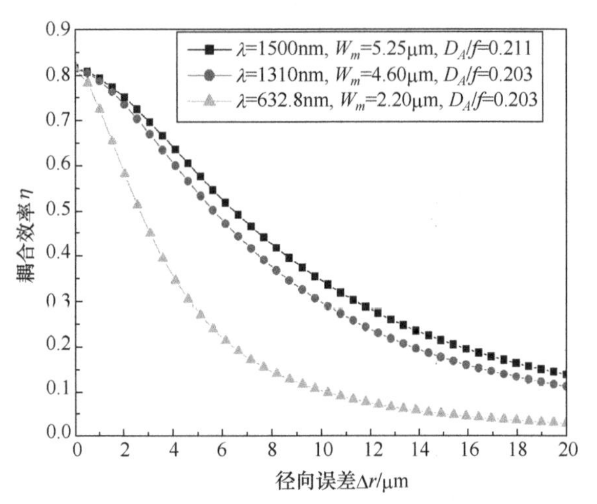

图 3-9　径向误差Δ*r*引起的耦合效率衰落[6]

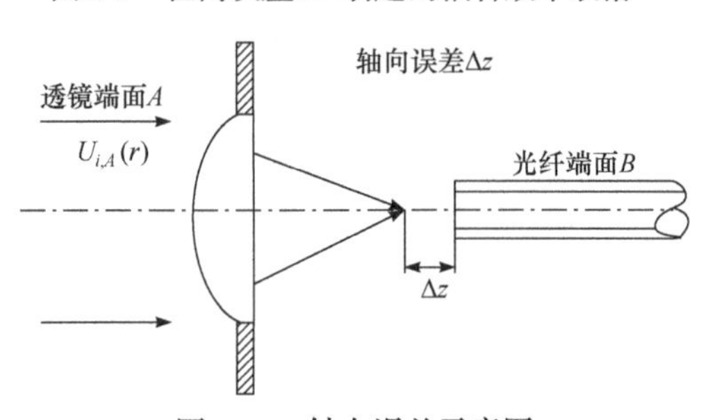

图 3-10　轴向误差示意图

令

$$
\begin{aligned}
G(p) &= \mathcal{B}\left\{\operatorname{circ}\left(\frac{r_0}{D_A/2}\right) \times \exp\left[-\frac{\mathrm{i}kr_0^{\,2}}{2}\frac{\Delta z}{f(f+\Delta z)}\right]\right\} \\
&= 2\pi \int_0^{D_A/2} r_0 \times \exp\left[-\frac{\mathrm{i}kr_0^{\,2}}{2}\frac{\Delta z}{f(f+\Delta z)}\right] \times J_0(2\pi r_0 p)\mathrm{d}r_0 \Bigg|_{p=\frac{r}{\lambda(f+\Delta z)}}
\end{aligned} \tag{3-17}
$$

利用泰勒公式在零点处将$\exp\left[-\frac{\mathrm{i}kr_0^2}{2}\frac{\Delta z}{f(f+\Delta z)}\right]$展开，即

$$
\exp\left[-\frac{\mathrm{i}kr_0^2}{2}\frac{\Delta z}{f(f+\Delta z)}\right] = 1 + 0 - \frac{\mathrm{i}k\Delta z}{f(f+\Delta z)}r_0^2 + 0 + \cdots \tag{3-18}
$$

取前三项近似为

$$\exp\left[-\frac{\mathrm{i}kr_0^2}{2}\frac{\Delta z}{f(f+\Delta z)}\right]\approx 1-\frac{\mathrm{i}k\Delta z}{f(f+\Delta z)}r_0^2 \tag{3-19}$$

则

$$G(\rho)\approx 2\pi\int_0^{D_A/2} r_0\times J_0(2\pi r_0\rho)\mathrm{d}r_0-\frac{\mathrm{i}k\Delta z}{f(f+\Delta z)}\int_0^{D_A/2} r_0^3\times J_0(2\pi r_0\rho)\mathrm{d}r_0\bigg|_{\rho=\frac{r}{\lambda(f+\Delta z)}} \tag{3-20}$$

由贝塞尔函数性质[17]，可得

$$\int xJ_0(x)\mathrm{d}x = xJ_1(x)+C \tag{3-21}$$

$$\int x^3J_0(x)\mathrm{d}x = x^3J_1(x)-2x^2J_2(x)+C \tag{3-22}$$

可将 $G(\rho)$ 进一步化简为

$$\begin{aligned}G(\rho)\approx{}&\pi D_A^2\frac{J_1(\pi\rho D_A)}{\pi\rho D_A}-\left(\frac{D_A}{2}\right)^4\frac{\mathrm{i}k\Delta z}{f(f+\Delta z)}\frac{J_1(\pi\rho D_A)}{\pi\rho D_A}\\&+\left(\frac{D_A}{2}\right)^3\frac{\mathrm{i}k\Delta z}{\pi\rho f(f+\Delta z)}\frac{J_2(\pi\rho D_A)}{\pi\rho D_A}\bigg|_{\rho=\frac{r}{\lambda(f+\Delta z)}}\end{aligned} \tag{3-23}$$

将式(3-23)代入式(3-16)、式(3-7)代入式(3-6)中，可将轴向误差 Δz 引起的耦合效率衰落表示为

$$\eta_B(\Delta z)\approx\frac{4\left|\int_0^\infty\frac{r}{\mathrm{i}\lambda(f+\Delta z)}\exp\left[-\left(\frac{r}{W_m}\right)\right]\exp[\mathrm{i}k(f+\Delta z)]\exp\left[\frac{\mathrm{i}kr^2}{2(f+\Delta z)}\right]G(\rho)\mathrm{d}r\right|^2}{W_m^2\int_0^\infty\frac{r}{\lambda^2(f+\Delta z)^2}G(\rho)^2\,\mathrm{d}r} \tag{3-24}$$

如图 3-11 所示，随着轴向误差增大，耦合效率下降。对比图 3-9 和图 3-11 可以看出，径向误差引起的耦合效率下降更为显著，装配耦合系统时，对径向对准的要求更高一些。

3.2.3　轴倾斜误差

如图 3-12 所示，轴倾斜误差是指在耦合系统装配时，光纤横截面在透镜焦平面处，但是光纤光轴与透镜光轴存在夹角 $\Delta\varphi$ 。此时，入射光在光纤端面的光场

分布不变，光纤端面的电磁场分布发生轴倾斜。

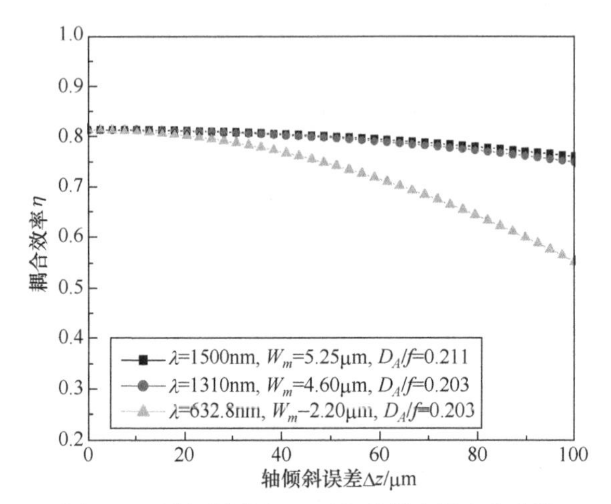

图 3-11　轴倾斜误差 Δz 引起的耦合效率衰落[6]

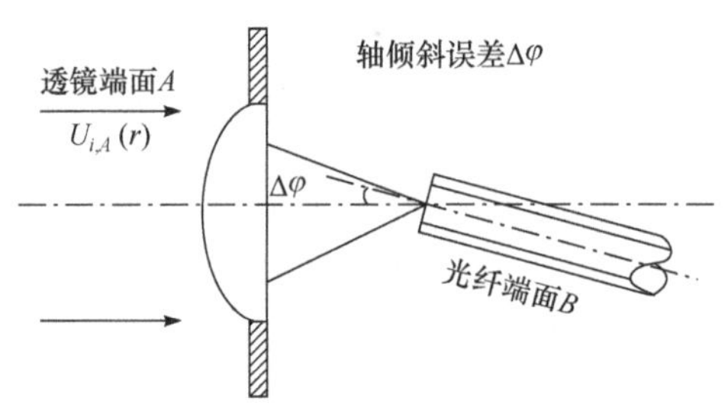

图 3-12　轴倾斜误差示意图

如图 3-12 所示，光纤端面为圆对称的，为了简化计算，这里只考虑绕 Y 轴旋转的情况。旋转后的光纤端面电磁场分布在原坐标系中不能用统一的函数表达，但是光纤端面的原电磁场分布 $U_{f,B}(x,y)$ 与旋转后电磁场分布 $U_{f,B}(x_0,y_0,\Delta\varphi_y)$ 的坐标存在如下关系，即

$$\begin{cases} x_0 = x\cos(\Delta\varphi_y) - U_{f,B}(x,y)\sin(\Delta\varphi_y) \\ y_0 = y \\ U_{f,B}(x_0,y_0,\Delta\varphi_y) = x\sin(\Delta\varphi_y) + U_{f,B}(x,y)\cos(\Delta\varphi_y) \end{cases} \tag{3-25}$$

利用式(3-25)，在旋转 $\Delta\varphi_y$ 后的坐标系下重新计算入射光场分布 $U_{i,B}(x_0,y_0)$。利用 MATLAB 进行数值仿真得到如图 3-13 所示的结果。可以看出，短波长光束对轴倾斜对准的要求较高。

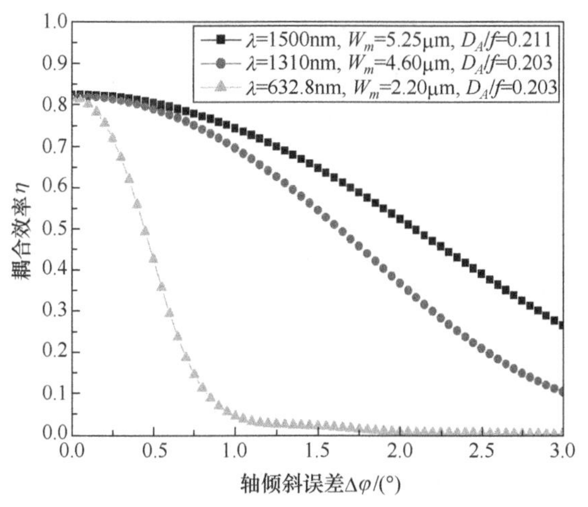

图 3-13　轴倾斜误差引起的耦合效率衰落[6]

通过对径向、轴向和轴倾斜误差引起的耦合效率衰落的研究可以发现，耦合效率对径向误差 Δr 最为敏感，其次是轴倾斜误差 $\Delta\varphi$，最后是轴向误差 Δz 。当通信光束波长大于 632.8nm 时，为了使安装引起的耦合效率的衰落小于−5dB，应将该三种误差控制在 $\Delta r = 2.2\mu\text{m}$ 、$\Delta\varphi \leqslant 0.3°$ 、$\Delta z \leqslant 70\mu\text{m}$ 范围内。当通信波长增大时，安装公差要求可适当放宽，也可以采用自动对准的方式。

3.3　自适应光学系统误差

3.3.1　标定误差

自适应光学系统的标定误差是指没有任何外部像差时，系统中的残留光束误差[18]。标定误差 σ_{CALIB}^2 一般包含波前探测器和波前校正器不在共轭位置造成的非共轭误差、波前探测器和成像相机不在同一光路造成的非共光路像差等误差。利用自适应光学技术对畸变光束展开修正工作时，不但要对波前传感器测量到的波前像差进行修正，而且还要补偿系统中存在的标定误差。在自适应光学系统没有标定误差或像差的情况下，点光源应能在相机中产生完美的衍射极限图像。这种情况不可能发生，因为在公共路径和成像路径中存在光学像差。在校准过程中，可在变形镜上添加形变来补偿这些像差，即估计和应用所需变形的过程叫作图像锐化。由于相机中的一些误差可以通过图像锐化过程消除，因此相机和标定误差关联在一起。

变形镜上引入的变形和透镜阵列中的缺陷导致波前传感器点偏移其标准位置。标准位置产生的质心被定义为参考质心，并在自适应光学环路闭合时从测量的实际质心中减去。如果参考质心不准确，例如自适应光学系统中的光学系统未对准，或者参考质心的测量有噪声，都将产生额外的标定误差。

标定误差可以通过对闭合环路，同时对没有外部像差的点源成像的斯特列尔比进行测量。然而，点光源的图像包含的信息比波前误差要多得多。相位恢复(phase retrieval，PR)方法通过在图像平面上的强度和光瞳大小的信息估计光瞳的振幅和相位。这类算法的缺点是，如果光瞳是对称的，那么相位的符号和方向是模糊的，相位恢复方法很难测量出准确的像差值。相位差异(phase diversity，PD)方法可以解决这个问题，其思想是拍摄两幅图像，一幅在焦平面上，另一幅稍微失焦。获得的额外信息可以解决模糊问题，如果目标不是点光源，还可以估计面目标。

非共光路像差(non-common path aberrations，NCPA)源于波前传感器和成像相机，位于不同的光路中。此静态像差是无法使用波前传感器测量的。

3.3.2 拟合误差

拟合误差指的是波前校正器不能进行拟合的波前像差分量[18]。这种误差取决于待校正像差的空间特性和波前校正器的空间特性。

波前校正器在频率域上可以看作高通空间滤波器。其截止空间频率由驱动器位置的奈奎斯特准则给出，即截止频率等于相邻驱动器之间间距两倍的倒数。然后，波前校正器将校正空间频率低于奈奎斯特标准的部分，而任何高于奈奎斯特准则的空间频率都会引起拟合误差。截止频率 f_c 的计算公式可以表示为[18]

$$f_c = \frac{1}{2\delta_a} \tag{3-26}$$

其中，δ_a 为相邻驱动器之间的间距。

当已知执行器的影响函数和波前像差时，通过使执行器影响函数对波前进行最小二乘法处理，可以得到拟合误差。

3.3.3 测量噪声误差

波前传感器测量波前斜率时，可能存在测量噪声。这个噪声引起的误差就是自适应光学系统的测量噪声误差 $\sigma_{\mathrm{NOISE}}^2$ [19]。自适应光学系统的动态特性使用图 3-14 所示的闭环控制框图建模。

可以看出，控制系统有两个输入，即波前像差 $X(f)$ 和噪声 $N(f)$。假设为白噪声，同样有两个输出，即变形镜修正后的波前 $M(f)$ 和重构后的波前 $D(f)$。控制回路中的重构波前 $D(f)$ 刚好在添加噪声 $N(f)$ 之后。为了简单，我们认为噪声是在相机采集之前而不是之后输入的，这对控制环路的传递函数影响不大。首先，波前传感器的相机在一个采样周期内捕捉待修正的波前，然后计算延迟时间 τ_c，它对应于相机停止积分的时刻和变形镜中电压更新时刻之间的延迟，包括读取电荷耦合器件(charge coupled device，CCD)、计算质心、将质心乘以重构矩阵，以及计算新电压所需的时间。控制器根据先前的电压和重构的波前计算要施加的电压，积分控制器的差分方程为[18]

$$y[n] = y[n-1] + Ku[n] \tag{3-27}$$

式中，K 为可变环路增益；$y[n]$ 为控制器的输出；$u[n]$ 为 n 时刻控制器的输入。

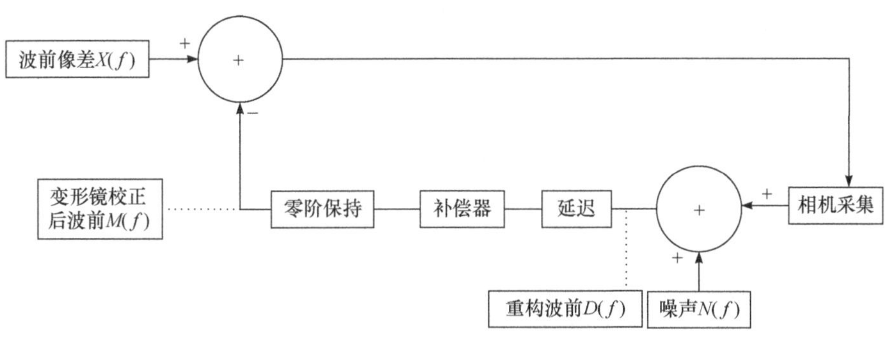

图 3-14　自适应光学系统控制回路框图

积分控制器的传递函数可以写为[18]

$$H_{\text{COMP}}(z) = \frac{K}{1 - z^{-1}} \tag{3-28}$$

式中，z^{-1} 为复 z 变换变量。

最后，在一个采样周期内将输入变形镜的电压保持不变，这称为零阶保持。令 $s = \mathrm{i}2\pi f$ 为复频率变量，f 为频率，各个模块的传递函数如下。

(1) 相机采集和零阶保持，采样周期 $T = 1/f_s$，其中 f_s 是采样频率，传递函数为

$$H_{\text{STARE}}(s) = H_{\text{ZOH}}(s) = \frac{1 - \mathrm{e}^{-sT}}{sT} \tag{3-29}$$

(2) 对于延迟时间 τ_c，传递函数为

$$H_{\text{DELAY}}(s) = \mathrm{e}^{-s\tau_c} \tag{3-30}$$

(3) 对于带增益的积分补偿器，传递函数为

$$H_{\text{COMP}}(s) = \frac{K}{1 - \mathrm{e}^{-sT}} \tag{3-31}$$

下面所有的模块都以 f 作为参数，因为 f 比 s 具有更直观的含义，并且可以

直接进行离散傅里叶变换计算。这样，整个回路的传递函数 $H(f)$ 可以写成所有模块的乘积[18]，即

$$H(f) = H_{\text{STARE}}(f)H_{\text{ZOH}}(f)H_{\text{DELAY}}(f)H_{\text{COMP}}(f) \tag{3-32}$$

于是，变形镜修正后的波前 $M(f)$ 与重构后的波前 $D(f)$ 可以表示为[18]

$$M(f) = \frac{H(f)}{1+H(f)}(X(f)+N(f)) \tag{3-33}$$

$$D(f) = \frac{X(f)+N(f)}{1+H(f)} \tag{3-34}$$

综上，我们可以用下式来表示 σ_{NOISE}^2，即

$$\sigma_{\text{NOISE}}^2 = \sum\left|\frac{H(f)}{1+H(f)}\right|^2 |N(f)|^2 \tag{3-35}$$

3.3.4 带宽误差

带宽误差产生的原因是自适应光学系统未能及时修正输入的动态像差分量，它取决于波前控制器的动态响应和像差的动态变化。带宽误差可以表示为[18]

$$\begin{aligned}\sigma_{\text{BW}}^2 &= \sum\left|X(f) - \frac{H(f)}{1+H(f)}X(f)\right|^2 \\ &= \sum\left|\frac{X(f)}{1+H(f)}\right|^2\end{aligned} \tag{3-36}$$

将式(3-34)与式(3-36)组合，可得

$$\sigma_{\text{BW}}^2 = \sum\left(|D(f)|^2 - \left|\frac{1}{1+H(f)}\right|^2 |N(f)|^2\right) \tag{3-37}$$

通常将 $|N(f)|^2$ 和 $|D(f)|^2$ 的测量值代入式(3-37)就可以计算出带宽误差。

3.4 非共光路像差

与装配误差不同，非共光路像差是波前传感器和成像相机光路不同造成的[20]。

3.4.1　非共光路像差校准研究现状

检测和校准非共光路像差有多种不同的方法，如相位恢复方法[21]、相位差异方法[22]和相位差异相位恢复(phase diversity phase retrieval，PDPR)方法[23]。1979 年，Gonsalves 提出相位恢复方法。这是一种利用焦平面图像进行波前估计的模拟方法，通过测量系统的点扩散函数估计穿过成像孔径的波前。称为相位恢复的原因是，该技术需要通过观察复函数的模来确定复函数的相位[24]。1998 年，Lofdahl 等[25]对望远镜自适应光学系统的非共光路像差利用相位差异相位恢复方法进行标定。2003 年，Blanc 等[26,27]对望远镜静态像差校准中的相位差异技术进行了分析，为静态像差对波前估计的影响提供了实验依据，得到标定自适应光学系统静态像差的方法。

2013 年，汪宗洋等[20]提出一种校准自适应光学望远镜的相位差异技术，先对系统的像差进行测量，然后将测得的像差转换为变形镜的初始面形。实验表明，相位差异技术对静态像差的精确检测和校准是至关重要的。2015 年，王亮等[28]用相位差异方法将非共光路像差转换成波前传感器参考质心偏移量，并进行实验验证。

非共光路像差的校准方法主要有焦平面锐化方法、相位差异方法等方法。焦平面锐化在非共光路像差校准中是很有用的方法,都可以将斯特列尔比提高 40%。相位差异方法是很有前景的校准方法，它不需要任何连续的图像生成过程，只需要在几秒内获得一组图像。

3.4.2　非共光路像差的产生

如图 3-15 所示，从变形镜输出的光被分光棱镜分为两部分，反射部分光束进入波前传感器设备，用于测量斜率分布信号；透射部分光束经过耦合透镜进入光通信端机。由于探测光路和通信光路包含的光学元件有差异，经过探测光路和通信光路引起的像差不同，导致波前传感器探测到的波前和进入光通信端机的波前不同。这一波前差异即非共光路像差。虽然自适应光学技术可以修正波前传感器测得的畸变波前，但是由于存在非共光路像差，进入通信光路的波前依然有像差，造成通信光路波前的不确定，影响通信系统的通信质量，因此必须予以校准。

如果不考虑系统非共光路像差的影响，当系统闭环后会出现耦合进单模光纤的光功率下降的现象。图 3-16 所示为未校准非共光路像差时，直接进行传统自适应光学系统闭环控制室内实验后得到的耦合进单模光纤的 1550nm 信号光的光功率变化曲线。可以看出，由于没有校准非共光路像差，系统闭环时，随着迭代时间的增加，光功率由校正前的−28dBm 下降到−52dBm，下降明显。

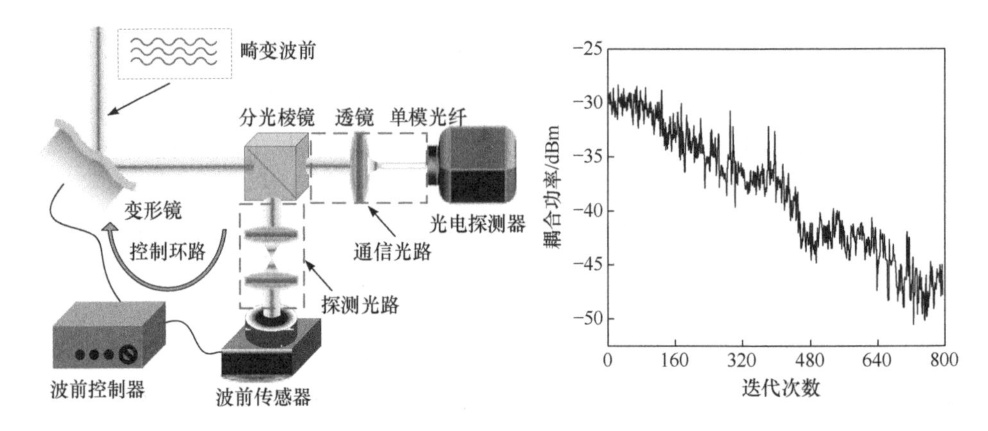

图 3-15　相干光通信系统的自适应光学系统光路

图 3-16　未校准非共光路像差时，自适应光学闭环过程中光功率的变化曲线

3.4.3　非共光路像差的折算

非共光路像差 φ_{ncpa} 可以表示为波前传感器处的波前 φ_{wfs} 与单模光纤处的波前 φ_{smf} 之间的差[7]，即

$$\varphi_{\mathrm{ncpa}}=\varphi_{\mathrm{wfs}}-\varphi_{\mathrm{smf}} \tag{3-38}$$

如图 3-14 所示，若波前校正器处的波前为 φ_{dm}，则耦合透镜处的波前为 $\varphi_{\mathrm{wfs}}-\varphi_{\mathrm{dm}}$，自适应光学控制校正回路透镜处的波前为 $\varphi_{\mathrm{wfs}}-\varphi_{\mathrm{dm}}$。在理想条件下，我们要使耦合进单模光纤的光功率最大，即耦合进单模光纤的光波为平面波，也就是单模光纤处的波前相位为零，此时单模光纤处的波前 φ_{smf} 需要 $-\varphi_{\mathrm{smf}}$ 的相位形变量，波前校正器处的相位为 $\varphi_{\mathrm{dm}}-\varphi_{\mathrm{smf}}$。经过分光棱镜和闭环控制回路中两个透镜组成的 4f 系统，到达波前探测器的波前为

$$\begin{aligned}\varphi'_{\mathrm{wfs}}&=\varphi_{\mathrm{dm}}-\varphi_{\mathrm{smf}}+\varphi_{\mathrm{wfs}}-\varphi_{\mathrm{dm}}\\&=\varphi_{\mathrm{wfs}}-\varphi_{\mathrm{smf}}\end{aligned} \tag{3-39}$$

结合式(3-38)和式(3-39)，我们将非共光路像差转换为波前探测器测量得到的参考点信息。采用智能优化算法对非共光路像差进行校准，首先将变形镜的初始控制电压置零，对变形镜的促动器施加随机扰动电压，通过智能算法确定系统的参考点信息。当耦合进单模光纤的光功率或中频电压值达到系统设定的阈值或者达到一个稳定状态，则终止迭代过程。迭代结束时使用波前传感器测量波前斜率，得到的波前斜率信息即后续波前校正系统的参考斜率。

3.5　高斯光束耦合

光信号在空间传输的距离较短时，如将半导体激光器发出的光束直接耦合进光纤，激光光束仍为高斯分布[29,30]。

3.5.1　耦合效率

如图 3-17 所示，假设准直高斯光束垂直于透镜入射，高斯光场在透镜端面上的电磁场分布为[31,32]

$$U_{G,i}(r)=\exp\left(-\frac{r^2}{W_s^2}\right) \tag{3-40}$$

式中，W_s 为高斯光场在透镜端面上的束腰半径。

仍然将光纤的电磁场分布折算到接收透镜表面进行耦合效率的计算。将式(3-40)和式(3-11)代入式(3-10)，则高斯光束经单透镜耦合进单模光纤的耦合效率可以表示为

$$\eta_G=\frac{\left|\int_0^{2\pi}\int_0^{D_A/2}\exp\left(\frac{r^2}{\omega_s^2}\right)\frac{kW_m}{\sqrt{2\pi}f}\exp\left[-\left(\frac{kW_m}{2f}\right)^2r^2\right]r\mathrm{d}r\mathrm{d}\theta\right|^2}{\int_0^{2\pi}\int_0^{D_A/2}\exp\left(\frac{2r^2}{\omega_s^2}\right)r\mathrm{d}r\mathrm{d}\theta} \tag{3-41}$$

求解式(3-41)中的积分，可表示为

$$\eta_G=\frac{\left(\exp\left(\frac{D_A^2}{4W_s^2}-a^2\right)-1\right)^2}{\left(\frac{f}{kW_mW_s}-\frac{kW_mW_s}{4f}\right)^2\left(\exp\left(\frac{D_A^2}{2W_s^2}\right)-1\right)} \tag{3-42}$$

式中，$a=\pi W_m D_A/(2\lambda f)$ 为耦合参数；D_A 为透镜直径；f 为透镜焦距；W_m 为光纤的模场半径。

如图 3-17 所示，利用式(3-42)对空间准直高斯光束经单透镜耦合进单模光纤的耦合效率进行仿真。取 $\lambda=1550\text{nm}$ 、$W_m=5.25\mu\text{m}$、透镜直径 $D_A=10\text{mm}$，改变透镜焦距，可以得到不同相对孔径下的耦合效率曲线。图 3-18 中方形曲线为平面光束入射时的耦合效率曲线，其他是不同模斑半径高斯光束的耦合效率曲线。可以看出，入射高斯光束腰斑半径越大耦合效率越高，越接近平面光入射时的耦合

效率。随着光束腰斑半径的减小，耦合效率逐步降低。

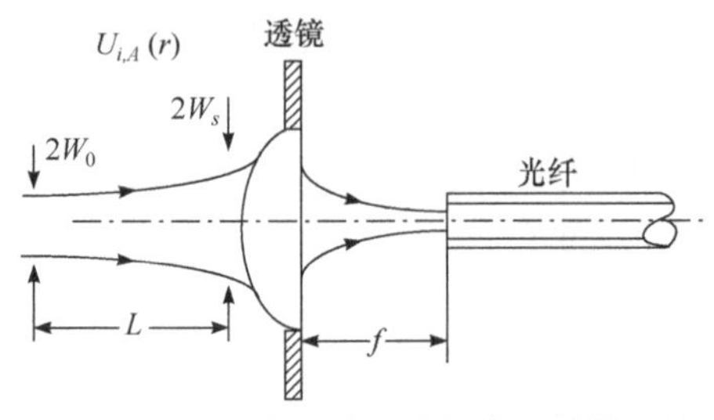

图 3-17 准直高斯光束经单透镜耦合进单模光纤示意图

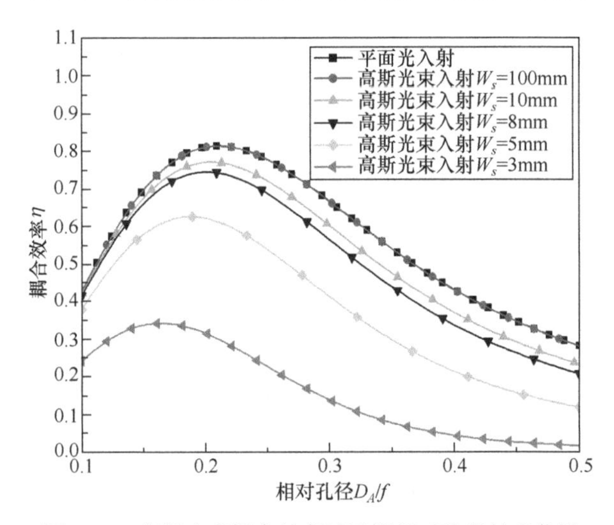

图 3-18 高斯光束耦合效率随透镜相对孔径的变化[6]

3.5.2 人工消除非共光路像差实验

利用氦氖激光器、不同相对孔径单透镜和单模光纤进行高斯光束的耦合效率研究实验。实验所用单模光纤纤芯/包层直径为 9/125μm，模场半径约为 3.6～5.3μm(@633nm)，数值孔径约为 0.10～0.14，单模工作波长为 633～780nm。氦氖激光器发出的激光光束通过两片透镜组成牛顿望远系统扩束、准直后，形成直径约为 20mm 的光斑，入射到不同相对孔径的耦合单透镜上，利用光纤调整架将光纤放置于耦合透镜的焦点处(K9 玻璃平凸透镜)，可以获得最大的耦合功率。利用光功率计在透镜焦平面处和光纤尾端分别测量光功率，计算耦合效率。高斯光束耦合效率实验设备如表 3-1 所示。高斯光束耦合效率实验结果如表 3-2 所示。

表 3-1　高斯光束耦合效率实验设备[6]

名称	型号	主要参数
激光器	GY-10	波长：632.8nm，出瞳功率：3mW
光功率计	PD-300UV(OPHIR)	波长：200～1100nm，功率探测：20pW～3mW
光纤调整架	GCX-M0101FC	提供 *XY* 方向轴倾斜

表 3-2　高斯光束耦合效率实验结果[6]

编号	透镜相对孔径 D_A/f	实测光纤耦合光功率/mW	焦平面功率/mW	实测耦合效率
1	10/20 = 0.50	0.341	1.686	0.20
2	10/30 = 0.33	1.058	1.633	0.65
3	10/40 = 0.25	1.637	2.009	0.81
4	10/75 = 0.13	1.736	2.128	0.82
5	10/100 = 0.1	0.783	2.007	0.39

如图 3-19 所示，实心圆为实验测得的耦合效率数据；空心圆为 $W_s = 10\text{mm}$、$D_A = 10\text{mm}$、$W_m = 2.2\mu\text{m}$、$\lambda = 632.8\text{nm}$ 时，利用式(3-28)计算出的理论耦合效率曲线；方形曲线为利用实验数据拟合出的耦合效率曲线。可以看出，拟合的耦合效率曲线与理论上计算出的耦合效率曲线几乎完全一致，从实验角度验证了随着透镜相对孔径的增大，存在一个极值，也就是说存在一个最佳相对孔径。

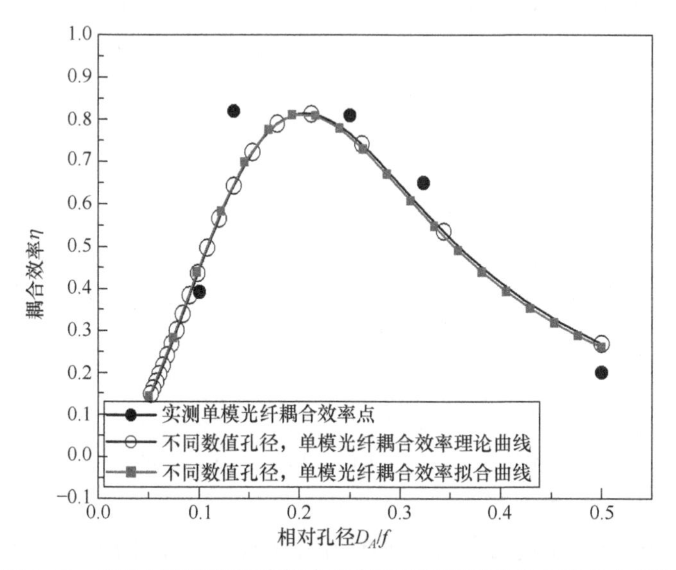

图 3-19　实验测得高斯光束耦合效率随透镜相对孔径的变化曲线[6]

3.5.3 自动消除非共光路像差实验

相干光通信原理图如图 3-20 所示。自适应光学的闭环校正效果会直接影响耦合进单模光纤的光功率,而光功率的大小和起伏直接影响相干接收机的相干效率。本节主要研究不同天气条件下，相干光通信系统外场实验中非共光路像差校准后的自适应光学闭环校正对耦合进单模光纤的光功率的影响。

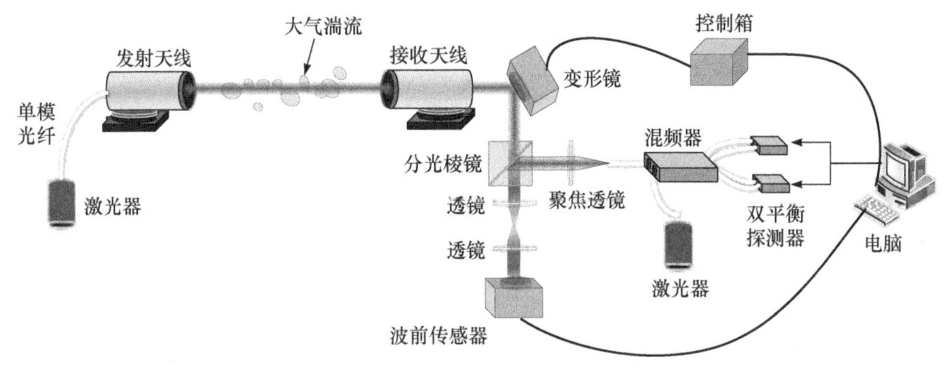

图 3-20　相干光通信原理图[33]

从图 3-21(a)可以看出,在闭环过程中,耦合进单模光纤的光功率会不断增加,最终在闭环控制的第 70 帧后基本达到稳定状态。经过统计分析,在自适应光学稳定闭环后，光功率由开环时的–41.54dBm 提高到闭环时的–30.03dBm，提高 11.51dBm，方差从 0.270 降低到 0.052。从图 3-21(b)可以看出，在闭环的过程中，系统在经过最初的 76 帧闭环调节后基本达到稳定状态。经过统计分析,在自适应光学稳定闭环后，光功率由开环时的–44.20dBm 提高到闭环时的–33.41dBm，提高 10.79dBm，方差从 1.81 降低到 0.97，降低 0.84。从图 3-21(c)可以看出，在闭环的过程中，经过最初的 127 帧闭环校正后，耦合进单模光纤的光功率达到稳定状态。经过统计分析，在自适应光学稳定闭环后，光功率由开环时的–43.72dBm 提高到闭环时的–34.60dBm，提高 9.12dBm，方差从 2.82 降低到 1.35。比较阴天、晴天和雨天时，自适应光学闭环校正的提升效果可以发现，阴天时的提升效果明显优于晴天和雨天，晴天时又优于雨天，这种提升效果主要体现在光功率均值的提升和波前抖动的降低。实验发现，如果耦合进单模光纤的光功率急剧下降，那么相干接收机输出的中频信号也会急剧降低，经过非共光路像差校准后的自适应光学闭环校正可以明显提升耦合进单模光纤中的光功率值。

本章着重对理想条件下仅考虑透镜孔径限制空间平面波、高斯光束经单透镜耦合进单模的耦合效率进行分析，推导出只考虑孔径限制条件下，空间平面波经单透镜耦合进单模光纤的耦合效率表达式，并给出同样条件下高斯光束耦合效率的计算方法，得出以下结论。

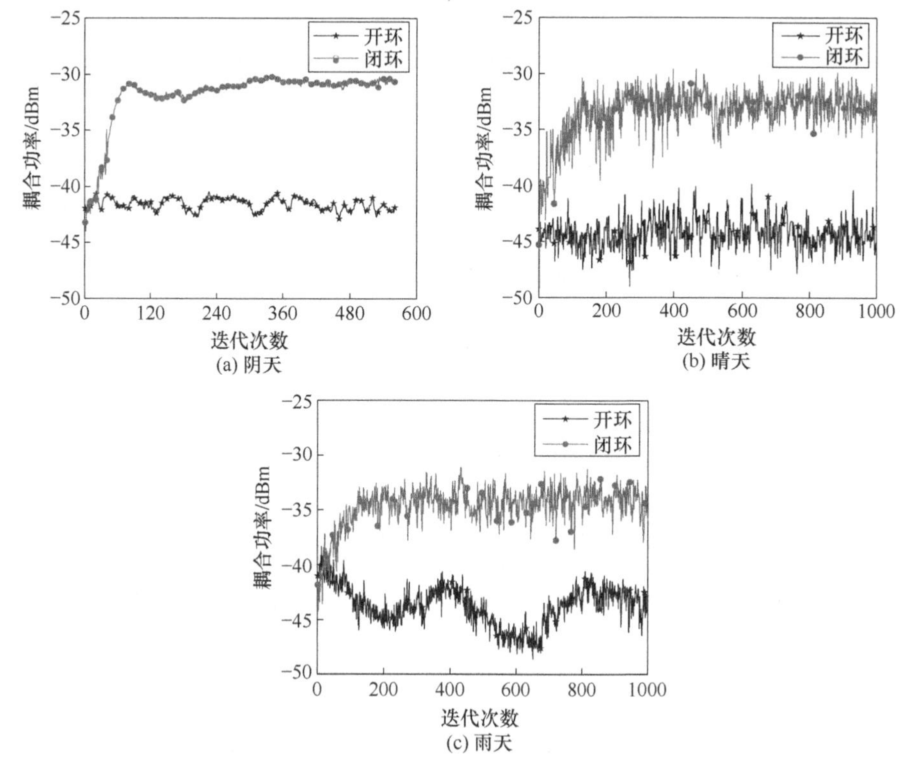

图 3-21　不同天气条件下耦合进单模光纤的光功率曲线[33]

(1) 在理想条件下，仅考虑孔径衍射效应，空间平面波经单透镜耦合进单模光纤时，耦合效率随着耦合参数 a 的变化。当 $a = 1.12$ 时，耦合效率达到极值 81.4%。

(2) 空间平面波-单模光纤耦合结构的耦合效率对径向误差 Δr 最为敏感，其次是轴倾斜误差 $\Delta\varphi$，最后是轴向误差 Δz。当通信光束波长大于 632.8nm 时，为了使安装引起的耦合效率的衰落总小于–5dB，应将这三种误差控制在 $\Delta r \leqslant 2.2\mu m$、$\Delta\varphi \leqslant 0.3°$、$\Delta z \leqslant 70\mu m$ 范围内。

(3) 空间高斯光束经单透镜耦合进单模光纤的耦合效率不仅与透镜的相对孔径、光纤的模场半径有关，还与入射高斯光束在透镜表面的模斑半径相关。其他参数一定时，模斑半径越大，耦合效率越高。

(4) 自适应光学系统中的非共光路误差可以通过特定程序自动消除，以提高空间光-光纤耦合效率。

参 考 文 献

[1] 廖延彪. 光纤光学. 北京: 清华大学出版社, 2007.

[2] 吕乃光. 傅里叶光学. 北京: 机械工业出版社, 2006.

[3] Leeb W R, Winzer P J, Kudielka K H. Aperture dependence of the mixing efficiency, the signal-to-noiseratio, and the speckle number in coherent lidar receiver. Applied Optics, 1998, 37(15): 3143-3148.

[4] 邵晓风, 张翔, 吴锦发, 等. 单模光纤模场半径的研究. 通信学报, 1986, (3): 49-54.

[5] 邓科, 王秉中, 王旭, 等. 空间光-单模光纤耦合效率因素分析. 电子科技大学学报, 2007, 36(5): 889-891.

[6] 雷思琛. 自由空间光通信中的光耦合及光束控制技术研究. 西安: 西安理工大学, 2016.

[7] Steward E G. Fourier Optics. New South Wales: Halsted Press, 1983.

[8] 李章锜. Parseval 定理在 Fourier 光学中的应用. 四川师范大学学报(自然科学版), 1986, 1: 75-80.

[9] 李仕春. 全光纤分光转动拉曼测温激光雷达系统关键技术研究. 西安: 西安理工大学, 2014.

[10] Gisin N, Passy R, Perny B. Optical fiber characterization by simultaneous measurement of the transmitted and refracted near field. Journal of Lightwave Technology, 1993, 11(11): 1875-1883.

[11] Dikmelik Y, Frederic M D. Fiber-coupling efficiency for free-space optical communication through atmospheric turbulence. Applied Optics, 2005, 44(23): 4946-4952.

[12] 陈海涛, 杨华军, 李拓辉, 等. 光纤偏移对空间光-单模光纤耦合效率的影响. 激光与红外, 2011, 41(1): 75-78.

[13] 杜燕贻, 王小军. 离焦像差在非稳腔中的演化及腔内补偿. 光学学报, 2016, 36(2): 129-134.

[14] 吕乃光. 傅里叶光学. 北京: 机械工业出版社, 2006.

[15] Candel S M. An algorithm for the Fourier-Bessel transform. Computer Physics Communications, 1981, 23(4): 343-353.

[16] Ghobber S, Jaminga P. Strong annihilating pairs for the Fourier-Bessel transform. Journal of Mathematical Analysis and Applications, 2011, 377(2): 501-515.

[17] 刘子瑞, 王胜兵. 复变函数与数理方程. 武汉: 湖北科学技术出版社, 2003.

[18] Porter J, Lin J E, Queener H M, et al. Adaptive Optics for Vision Science: Principles, Practices, Design and Applications. New York: Wiley-Interscience, 2005.

[19] 王亮. 自适应光学测试与系统优化研究. 长春: 中国科学院研究生院(长春光学精密机械与物理研究所), 2016.

[20] 汪宗洋, 王斌, 吴元昊, 等. 利用相位差异技术校准非共光路静态像差. 光学学报, 2012, 32(7): 41-45.

[21] Fienup J R. Phase-retrievalalgorithms for acomplicated optical system. Applied Optics, 1993, 32(10): 1737-1746.

[22] Paxman R G, Schulz T J, Fienup J R. Join testimation of object and aberrations by using phase diversity. Journal of the Optical Society of America A, 1992, 9(7): 1072-1085.

[23] Dean B H, Bowers C W. Diversity selection for phase-diverse phase retrieval. Journal of the Optical Society of America A, 2003, 20(8): 1490-1504.

[24] Gonsalves R A, Childla W R. Wave-front sensing by phase retrieval. Application of Ditical Image Processing III, 1979, 207: 32-39.

[25] Lofdahl M G, Kendrick R L. Phase diversity experiment to measure piston misalignment on the

segmented primary mirror of the Keck II Telescope. SPIE, 1998, 3356: 1190-1201.

[26] Blanc A, Fusco T, Hartung M, et al. Calibration of NAOS and CONICA static aberrations application of the phase diversity technique. Astron Astrophys, 2003, 399(3): 373-383.

[27] Blanc A, Mugnier L M, Idier J. Marginal estimation of aberrations and image restoration by use of phase diversity. Journal of the Optical Society of America A, 2003, 20(6): 1035-1046.

[28] 王亮, 陈涛, 刘欣悦, 等. 适用于波前处理器的自适应光学系统非共光路像差补偿方法. 光子学报, 2015, 44(5): 122-126.

[29] 陈家璧, 彭润玲. 激光原理及应用. 北京: 电子工业出版社, 2008.

[30] 肖志刚, 李斌成. 高斯光束到光纤的单透镜耦合. 光电工程, 2008, 35(8): 29-34.

[31] 卢亚雄, 杨亚培, 陈淑芬. 激光束的传输和变换技术. 成都: 电子科技大学出版社, 1999: 56-57.

[32] Sakai J I, Tatsuya K. Design of a miniature lens for semiconductor laser to single-mode fiber coupling. IEEE Journal of Quantum Electronics, 1980, 16(10): 1059-1066.

[33] 王英. 相干光通信系统的非共光路像差校准实验研究. 西安: 西安理工大学, 2021.

第 4 章　弱湍流大气中空间平面波-透镜-单模光纤耦合

本章介绍光在湍流中传输的光场分布计算方法和湍流谱的基本概念，给出平面波的互相关函数和交叉相关函数(cross coherence function，CCF)的基本定义。同时，利用互相关函数和 CCF 推导“空间平面波-单透镜-单模光纤”耦合结构在 von Karman 湍流谱下的耦合效率和耦合光功率相对起伏方差的计算公式，分析其对 OOK(on-off keying，通-断键控)调制无线光通信系统 BER 的影响。

4.1　大气湍流中光场分布及折射率功率谱

大气信道的衍射效应、衰减效应、大气湍流效应、热晕效应等都会对信号光束产生影响，且影响机制不同。本节着重讨论激光光束在大气湍流中光场分布的随机特性及其统计学描述方法。

4.1.1　大气湍流中的光场分布的 Born 解

如图 4-1 所示，大气湍流是大气中一种不规则的随机运动，普遍存在于大气底层的边界层内、对流层的云体内部和大气对流层上部的西风急流区内[1]。

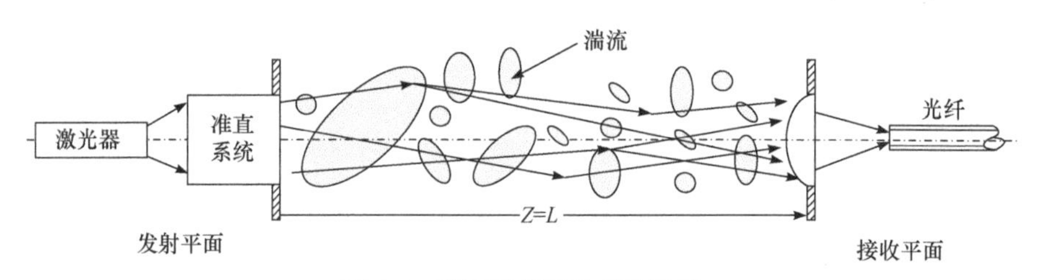

图 4-1　湍流对信号光束的扰动

大气湍流会对光波在大气中的传播产生随机扰动。湍流每一点的压强、速度、温度等物理特性随机涨落，会造成大气折射率指数随机起伏。折射率的随机起伏会直接引起光束中不同光线经过的光程不同。光程是传输路径上每一点 s 处的折射率 $n(s)$ 对光束传输路径 L 的曲线积分($\int_L n(s)\mathrm{d}s$)，可表征波前相位的延迟量，也叫光学厚度。光束中不同光线的光程不同，会造成接收平面入射光束的复振幅分布畸变(波前畸变)。波前畸变直接引起入射光场分布与光纤端面电磁场分布失配，引起耦合效率下降。湍流引起的大气折射率随机起伏还会造成光束的漂移、空间相干性降低、光强和相位的随机起伏等现象[1]。已有的研究发现，大尺度的湍流(超过光束直径)引起光束的漂移；第一菲涅耳区域的小尺度湍流($\sqrt{L/k}$)引起光强闪烁[2]。

光波在折射率缓慢变化的无界连续介质中传播时，其基本性质可以用麦克斯韦方程描述。在极坐标中，不考虑交叉极化效应，其垂直于传输方向(z 轴)横截面上的电磁场分布 $U(\boldsymbol{R})$ 满足 Stochastic Helmholtz 方程[2]，即

$$\nabla^2 U(\boldsymbol{R}) + k^2 n^2(\boldsymbol{R}) U(\boldsymbol{R}) = 0 \tag{4-1}$$

式中，$\boldsymbol{R} = (x, y, z)$ 为空间矢量；$\nabla^2 = \partial^2/\partial x^2 + \partial^2/\partial y^2 + \partial^2/\partial z^2$ 为拉普拉斯算子；$n(\boldsymbol{R}) = 1 + 77.6\times10^{-6}(1 + 7.52\times10^{-3}\lambda^{-2}) P(\boldsymbol{R})/T(\boldsymbol{R})$ 为空间上任意一点的折射率(对于光波而言，折射率随时间的变化可以忽略)，$P(\boldsymbol{R})$ 为 $\boldsymbol{R}$ 处的压强，$T(\boldsymbol{R})$ 为 $\boldsymbol{R}$ 处的温度。

由于湍流的存在，大气信道中每一点的温度和压强是随机变化的，因此 $n(\boldsymbol{R})$ 在湍流中一般用统计学的方法描述。

人们使用 Green 函数法求解式(4-1)[2]，提出 Born 扰动法和 Rytov 扰动法近似求解[3]。在湍流大气中，$n(\boldsymbol{R})$ 是一个随机场，通常用统计的方法来描述，即[2]

$$n(\boldsymbol{R}) = n_0 + n_1(\boldsymbol{R}) \tag{4-2}$$

式中，$n_0 = \langle n(\boldsymbol{R}) \rangle \cong 1$，$\langle\cdot\rangle$ 代表系统平均；$n_1(\boldsymbol{R})$ 代表折射率随机变化的部分且 $\langle n_1(\boldsymbol{R}) \rangle = 0$。

式(4-2)中的 $n_1(\boldsymbol{R})$ 可以表示为[2]

$$n^2(\boldsymbol{R}) = (n_0 + n_1(\boldsymbol{R}))^2 \cong 1 + 2n_1(\boldsymbol{R}), \quad |n_1(\boldsymbol{R})| \ll 1 \tag{4-3}$$

Born 扰动法将接收光场表示为 n 阶扰动(散射)光场的叠加[2]，即

$$U(\boldsymbol{R}) = U_0(\boldsymbol{R}) + U_1(\boldsymbol{R}) + U_2(\boldsymbol{R}) + \cdots \tag{4-4}$$

式中，$U_0(\boldsymbol{R})$ 代表光场中未受湍流影响的部分；$U_1(\boldsymbol{R})$ 和 $U_2(\boldsymbol{R})$ 代表一阶和二阶散射光场。

假设在弱湍流情况下 $|U_2(\boldsymbol{R})| \ll |U_1(\boldsymbol{R})| \ll |U_0(\boldsymbol{R})|$，将式(4.3)和式(4-4)代入式(4-1)，可得[2]

$$\nabla^2 U_0(\boldsymbol{R}) + k^2 U_0(\boldsymbol{R}) = 0 \tag{4-5}$$

$$\nabla^2 U_1(\boldsymbol{R}) + k^2 U_1(\boldsymbol{R}) = -2k^2 n_1(\boldsymbol{R}) U_0(\boldsymbol{R}) \tag{4-6}$$

$$\nabla^2 U_2(\boldsymbol{R}) + k^2 U_2(\boldsymbol{R}) = -2k^2 n_1(\boldsymbol{R}) U_1(\boldsymbol{R}) \tag{4-7}$$

已知未受扰动的光场$U_0(\boldsymbol{R})$，解式(4-6)可得一阶散射光场，即[2]

$$U_1(\boldsymbol{R})=\iiint_V G(\boldsymbol{S},\boldsymbol{R})(2k^2 n_1(\boldsymbol{S})U_0(\boldsymbol{S}))\mathrm{d}^3 S \tag{4-8}$$

式中，$G(\boldsymbol{R},\boldsymbol{S})$为自由空间中的格林函数，也就是说一阶散射光场是散射体 V 内每个点 $\boldsymbol{S}$ 产生的球面波的叠加。

每个球面波的强度与 $\boldsymbol{S}$ 点处未受干扰的光场$U_0(\boldsymbol{S})$和折射率的扰动$n_1(\boldsymbol{S})$成比例，即

$$G(\boldsymbol{R},\boldsymbol{S})=\frac{1}{4\pi|\boldsymbol{R}-\boldsymbol{S}|}\exp(\mathrm{i}k|\boldsymbol{R}-\boldsymbol{S}|) \tag{4-9}$$

利用傍轴近似和 Green 函数[2]可得

$$G(\boldsymbol{S},\boldsymbol{R})=\frac{1}{4}G(\boldsymbol{S},\boldsymbol{R})\frac{1}{4\pi(L-z)}\exp\left[\mathrm{i}k(L-z)+\frac{\mathrm{i}k}{2(L-z)}|\boldsymbol{s}-\boldsymbol{r}|^2\right] \tag{4-10}$$

式中，$\boldsymbol{S}=(s,z)$为散射体 V 内的空间矢量；$\boldsymbol{s}$ 为散射体 V 内距发射光源 z 处的平面矢量；$\boldsymbol{R}=(\boldsymbol{r},L)$接收空间内任意一点的空间矢量；$\boldsymbol{r}$ 为空间距发射光源 L 处的平面矢量。

式(4-8)可以表示为[2]

$$U_1(\boldsymbol{R})=\frac{k^2}{2\pi}\int_0^L \mathrm{d}z\iint_{-\infty}^{\infty}\mathrm{d}^2 s\exp\left[\mathrm{i}k(L-z)+\frac{\mathrm{i}k|\boldsymbol{s}-\boldsymbol{r}|^2}{2(L-z)}\right]U_1(\boldsymbol{s},z)\frac{n_1(\boldsymbol{s},z)}{L-z} \tag{4-11}$$

类似地，二阶散射场可以表示为[2]

$$U_2(\boldsymbol{R})=\frac{k^2}{2\pi}\int_0^L \mathrm{d}z\iint_{-\infty}^{\infty}\mathrm{d}^2 s\exp\left[\mathrm{i}k(L-z)+\frac{\mathrm{i}k|\boldsymbol{s}-\boldsymbol{r}|^2}{2(L-z)}\right]U_1(\boldsymbol{s},z)\frac{n_1(\boldsymbol{s},z)}{L-z} \tag{4-12}$$

式中，$U_1(\boldsymbol{s},z)$为一阶散射场分布。

尽管 Born 扰动法可以很方便地写出任意阶的散射场，但是在分析光束传播的过程中存在一定的局限性[4]。

4.1.2 光在大气湍流中的光场分布 Rytov 解

在弱湍流条件下，湍流对光波的相位产生影响，可将电场分布表示为[2]

$$U(\boldsymbol{R})\equiv U(\boldsymbol{r},L)=U_0(\boldsymbol{r},L)\exp(\psi(\boldsymbol{r},L)) \tag{4-13}$$

式中，$\boldsymbol{r}$ 为观察平面上的径向矢量；L 为传输距离；$\psi(\boldsymbol{r},L)$为 $\boldsymbol{r}$ 处总的复相位扰动。

Rytov 近似的主要思想是将相位扰动表示为 n 阶的复相位扰动之和[2]，即

$$\psi(\boldsymbol{r},L)=\psi_1(\boldsymbol{r},L)+\psi_2(\boldsymbol{r},L)+\cdots \tag{4-14}$$

式中，$\psi_1(\boldsymbol{r},L)$、$\psi_2(\boldsymbol{r},L)$ 分别代表一阶相位扰动、二阶相位扰动。

将式(4-14)代入式(4-13)，再代入式(4-1)进行计算较为烦琐，因此可利用 Born 扰动的计算结果简化计算过程。定义 m 阶归一化的 Born 扰动为

$$\Phi(\boldsymbol{r},L)=\frac{U_m(\boldsymbol{r},L)}{U_0(\boldsymbol{r},L)},\quad m=1,2,3,\cdots \tag{4-15}$$

式中，$U_m(\boldsymbol{r},L)$ 为 Born 扰动法中的 m 阶散射场分布。

令 Rytov 一阶扰动等于 Born 一阶扰动，则

$$\begin{aligned}U_0(\boldsymbol{r},L)\exp(\psi_1(\boldsymbol{r},L))&=U_0(\boldsymbol{r},L)+U_1(\boldsymbol{r},L)\\&=U_0(\boldsymbol{r},L)(1+\Phi_{u,1}(\boldsymbol{r},L))\end{aligned} \tag{4-16}$$

等式两边除以 $U_0(\boldsymbol{r},L)$ 并取自然对数，可得

$$\psi_1(\boldsymbol{r},L)=\ln(1+\Phi_{u,1}(\boldsymbol{r},L))\cong\Phi_{u,1}(\boldsymbol{r},L),\quad \left|\Phi_{u,1}(\boldsymbol{r},L)\right|\ll 1 \tag{4-17}$$

类似地，令 Rytov 二阶扰动等于 Born 二阶扰动，则

$$\psi_2(\boldsymbol{r},L)=\Phi_{u,2}(\boldsymbol{r},L)-\frac{1}{2}\Phi_{u,1}^2(\boldsymbol{r},L),\quad \left|\Phi_{u,1}(\boldsymbol{r},L)\right|\ll 1,\ \left|\Phi_{u,2}(\boldsymbol{r},L)\right|\ll 1 \tag{4-18}$$

定义三个基本的二阶矩，并将其与折射率功率谱 $\Phi_n(\kappa,z)$ 建立联系，可得

$$\begin{aligned}E_1(0,0)&=\left\langle\Phi_{u,2}(\boldsymbol{r},L)\right\rangle\\&=\left\langle\psi_2(\boldsymbol{r},L)\right\rangle+\frac{1}{2}\left\langle\psi_1^2(\boldsymbol{r},L)\right\rangle\\&=4\pi^2k^2\int_0^L\mathrm{d}z\int_0^\infty\mathrm{d}\kappa\Phi_n(\kappa,z)J_0(\kappa\,|\gamma r_1-\gamma^*r_2\,|)\exp\left[-\frac{\mathrm{i}\kappa^2}{2k}(\gamma-\gamma^*)(L-z)\right]\\&=4\pi^2k^2\int_0^L\int_0^\infty\kappa\Phi_n(\kappa,z)J_0\{\kappa\,|[1-\overline{\Theta}(1-z/L)]p-2\mathrm{i}\Lambda(1-z/L)\boldsymbol{r}\,|\}\\&\quad\times\exp\left[-\frac{\Lambda L\kappa^2(1-z/L)^2}{k}\right]\mathrm{d}\kappa\mathrm{d}z\end{aligned} \tag{4-19}$$

$$\begin{aligned}E_2(\boldsymbol{r}_1,\boldsymbol{r}_2)&=\left\langle\Phi_{u,1}(\boldsymbol{r}_1,L)\Phi_{u,1}^*(\boldsymbol{r}_2,L)\right\rangle\\&=\left\langle\psi_1(\boldsymbol{r}_1,L)\psi_1^*(\boldsymbol{r}_2,L)\right\rangle\\&=4\pi^2k^2\int_0^L\mathrm{d}z\int_0^\infty\mathrm{d}\kappa\Phi_n(\kappa,z)J_0(\kappa\,|\gamma r_1-\gamma^*r_2\,|)\exp\left[-\frac{\mathrm{i}\kappa^2}{2k}(\gamma-\gamma^*)(L-z)\right]\\&=4\pi^2k^2\int_0^L\int_0^\infty\kappa\Phi_n(\kappa,z)J_0\{\kappa\,|[1-\overline{\Theta}(1-z/L)]\boldsymbol{p}-2\mathrm{i}\Lambda(1-z/L)\boldsymbol{r}\,|\}\end{aligned}$$

$$\times \exp\left[-\frac{\Lambda L\kappa^2(1-z/L)^2}{k}\right]\mathrm{d}\kappa\mathrm{d}z \tag{4-20}$$

$$\begin{aligned}
E_3(\boldsymbol{r}_1,\boldsymbol{r}_2) &= \left\langle \Phi_{u,1}(\boldsymbol{r}_1,L)\Phi_{u,1}(\boldsymbol{r}_2,L)\right\rangle \\
&= \left\langle \psi_1(\boldsymbol{r}_1,L)\psi_1(\boldsymbol{r}_2,L)\right\rangle \\
&= -4\pi^2k^2\int_0^L \mathrm{d}z\int_0^\infty \mathrm{d}\kappa\Phi_n(\kappa,z)J_0(\gamma\kappa\,|\,r_1-r_2\,|)\exp\left[-\frac{\mathrm{i}\kappa^2\gamma}{k}(L-z)\right] \\
&= -4\pi^2k^2\int_0^L\int_0^\infty \kappa\Phi_n(\kappa,z)J_0\left\{\kappa\rho[1-(\overline{\Theta}+\mathrm{i}\Lambda)(1-z/L)]\right\} \\
&\quad\times\exp\left[-\frac{\Lambda L\frac{\mathrm{i}L\kappa^2}{k}(1-z/L)^2}{k}\right]\exp\left\{-\frac{\mathrm{i}L\kappa^2}{k}(1-z/L)[1-\overline{\Theta}(1-z/L)]\right\}\mathrm{d}\kappa\mathrm{d}z
\end{aligned} \tag{4-21}$$

式中，$J_0(\cdot)$代表零阶贝塞尔函数。

$$\boldsymbol{r}=\frac{1}{2}(\boldsymbol{r}_1+\boldsymbol{r}_2)\,,\quad \boldsymbol{p}=\boldsymbol{p}_1-\boldsymbol{p}_2,\quad r=|\boldsymbol{r}|,\quad \rho=|\boldsymbol{p}| \tag{4-22}$$

$$\gamma=1-(\overline{\Theta}+\mathrm{i}\Lambda)(1-z/L),\quad 0\leqslant z\leqslant L \tag{4-23}$$

式中，$\overline{\Theta}$、Λ为描述接收平面高斯光束的相关参数，与入射平面高斯光束参数Θ_0、Λ_0存在如下关系(令F_0、w_0为入射平面高斯光束的曲率半径和入射平面处的光腰半径，如图4-2所示)。

输入平面的高斯光束参数为

$$\Theta_0=1-\frac{L}{F_0},\quad \Lambda_0=\frac{2L}{kw_0^2} \tag{4-24}$$

接收平面的高斯光束参数为

$$\begin{aligned}
\Theta &= \frac{\Theta_0}{\Theta_0^2+\Lambda_0^2}=1+\frac{L}{F} \\
\overline{\Theta} &= 1-\Theta=-\frac{L}{F} \\
\Lambda &= \frac{\Lambda_0}{\Theta_0^2+\Lambda_0^2}=\frac{2L}{kw^2}
\end{aligned} \tag{4-25}$$

式中，F和w为接收平面高斯光束的曲率半径和接收平面处的光腰半径。

特殊情况，对平面光波有$\overline{\Theta}=\Lambda=0$；对球面光波有$\overline{\Theta}=1$和$\Lambda=0$。

通常情况下，复相位扰动的一阶、二阶和四阶矩的系统平均常用于计算光在随机介质中的传输特性。利用式(4-14)，可以表示如下。

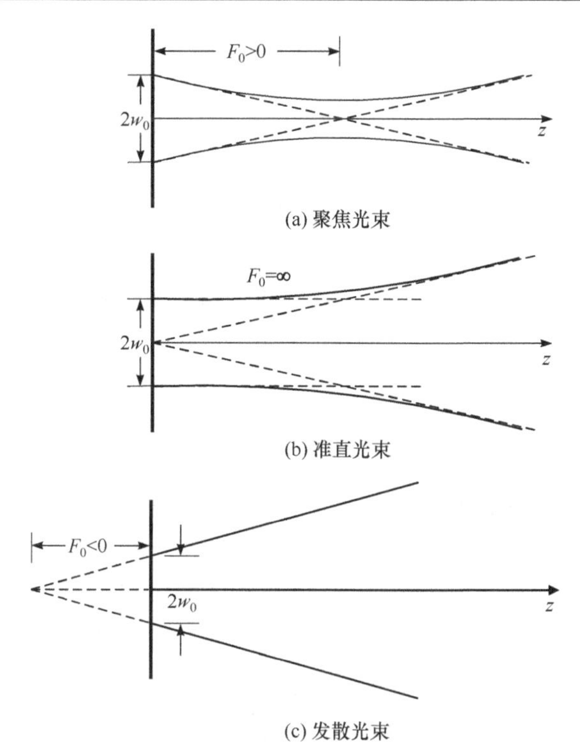

图 4-2　不同波前曲率半径 F_0 的光束模型[1]

一阶矩

$$\left\langle \exp(\psi(\boldsymbol{r},L))\right\rangle = \left\langle \exp(\psi_1(\boldsymbol{r},L)+\psi_2(\boldsymbol{r},L))\right\rangle \tag{4-26}$$

二阶矩

$$\left\langle \exp(\psi(\boldsymbol{r}_1,L)+\psi^*(\boldsymbol{r}_2,L))\right\rangle = \left\langle \exp(\psi_1(\boldsymbol{r}_1,L)+\psi_2(\boldsymbol{r}_1,L)+\psi_1^*(\boldsymbol{r}_2,L)+\psi_2^*(\boldsymbol{r}_2,L))\right\rangle \tag{4-27}$$

四阶矩

$$\begin{aligned}&\left\langle \exp(\psi(\boldsymbol{r}_1,L)+\psi^*(\boldsymbol{r}_2,L)+\psi(\boldsymbol{r}_3,L)+\psi^*(\boldsymbol{r}_4,L))\right\rangle\\ =&\Big\langle \exp(\psi_1(\boldsymbol{r}_1,L)+\psi_2(\boldsymbol{r}_1,L)+\psi_1^*(\boldsymbol{r}_2,L)+\psi_2^*(\boldsymbol{r}_2,L)\\ &+\psi_1(\boldsymbol{r}_3,L)+\psi_2(\boldsymbol{r}_3,L)+\psi_1^*(\boldsymbol{r}_4,L)+\psi_2^*(\boldsymbol{r}_4,L))\Big\rangle\end{aligned} \tag{4-28}$$

$\psi(\boldsymbol{r},L)$ 满足高斯分布，可利用累积量方法[1]计算上述三个基本矩，只考虑一阶和二阶可得

$$\begin{aligned}\left\langle \exp(\psi(\boldsymbol{r},L))\right\rangle &= \lim_{t\to -i}\left\langle \exp(\mathrm{i}\cdot t\psi(\boldsymbol{r},L))\right\rangle\\ &=\exp\left(K_1+\frac{1}{2}K_2+\cdots\right)\end{aligned} \tag{4-29}$$

式中

$$K_1 = \langle \psi(\boldsymbol{r}, L) \rangle$$
$$K_2 = \left\langle \psi^2(\boldsymbol{r}, L) \right\rangle - \langle \psi(\boldsymbol{r}, L) \rangle^2 \tag{4-30}$$

由此可将光场复相位扰动一阶、二阶和四阶矩的系统平均与式(4-19)～式(4-21)所示的 3 个基本二阶矩建立联系。进一步，可以与折射率谱密度函数建立函数关系，方便进行后续的耦合效率及耦合功率相对方差的计算。

一阶矩

$$\left\langle \exp(\psi(\boldsymbol{r}, L)) \right\rangle = \exp(E_1(0,0)) \tag{4-31}$$

二阶矩

$$\left\langle \exp(\psi(\boldsymbol{r}_1, L) + \psi^*(\boldsymbol{r}_2, L)) \right\rangle = \exp(2E_1(0,0) + E_2(\boldsymbol{r}_1, \boldsymbol{r}_2)) \tag{4-32}$$

四阶矩

$$\begin{aligned} &\left\langle \exp(\psi(\boldsymbol{r}_1, L) + \psi^*(\boldsymbol{r}_2, L) + \psi(\boldsymbol{r}_3, L) + \psi^*(\boldsymbol{r}_4, L)) \right\rangle \\ &= \exp(4E_1(0,0) + E_2(\boldsymbol{r}_1, \boldsymbol{r}_2) + E_2(\boldsymbol{r}_1, \boldsymbol{r}_4) + E_2(\boldsymbol{r}_3, \boldsymbol{r}_2) \\ &\quad + E_2(\boldsymbol{r}_3, \boldsymbol{r}_4) + E_3(\boldsymbol{r}_1, \boldsymbol{r}_3) + E_3^*(\boldsymbol{r}_2, \boldsymbol{r}_4)) \end{aligned} \tag{4-33}$$

式中，$E_1(0,0)$、$E_2(\boldsymbol{r}_1,\boldsymbol{r}_2)$、$E_3(\boldsymbol{r}_1,\boldsymbol{r}_3)$ 如式(4-19)、式(4-20)、式(4-21)所示。

4.1.3 折射率功率谱模型

大气湍流可视作漩涡层级系统。风的运动把能量传递给大尺度的漩涡，而大尺度的漩涡又分裂成更小尺度的漩涡。能量由大尺度漩涡向小尺度漩涡一级一级地传递，并逐渐耗散。折射率变化分量 $n_1(\boldsymbol{R})$ 在湍流中一般用统计学的方法描述。用于表征随机场的统计量一般有以下几种[5]。

(1) 概率密度函数 $p(n)$。它描述的是随机场中单点随时间起伏的情况，一般假设折射率随时间起伏满足零均值的高斯分布。

(2) 相关函数。它表明随机场中任意两点之间的相关程度，定义为

$$B(r_1, r_2) = \langle n_1(r_1) n_2(r_2) \rangle \tag{4-34}$$

协相关函数定义为

$$C(r_1, r_2) = B(r_1, r_2) - \langle n_1(r_1) \rangle \langle n_1(r_2) \rangle = \langle n_1(r_1) n_1(r_2) \rangle - \langle n_1(r_1) \rangle \langle n_1(r_2) \rangle \tag{4-35}$$

(3) 结构函数。它表明平稳增量随机场变化的快慢，定义为

$$D(r_1, r_2) = \left\langle (n_1(r_1) - n_1(r_2))^2 \right\rangle \tag{4-36}$$

Kolmogorov 对大气做了两个假设。第一，湍流运动是各向同性的；第二，能量耗散在各层级之间是均匀的。他指出，折射率起伏结构函数符合三分之二定律，即

$$D_n(r) = C_n^2 r^{2/3} \tag{4-37}$$

式中，C_n^2 为大气结构常数，表征大气湍流的强度。

它与光束传输路径有关，当光束水平传输时为常数，$C_n^2 = 10^{-14}\mathrm{m}^{-2/3}$ 为中强湍流，$C_n^2 = 10^{-16}\mathrm{m}^{-2/3}$ 为弱湍流。光束斜程传输时，广泛使用的 C_n^2 模型为 Hufnagel-Valley 模型[6]，即

$$C_n^2(h) = 5.94\times10^{-53}\left(\frac{W}{27}\right)^2 h^{10}\exp\left(-\frac{h}{1000}\right) + 2.7\times10^{-16}\exp\left(-\frac{h}{1500}\right) + A\exp\left(-\frac{h}{100}\right) \tag{4-38}$$

式中，h 为光束距水平面的高度；W 为风速大小(m/s)，是随机变量；通常取 $W=$ 21m/s、$A = 1.7\times10^{-14}$，即 H-V 5/7 模型。

(4) 功率谱。大气折射率随机场的功率谱定义为互相关函数(mutual coherence function，MCF)的三维傅里叶变换，即

$$\varPhi_n(\boldsymbol{\kappa}) = \frac{1}{(2\pi)^3}\iiint_{-\infty}^{\infty} B(r)\exp(-\mathrm{i}k\cdot\boldsymbol{r})\mathrm{d}\boldsymbol{r} \tag{4-39}$$

式中，$\boldsymbol{\kappa} = (\kappa_x, \kappa_y, \kappa_z)$ 为空间波矢量。

如果 $n_1(\boldsymbol{R})$ 是各向同性的随机场，则此时的功率谱为一维功率谱，即

$$\varPhi_n(\boldsymbol{\kappa}) = \frac{1}{2\pi^2\boldsymbol{\kappa}}\int_{-\infty}^{\infty} B(r)r\sin(k\boldsymbol{r})\mathrm{d}\boldsymbol{r} \tag{4-40}$$

为了更准确地描述湍流引起的折射率随机变化的分布，学者提出多种大气折射率功率谱模型，简称湍流谱模型。

1) Kolmogorov 湍流谱

由 Kolmogorov 对湍流的假设和折射率起伏结构函数符合三分之二定律，可获得折射率起伏在惯性区的 Kolmogorov 湍流谱[7]，即

$$\varPhi_n(k) = 0.033C_n^2 k^{-11/3},\quad 2\pi/L_0 \ll k \ll 2\pi/l_0 \tag{4-41}$$

湍流的 Kolmogorov 谱模型如图 4-3 所示。图中 l 为湍流尺度参数。应该说明的是，式(4-41)描述的湍流谱只是惯性区的谱模型。因为输入区和耗散区通常是各向异性的，能量迅速消耗，所以 Kolmogorov 湍流谱并没有对输入区和耗散区进行数学描述。

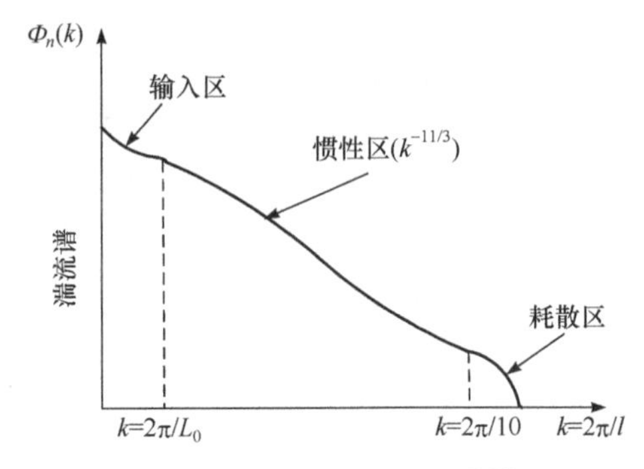

图 4-3　湍流的 Kolmogorov 谱模型[1]

2) Tatarskii 湍流谱

在耗散区，$k > k_m$ 时，能量的耗散超过动能，能量很小，则湍流谱 $\Phi_n(k)$ 下降很快，其中 $k_m \approx 2\pi / l_0$，l_0 为湍流的内尺度。此区域湍流可用 Tatarskii 湍流谱来概括[8]，即

$$\Phi_n(k) = 0.033C_n^2 k^{-11/3} \exp(-k^2 / k_m^2), \quad k \gg 1/L_0 \tag{4-42}$$

Tatarskii 湍流谱将湍流的内尺度考虑在内，在波数 k 较大的区域存在高斯函数的衰减因子，可以解决 Kolmogorov 湍流谱存在的不足，但是这两种谱对波数 k 较小的区域仍没有进行描述。在实际应用中，地球大气只包含有限的空气，所以这两种谱还是有一定限制的，并且 Tatarskii 湍流谱至今未得到实验的验证。

3) von Karman 湍流谱

1948 年，von Karman[6]提出一种湍流谱，可以解决波数较小($k \to 0$)时，$\Phi_n(k)$ 不可能接近任意大的问题。von Karman 湍流谱模型可以表示为

$$\Phi_n(k) = 0.033C_n^2 (k^2 + k_0^2)^{-11/6} \tag{4-43}$$

其中，$k_0 = 2\pi/L_0$，L_0 为湍流的外尺度。

在湍流谱模型的基础上，人们将湍流的内尺度也引入该模型中，提出修正的 von Karman 湍流谱。其模型可以表示为

$$\Phi_n(k) = 0.033C_n^2 \frac{\exp(-k^2 / k_m^2)}{(k^2 + k_0^2)^{-11/6}}, \quad 0 < k < \infty, \quad k_0 = \frac{2\pi}{L_0}, \quad k_m = \frac{5.92}{l_0} \tag{4-44}$$

当内尺度 $l_0 = 0$、外尺度 $L_0 = \infty$ 时，修正的 von Karman 湍流谱退化为 Kolmogorov 湍流谱。在大气湍流的理论研究中，相比 Kolmogorov 湍流谱和 Tatarskii 湍流谱来说，修正的 von Karman 湍流谱模型应用的最为广泛，也是最能体现真实湍流状况的一种模型，同时还避免了 Kolmogorov 在做积分时，$k = 0$ 处存在奇点的问题。

4.2　大气湍流中透镜耦合

空间光-单透镜-单模光纤耦合如图 4-4 所示。激光通过光学系统准直扩束在大气湍流中传播一段距离 L，入射到接收孔径 A 的表面，接收系统将畸变的光束汇聚、整形，并耦合进光纤内部。

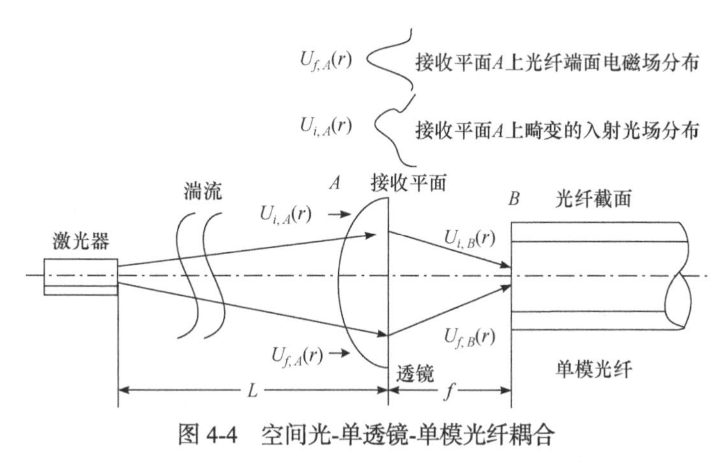

图 4-4　空间光-单透镜-单模光纤耦合

4.2.1　Kolmogorov 湍流谱下的耦合效率模型

由于大气折射率随机起伏，耦合效率在湍流中呈现随机变化，可以利用统计的方法进行描述。假设入射光束为单色单位平面波，光纤截面垂直于入射光场的传播方向，并且位于耦合系统光轴的中心。利用入射光场的 MCF $\Gamma_2(\boldsymbol{r}_1,\boldsymbol{r}_2,L)$ 可将在透镜平面计算的无湍流耦合效率 η_A 扩展为大气湍流中的耦合效率系统平均 $\langle\eta_A\rangle$ [9]，即

$$\langle\eta_A\rangle=\frac{1}{\pi D_A^2/4}\iint_A\Gamma_2(\boldsymbol{r}_1,\boldsymbol{r}_2)U_{f,A}^*(\boldsymbol{r}_1)U_{f,A}(\boldsymbol{r}_2)\mathrm{d}\boldsymbol{r}_1\mathrm{d}\boldsymbol{r}_2 \tag{4-45}$$

式中，$U_{f,A}(\boldsymbol{r})$ 为折算到接收平面 A 上光纤端面电磁场分布；D_A 为耦合透镜的直径；$(\boldsymbol{r}_1,\boldsymbol{r}_2)$ 为接收平面中心到接收平面的径向向量。

若平面波沿光轴正向传输一段距离 L，在接收平面光场分布为 $U(\boldsymbol{r},L)$，则接收平面上的光场二阶矩 $\Gamma_2(\boldsymbol{r}_1,\boldsymbol{r}_2,L)$ 可以表征相干光场的空间相干程度，即

$$\begin{aligned}&\Gamma_2(\boldsymbol{r}_1,\boldsymbol{r}_2,L)\\&=\left\langle U(\boldsymbol{r}_1,L)U^*(\boldsymbol{r}_2,L)\right\rangle\\&=U_0(\boldsymbol{r}_1,L)U_0^*(\boldsymbol{r}_2,L)\left\langle\exp(\psi(\boldsymbol{r}_1,L)+\psi^*(\boldsymbol{r}_2,L))\right\rangle\\&=U_0(\boldsymbol{r}_1,L)U_0^*(\boldsymbol{r}_2,L)\exp(2E_1(0,0)+E_2(\boldsymbol{r}_1,\boldsymbol{r}_2))\end{aligned} \tag{4-46}$$

假设单位单色平面波入射，$U_0(\boldsymbol{r}_1,L)=U_0^*(\boldsymbol{r}_2,L)=1$ 且 $\bar{\Theta}=\Lambda=0$，利用式(4-19)和式(4-20)可将式(4-46)进一步化简为

$$\Gamma_2(\rho,L)=\exp\left[-4\pi^2 kL\int_0^\infty k\Phi_n(k)(1-J_0(k\rho))\mathrm{d}k\right] \tag{4-47}$$

式中，$\rho=|\boldsymbol{r}_1-\boldsymbol{r}_2|$；$\Phi_n(k)$ 为湍流谱模型。

将式(4-43)代入式(4-47)，化简可得 Kolmogorov 湍流谱下的 MCF，即

$$\Gamma_2(\rho,L)=\exp\left[-4\pi^2 kL\int_0^\infty k\Phi_n(k)(1-J_0(k\rho))\mathrm{d}k\right] \tag{4-48}$$

将式(4-48)和式(2-11)代入式(4-45)，利用余弦定理可将平面矢量距离展开为 $\rho^2=|\boldsymbol{r}_1-\boldsymbol{r}_2|^2=r_1^2+r_2^2-2r_1r_2\cos(\theta_1-\theta_2)$，把向量积分转化为标量积分，最终 Kolmogorov 湍流谱下的耦合效率 $\langle\eta_{A,K}\rangle$ 为

$$\langle\eta_{A,K}\rangle=\frac{8a^2}{\pi}\int_0^1\int_0^1\exp\left[-a^2(x_1^2+x_2^2)\right]\times F\left[\frac{A_R}{A_{C,K}}(x_1^1+x_2^2),\frac{2x_1x_2}{x_1^2+x_2^2}\right]x_1x_2\mathrm{d}x_1\mathrm{d}x_2 \tag{4-49}$$

式中，$a=\pi W_m D_A/(2\lambda f)$ 为耦合参数；$A_R=\pi D_A^2/4$ 为透镜的孔径面积，D_A 为透镜直径；$A_{C,K}=\pi\rho_c^2$ 为入射光场的空间相干区域(也叫散斑尺寸)，$\rho_c=(1.46C_n^2k^2L)^{-3/5}$ 为相干半径；$A_R/A_{C,K}$ 为接收孔径内的散斑数量；$x_1=2r_1/D_A$；$x_2=2r_2/D_A$；F 为一个具有两个参数函数，即

$$F(v,u)=\int_0^\pi\exp\left[-v^{5/6}(1-u\cos\theta)^{5/6}\right]\mathrm{d}\theta \tag{4-50}$$

若利用高斯近似将 Kolmogorov 湍流谱平面光入射光场的 MCF 近似为[10]

$$\Gamma'_{2,K}(r_1,r_2)=\exp\left[-|r_1-r_2|^2/\rho_c^2\right] \tag{4-51}$$

则耦合效率可化简为[10]

$$\langle\eta'_{A,K}\rangle=8a^2\int_0^1\int_0^1\exp\left[-\left(a^2+\frac{A_R}{A_{C,K}}\right)(x_1^2+x_2^2)\right]\times I_0\left(2\frac{A_R}{A_C}x_1x_2\right)x_1x_2\mathrm{d}x_1\mathrm{d}x_2 \tag{4-52}$$

式中，I_0 为零阶第一类修正的贝塞尔函数。

对比式(4-49)和式(4-52)，利用高斯近似可将耦合效率表达式从三重积分化简为两重积分，从而简化计算。

4.2.2 von Karman 湍流谱下的耦合效率模型

将入射光 MCF 推广至 von Karman 湍流谱下，将式(4-44)代入式(4-47)，利用第一类贝塞尔函数展开式并将积分求和顺序改变，则平面波在 von Karman 湍流谱下的 MCF 可以表示为[2]

$$\Gamma_{2,V}(\rho,L) = \exp\left[-4\pi^2 k^2 L(0.033)C_n^2 \sum_{n-1}^{\infty}\frac{(-1)^{n-1}}{2^{2n}(n!)^2}\int_0^{\infty}\kappa^{2n+1}\exp\left(-\frac{\kappa^2}{\kappa_m^2}\right)\left(\kappa^2+\kappa_0^2\right)^{-11/6}\mathrm{d}\kappa\right] \tag{4-53}$$

如式(4-54)所示，利用第二类合流超几何函数的积分形式[11]，可将式(4-53)化简为[2]

$$U(a;c;x) = [1/\Gamma(a)]\int_0^{\infty} t^{a-1}\mathrm{e}^{-xt}(1+t)^{c-a-1}\mathrm{d}t,\quad a>0,\mathrm{Re}(z)>0 \tag{4-54}$$

$$\Gamma_{2,V}(\rho,L) = \exp\left[-2\pi^2 k^2 L(0.033)C_n^2\kappa^{-5/3}\sum_{n=1}^{\infty}\frac{(-1)^{n-1}(\rho\kappa_0)^{2n}}{2^{2n}n!}U\left(n+1;n+\frac{1}{6};\frac{\kappa_0^2}{\kappa_m^2}\right)\right] \tag{4-55}$$

当 $k_0^2/k_m^2 \ll 1$，即 $l_0^2/L_0^2 \ll 1$ 时，利用第二类合流超几何函数近似关系，对式(4-55)进行化简可得

$$U(a;c;z) = \frac{\Gamma(1-c)}{\Gamma(1+a-c)} + \frac{\Gamma(c-1)}{\Gamma(a)}z^{1-c},\quad |z|\ll 1 \tag{4-56}$$

$$F_1(a,c,z) = \sum_{n=0}^{\infty}\frac{\dfrac{\Gamma(a+n)}{\Gamma(a)}z^n}{\dfrac{\Gamma(c+n)}{\Gamma(c)}n!} \tag{4-57}$$

式中，$\Gamma(\cdot)$ 为 gamma 函数。

式(4-55)可以进一步化简为

$$\begin{aligned} & k_0^2/k_m^2 \ll \Gamma_{2,V}(\rho,L) \\ & = \exp\left\{-2\pi^2 k^2 L(0.033)C_n^2\left[\Gamma(-5/6)\kappa_m^{-5/3}\left(1-F_1\left(-\frac{5}{6};1;-\frac{\kappa_m^2\rho^2}{4}\right)\right)-\frac{9}{5}\kappa_0^{1/3}\rho^2\right]\right\} \end{aligned} \tag{4-58}$$

利用近似公式和差值公式，将修正 von Karman 谱下任意径向距离ρ平面光波 MCF 在误差小于 2%的范围内表示为[12]

$$\Gamma_{2,V}(\rho,L)=\exp\left(-1.64C_n^2k^2Ll_0^{-1/3}\rho^2\left\{\left[1+2.03(\rho/l_0)^2\right]^{-1/6}-1.32(l_0/L_0)^{1/3}\right\}\right) \tag{4-59}$$

将von Karman 湍流谱下的MCF(式(4-59))和折算到接收平面A上的单模光纤端面电磁场分布表达式(3-11)代入式(4-45)，则 von Karman 湍流谱下的耦合效率$\langle\eta_{A,V}\rangle$可以化简为

$$\langle\eta_{A,V}\rangle=\frac{8a^2}{\pi}\int_0^1\int_0^1\int_0^{\pi}\exp[-a^2(x_1^2+x_2^2)]$$
$$\times\exp\left\{-\frac{A_R}{A_{C,V}}N(x_1,x_2,\theta)\left[(1+GN(x_1,x_2,\theta))^{-\frac{1}{6}}-C\right]\right\}x_1x_2\mathrm{d}x_1\mathrm{d}x_2 \tag{4-60}$$

式中，$N(x_1,x_2,\theta)=(x_1^2+x_2^2-2x_1x_2\cos\theta)$；$G=0.51D_A^2/l_0^2$；$C=1.32(l_0/L_0)^{1/3}$，$l_0$代表湍流内尺度，$L_0$代表湍流外尺度；$A_{C,V}=\pi\rho_s^2$，$\rho_s=(1.64C_n^2k^2Ll_0^{-1/3})^{-1/2}$只能在一定程度上表征空间相干半径，不是 von Karman 湍流谱下相干半径的确切表达式。

对比式(4-49)、式(4-52)和式(4-60)可以看出，考虑大气湍流后，耦合效率不再只是耦合参数 a 的函数，而是耦合参数 a 和接收透镜直径与大气相干长度之比D_A/ρ_c的函数，对 von Karman 湍流谱而言，湍流内外尺度也将成为影响耦合效率的因素。

4.2.3 Kolmogorov 和 von Karman 湍流谱下的耦合效率对比

假设入射在接收端面的平均光功率密度为 1mW/m^2，von Karman 湍流谱耦合效率$\langle\eta_{A,V}\rangle$和耦合进光纤光功率P_f与D_A/ρ_s的关系曲线如图 4-5 所示。

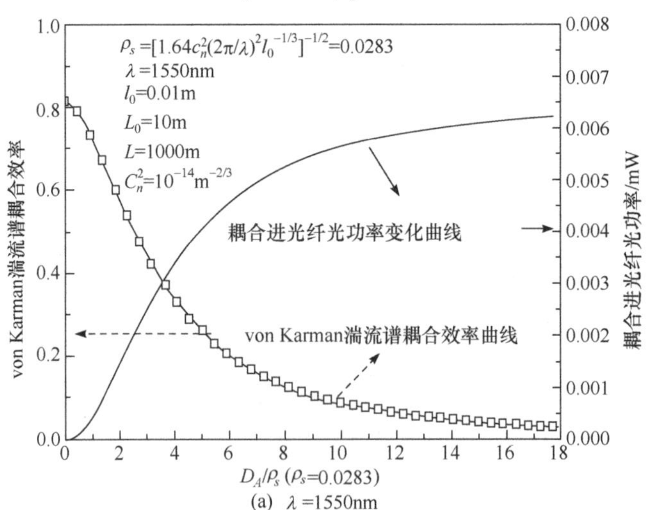

(a) λ=1550nm

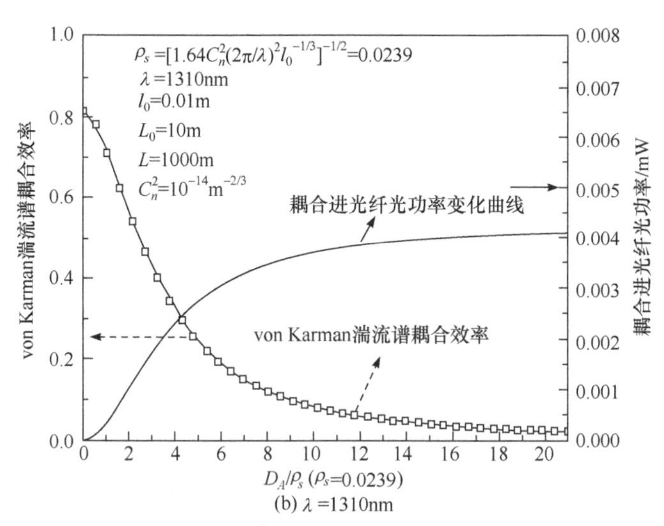

(b) λ =1310nm

图 4-5　von Karman 湍流谱耦合效率 $\langle\eta_{A,V}\rangle$ 和耦合进光纤光功率 P_f 与 D_A/ρ_s 的关系曲线[13]

表 4-1 所示为利用式(4-49)、式(4-52)和式(4-60)仿真出的不同透镜结构在中强湍流环境中，不同通信距离时的耦合效率曲线。

表 4-1　强湍流时耦合效率系统平均 $\langle\eta_A\rangle$ 与通信距离 L 的关系曲线表[13]

序号	透镜及光纤参数 (a =1.12)	中强湍流时耦合效率系统平均 $\langle\eta_A\rangle$ 与通信距离 L 的关系曲线 (通信距离 0～1km)
1	λ = 1550nm W_m = 5.25μm D_A/f = 0.211	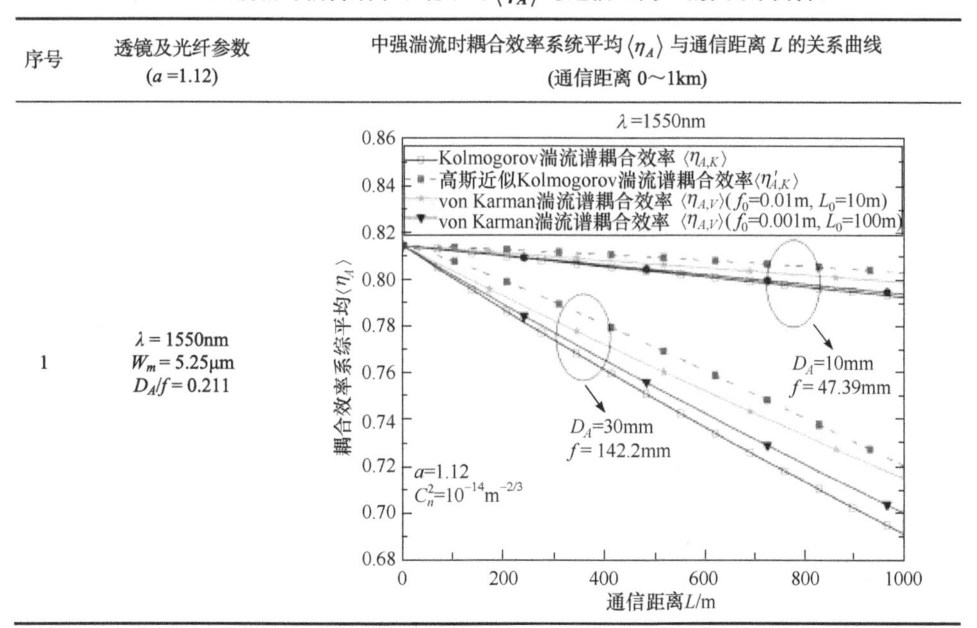

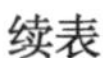

续表

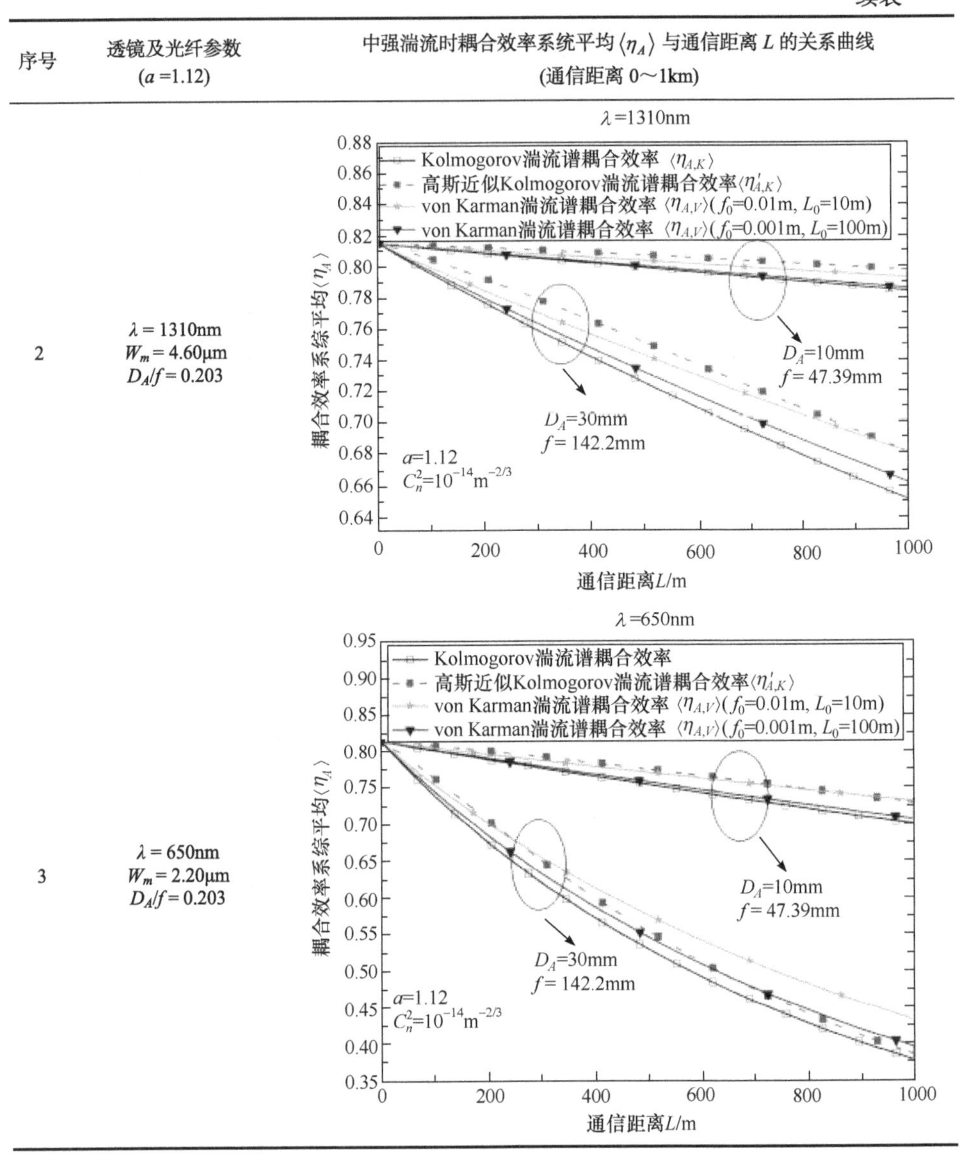

序号	透镜及光纤参数 (a =1.12)	中强湍流时耦合效率系统平均 $\langle\eta_A\rangle$ 与通信距离 L 的关系曲线 (通信距离 0～1km)
2	λ = 1310nm W_m = 4.60μm D_A/f = 0.203	λ=1310nm
3	λ = 650nm W_m = 2.20μm D_A/f = 0.203	λ=650nm

(1) 从表 4-1 可以看出，中强湍流时 $C_n^2=10^{-14}\mathrm{m}^{-2/3}$，随着光束在湍流中传输距离的增大，耦合效率快速下降。表 4-1 中空心矩形所示曲线为 Kolmogorov 湍流谱下的耦合效率曲线$\left\langle\eta_{A,K}\right\rangle$，实心矩形所示曲线为高斯近似 Kolmogorov 湍流谱耦合效率曲线$\left\langle\eta'_{A,K}\right\rangle$，二者最大误差不超过 3%。实际上，可以利用高斯近似 Kolmogorov 湍流谱耦合效率曲线$\left\langle\eta'_{A,K}\right\rangle$进行工程分析。理论上，可以考虑更多影

响耦合效率的因素。von Karman 湍流谱包含的可以描述湍流的参量较为全面。图中三角形曲线是当湍流内尺度 $l_0 = 0.001\text{m}$、外尺度 $L_0 = 100\text{m}$ 时，von Karman 湍流谱耦合效率曲线 $\langle \eta_{A,K} \rangle$ ，相较于星形曲线(流内尺度 $l_0 = 0.01\text{m}$、外尺度 $L_0 = 10\text{m}$ 时，von Karman 湍流谱耦合效率曲线 $\langle \eta_{A,K} \rangle$)更接近于 Kolmogorov 湍流谱的耦合效率曲线 $\langle \eta_{A,K} \rangle$ 。这从另一方面说明，Kolmogorov 湍流谱是 von Karman 湍流谱取 $l_0 \to 0$ 、$L_0 \to \infty$ 时的一种特殊情况。研究表明[14]，地面上湍流内尺度 l_0 在几毫米至几十毫米，外尺度 L_0 在几米至十几米，Tatarskii[15]证明湍流内外尺度的影响不能被忽略。因此，使用 von Karman 湍流谱进行耦合效率分析更符合实际。

(2) 短波长光束在大气湍流中的耦合效率下降较快。

(3) 口径较小的透镜随着通信距离的增大，耦合效率下降的速率较慢。在通信距离不定的条件下，使用透镜口径较小的透镜可以抑制湍流效应。

随着透镜口径的减小，入射在透镜平面的平均光功率越低，耦合进光纤中的光功率越小。如图 4-5 所示，仿真相同湍流环境中同样的传输距离时，不同波长下 von Karman 湍流谱耦合效率 $\langle \eta_{A,K} \rangle$ 和耦合进光纤光功率 $\langle P_f \rangle$ 与 D_A / ρ_s 的关系曲线，假设入射在光纤端面的平均光功率密度为 1mW/m^2。由图 4-5 可以得出以下结论。

(1) D_A / ρ_s 越小，耦合效率越高，耦合进光纤中的光功率越小。这是因为孔径越小，入射到孔径上的平均光功率 $\langle P_A \rangle$ 越少，即使耦合效率较高，最终耦合进光纤的功率也会变小。

(2) 当 $D_A / \rho_s \geqslant 6$ 之后，继续增大接收孔径直径，耦合进孔径中的光功率增加缓慢，通常整个无线光系统也考虑大口径透镜制作成本的问题和设备体积等方面的问题，不适合将透镜口径做得过大。

4.2.4　von Karman 湍流谱下斜程传输时的耦合效率

斜程传输时使用的 $C_n^2(h)$ 模型为 Hufnagel-Valley 模型[6]。斜程传输示意图如图 4-6 所示。引入天顶角 ψ (两个通信终端连线与接收终端铅垂面所夹的锐角)的概念，上行链路 ρ_s 可以表示为

$$\rho_s = \left[1.64 k^2 l_0^{-1/3} \int_0^L C_n^2 (h_0 + z\cos\psi) \mathrm{d}z \right]^{-1/2} \tag{4-61}$$

式中，h_0 为上行链路较低终端距水平面的距离。

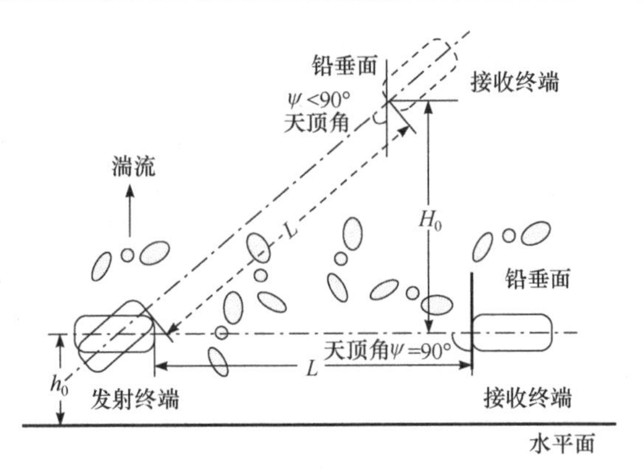

图 4-6　斜程传输示意图

假设通信终端较低的一端安装在距水平面 h_0=2m 处，不同天顶角时通信距离与 von Karman 湍流谱耦合效率曲线如图 4-7 所示。可以看出，天顶角越小，上行链路耦合效率越高。

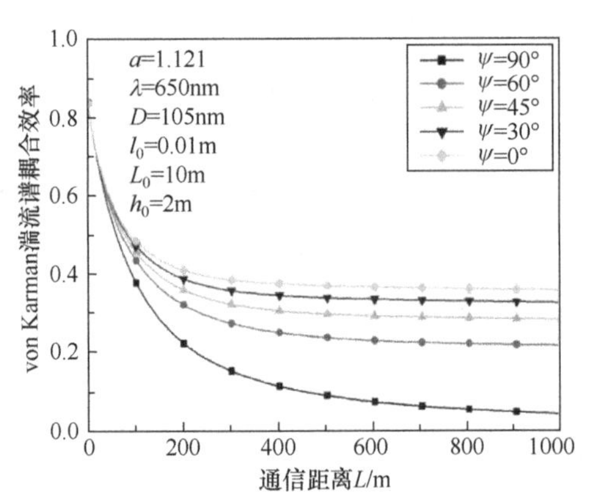

图 4-7　不同天顶角时通信距离与 von Karman 湍流谱耦合效率曲线[13]

4.3　大气湍流中透镜耦合光功率相对起伏方差

在大气湍流中，表征耦合系统性能的另一个重要参数是耦合进光纤内的光功率相对起伏方差。我们希望耦合效率尽可能高，同时也希望耦合进光纤中的光功率尽可能稳定。

4.3.1　大气湍流中透镜-单模光纤耦合功率相对起伏方差

耦合进单模光纤的光功率相对起伏方差为[16,17]

$$\sigma_{A,V}^2 = \left\langle P_{A,V}^2 \right\rangle \Big/ \left\langle P_{A,V} \right\rangle^2 - 1 \tag{4-62}$$

式中

$$\left\langle P_{A,V} \right\rangle^2 = \left(\left\langle \eta_{A,V} \right\rangle \pi D_A^2 / 4 \right)^2 \tag{4-63}$$

式中，$\left\langle \eta_{A,V} \right\rangle$ 为 von Karman 湍流谱下耦合效率的系统平均。

$$\left\langle P_{A,V}^2 \right\rangle = \iiiint_A \Gamma_{4,V}(\boldsymbol{r}_1,\boldsymbol{r}_2,\boldsymbol{r}_3,\boldsymbol{r}_4,L) U_{f,A}^*(\boldsymbol{r}_1) U_{f,A}^*(\boldsymbol{r}_2) U_{f,A}^*(\boldsymbol{r}_3) U_{f,A}^*(\boldsymbol{r}_4) \mathrm{d}\boldsymbol{r}_1 \mathrm{d}\boldsymbol{r}_2 \mathrm{d}\boldsymbol{r}_3 \mathrm{d}\boldsymbol{r}_4 \tag{4-64}$$

式中，$U_{f,A}(\boldsymbol{r})$ 为接收透镜表面光纤模场分布；$\Gamma_4(\boldsymbol{r}_1,\boldsymbol{r}_2,\boldsymbol{r}_3,\boldsymbol{r}_4,L)$ 为大气湍流中单位单色平面光场的四阶矩，可以表征光功率的抖动程度，也称 CCF[2]。

$$\begin{aligned}
&\Gamma_4(\boldsymbol{r}_1,\boldsymbol{r}_2,\boldsymbol{r}_3,\boldsymbol{r}_4,L) \\
&= \left\langle U(\boldsymbol{r}_1,L) U^*(\boldsymbol{r}_2,L) U(\boldsymbol{r}_3,L) U^*(\boldsymbol{r}_4,L) \right\rangle \\
&= U_0(\boldsymbol{r}_1,L) U_0{}^*(\boldsymbol{r}_2,L) U_0(\boldsymbol{r}_3,L) U_0{}^*(\boldsymbol{r}_4,L) \\
&\quad \times \left\langle \exp(\psi(\boldsymbol{r}_1,L) + \psi^*(\boldsymbol{r}_2,L) + \psi(\boldsymbol{r}_3,L) + \psi^*(\boldsymbol{r}_4,L)) \right\rangle \\
&= \Gamma_2(\boldsymbol{r}_1,\boldsymbol{r}_2,L) \Gamma_2(\boldsymbol{r}_3,\boldsymbol{r}_4,L) \times \exp(E_2(\boldsymbol{r}_1,\boldsymbol{r}_4) + E_2(\boldsymbol{r}_3,\boldsymbol{r}_2) + E_3(\boldsymbol{r}_1,\boldsymbol{r}_3) + E_3^*(\boldsymbol{r}_2,\boldsymbol{r}_4))
\end{aligned} \tag{4-65}$$

式中，$\Gamma_2(\boldsymbol{r}_1,\boldsymbol{r}_2,L)$ 为光场二阶矩。

假设单位单色平面波入射，$U_0(\boldsymbol{r}_1,L) = U_0^*(\boldsymbol{r}_2,L) = U_0(\boldsymbol{r}_3,L) = U_0^*(\boldsymbol{r}_4,L) = 1$ 且 $\bar{\Theta} = \Lambda = 0$，则 $E_2(\boldsymbol{r}_1,\boldsymbol{r}_2)$、$E_3(\boldsymbol{r}_1,\boldsymbol{r}_2)$ 可化简为

$$E_2(\boldsymbol{r}_1,\boldsymbol{r}_2) = 4\pi^2 k^2 L \int_0^\infty \kappa \Phi_n(\kappa) J_0(\kappa \rho_{1,2}) \mathrm{d}\kappa \tag{4-66}$$

$$\begin{aligned}
E_3(\boldsymbol{r}_1,\boldsymbol{r}_2) &= -4\pi^2 k^2 L \int_0^1 \int_0^\infty \kappa \Phi_n(\kappa) J_0(\kappa \rho_{1,2}) \exp\left(-\frac{\mathrm{i}\kappa^2 L \xi}{k} \right) \mathrm{d}\kappa \mathrm{d}\xi \\
&= 4\pi^2 k^2 L \int_0^\infty \kappa \Phi_n(\kappa) J_0(\kappa \rho_{1,2}) \frac{k}{\mathrm{i}\kappa^2 L} \exp\left(-\frac{\mathrm{i}\kappa^2 L \xi}{k} - 1 \right) \mathrm{d}\kappa
\end{aligned} \tag{4-67}$$

将 von Karman 湍流谱代入，记为 $\Gamma_{4,V}(\boldsymbol{r}_1,\boldsymbol{r}_2,\boldsymbol{r}_3,\boldsymbol{r}_4,L)$；将向量积分转化成标量积分并化简，可得

$$\sigma_{A,V}^2 = \frac{\int_0^1\int_0^1\int_0^1\int_0^1\int_0^{2\pi}\int_0^{2\pi}\int_0^{2\pi}\int_0^{2\pi} \exp\left[-a^2(x_1^2+x_2^2+x_3^2+x_4^2)\right] \times \Gamma_{4,V}(x_1,x_2,x_3,x_4,L) x_1x_2x_3x_4 \mathrm{d}x_1\mathrm{d}x_2\mathrm{d}x_3\mathrm{d}x_4\mathrm{d}\theta_1\mathrm{d}\theta_2\mathrm{d}\theta_3\mathrm{d}\theta_4}{\left\{\int_0^1\int_0^1\int_0^{2\pi}\int_0^{2\pi} \exp\left[-a^2(x_1^2+x_2^2)\right] \times \Gamma_{2,V}(x_1,x_2,L) x_1x_2 \mathrm{d}x_1\mathrm{d}x_2\mathrm{d}\theta_1\mathrm{d}\theta_2\right\}^2} - 1 \tag{4-68}$$

式中，$x_i = 2r_i / D_A (i=1,2,3,4)$；$a$ 为耦合参数；$\Gamma_{2,V}(\boldsymbol{r}_1,\boldsymbol{r}_2,L)$ 为 von Karman 湍流谱下平面波的 MCF(式(4-59))；$\Gamma_{4,V}(\boldsymbol{r}_1,\boldsymbol{r}_2,\boldsymbol{r}_3,\boldsymbol{r}_4,L)$ 为同样条件下的 CCF(式(4-65))。

利用 Monte-Carlo 样本平均值法[18](迭代次数 200 万次)对式(4-68)进行仿真。如图 4-8 所示，在中强湍流、相同的相对孔径和通信波长时，随着透镜直径的增大，耦合功率相对起伏方差呈现先减小再增大，最后不断减小的规律。图 4-9 所示为中强湍流、通信距离为 1km，湍流内尺度与耦合功率相对起伏方差关系曲线。可以看出，湍流内尺度对耦合光功率起伏相对方差具有微弱的影响，并且影响趋势不一致，波长较短(λ=650nm)时，耦合功率相对起伏方差随着湍流内尺度的增大而增大；长波长(λ=1550nm)时，耦合功率相对起伏方差随着湍流内尺度的增大而减小。

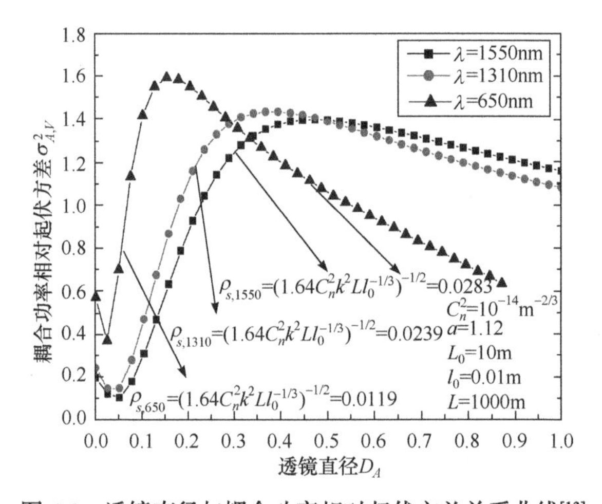

图 4-8　透镜直径与耦合功率相对起伏方差关系曲线[13]

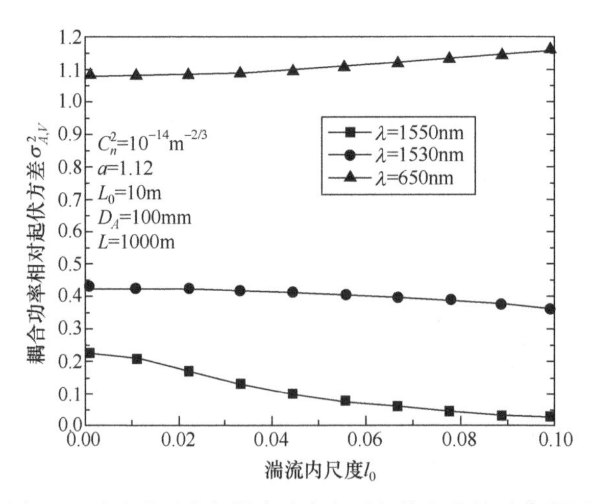

图 4-9　湍流内尺度与耦合功率相对起伏方差关系曲线[13]

4.3.2　实验研究

如图 4-10 所示，设计实验系统验证空间光耦合功率密度概率分布情况。激光光束经过扩束、准直系统发射至湍流大气中，传输一段距离后利用反射镜将光束反射回耦合光学系统表面，通过不同相对孔径的透镜耦合进单模光纤，并在光纤尾端探测功率实时变化情况。只是扩束系统有所区别，为了让光能够完全覆盖直径为 60mm 的单透镜，在湍流外场实验中，利用口径为 105mm 的马卡天线进行准直扩束。

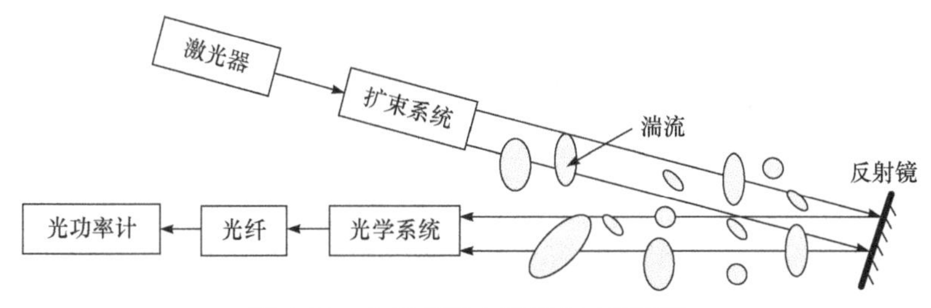

图 4-10　大气湍流中的耦合功率实验

实验于 2016 年 7 月 12 日 21：00～13 日 4：00 在西安理工大学操场进行。实验平台距地面高约 1m，632.8nm 的激光光束折返后在大气中传输 300m，当天温度 27～32℃，微风<2 级。表 4-2 为透镜焦平面处光功率相对起伏方差。焦平面处的光功率变化情况如图 4-11 所示。实验数据均是由 OPHIR 公司的 PD-300UV 光功率计采样得到，采样频率为每秒 1 次，每组数据采样时长为 10min，每组有 600 个采样点。

表 4-2　透镜焦平面处光功率相对起伏方差[13]

编号	相对孔径 D_A/f	实测透镜焦点处光功率相对起伏方差	测量时间
1	10/20 = 0.50	0.0828	12/07/2016 @ 23:35:08
2	20/100 = 0.2	0.1644	13/07/2016 @ 01:05:49
3	60/300 = 0.2	0.0148	13/07/2016 @ 01:19:10

研究发现[18-20]，对于通信距离几千米以内(弱湍流)的无线光通信系统，光功率起伏的概率密度分布函数满足对数正态分布，即

$$p_I(S)=\frac{1}{S\sqrt{2\pi\sigma_I^2(r,L)}}\exp\left[-\frac{(\ln x+\sigma_I^2(r,L)/2)^2}{2\sigma_I^2(r,L)}\right] \tag{4-69}$$

式中，$\sigma_I^2(r,L)$ 为光功率起伏方差；S 为均值归一化后的光功率。

利用对数正态分布对图 4-11 所示的不同直径透镜焦平面处光功率变化实验

数据进行拟合。如图 4-12 所示，实验数据基本满足对数正态分布(式(4.69)，其中 $\sigma_I^2(r,L)$ 为实验数据计算出的相对光功率起伏方差)。

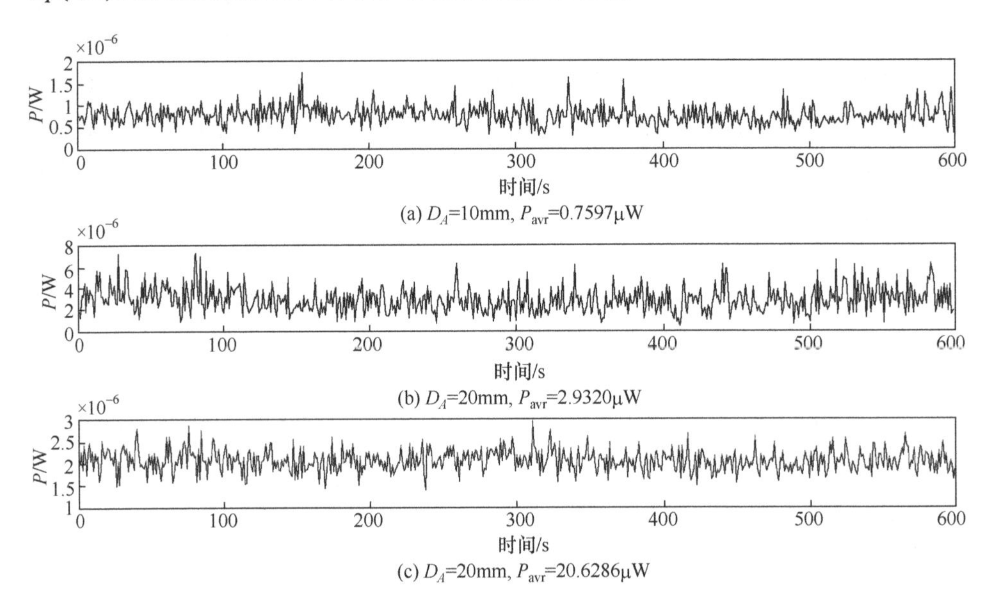

图 4-11　实测透镜焦平面处光功率变化数据[13](λ=632.8nm、L=300m)

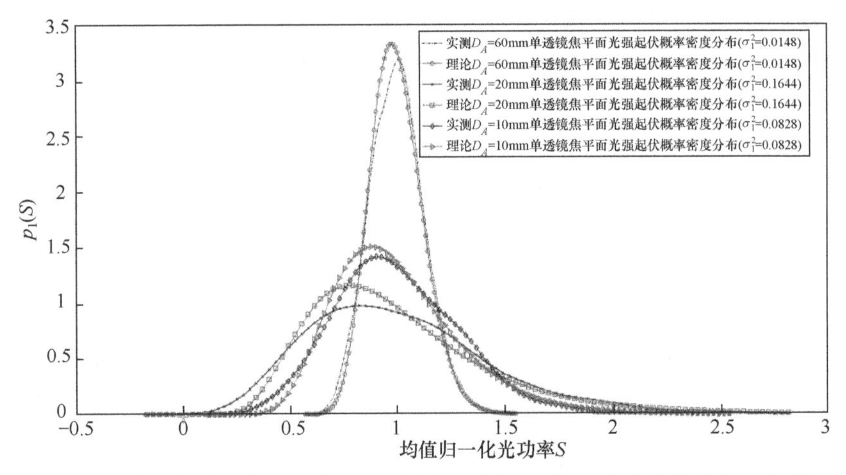

图 4-12　湍流中不同直径透镜焦平面处光功率概率分布(光功率均值归一化)[13]

光纤耦合光功率起伏方差如表 4-3 所示。实测光纤耦合光功率变化数据如图 4-13 所示。如图 4-14 所示，光纤内的光功率概率分布也可近似用对数正态分布描述。对比表 4-2 和表 4-3 中测量时间相近的数据，表 4-2 编号 1 和表 4-3 编号 1、表 4-2 编号 2 和表 4-3 编号 6、表 4-2 编号 3 和表 4-3 编号 7 的光功率起伏方差也几乎一致。可以看出，透镜口径较小时，湍流强度是影响耦合光功率相对方差最关键的因素。从表 4-3 中的理论耦合功率相对方差也可以得出该结论。$C_n^2 = 10^{-16}\text{m}^{-2/3}$ 时，光功率起伏方差明显低于 $C_n^2 = 10^{-14}\text{m}^{-2/3}$ 时的光功率起伏方差。在弱湍流条件下，光功率均值归一化后的光纤耦合功率概率密度分布与透镜焦点处光功率概率密度分布一致，可用对数正态分布近似表征。耦合系统影响耦合功率均值。

表 4-3　光纤耦合光功率起伏方差[13]

编号	相对孔径 D_A/f	理论耦合光功率相对方差		实测光纤耦合光功率相对方差	测量时间
		$C_n^2=10^{-14}$ /$\text{m}^{-2/3}$	$C_n^2=10^{-16}$ /$\text{m}^{-2/3}$		
1	10/20=0.50	0.051	0.0004	0.060	12/07/2016@23:55:15
2	10/30=0.33	0.041	0.0004	0.209	12/07/2016@22:23:21
3	10/40=0.25	0.036	0.0004	0.275	12/07/2016@22:42:31
4	10/75=0.13	0.032	0.0004	0.216	12/07/2016@22:57:05
5	10/100=0.1	0.031	0.0004	0.122	12/07/2016@23:20:57
6	20/100=0.2	0.023	0.0004	0.187	13/07/2016@00:52:59
7	60/300=0.2	0.207	0.0004	0.017	13/07/2016@01:32:04

注：① 利用式(3.68)仿真，取 $L = 300$、$l_0 = 1\text{mm}$、$L_0 = 10\text{m}$。

② 2016 年 7 月 12 日 21:00～13 日 4:00，温度 27～32℃，微风<2 级。

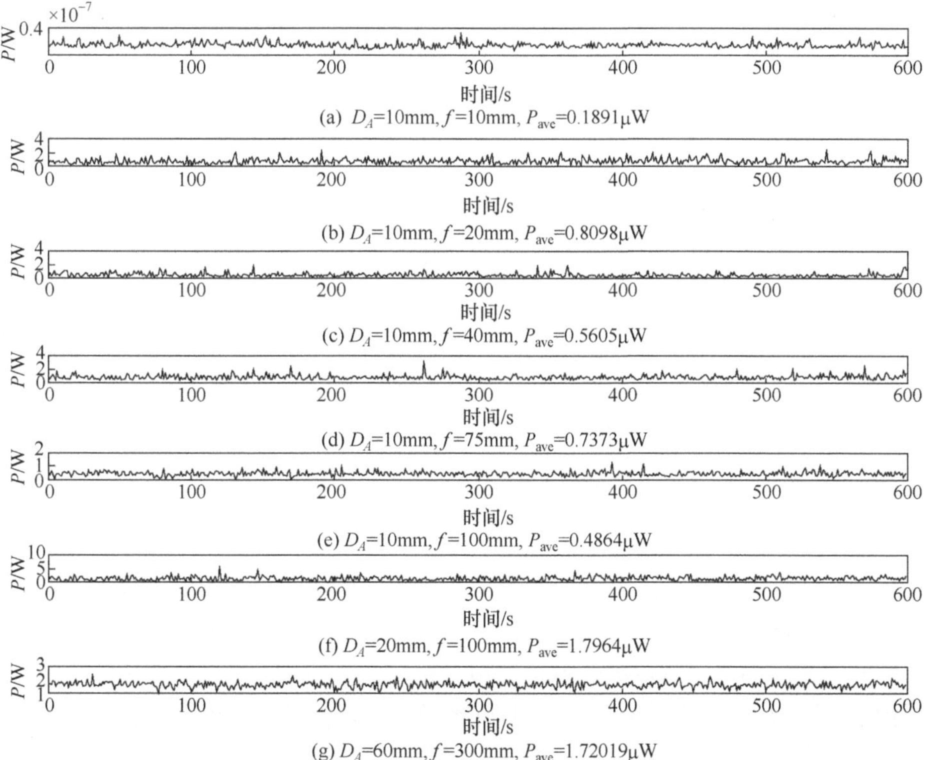

(a) D_A=10mm, f=10mm, P_{ave}=0.1891μW

(b) D_A=10mm, f=20mm, P_{ave}=0.8098μW

(c) D_A=10mm, f=40mm, P_{ave}=0.5605μW

(d) D_A=10mm, f=75mm, P_{ave}=0.7373μW

(e) D_A=10mm, f=100mm, P_{ave}=0.4864μW

(f) D_A=20mm, f=100mm, P_{ave}=1.7964μW

(g) D_A=60mm, f=300mm, P_{ave}=1.72019μW

图 4-13　实测光纤耦合光功率变化数据($\lambda = 632.8\text{nm}$、$L = 300\text{m}$)[13]

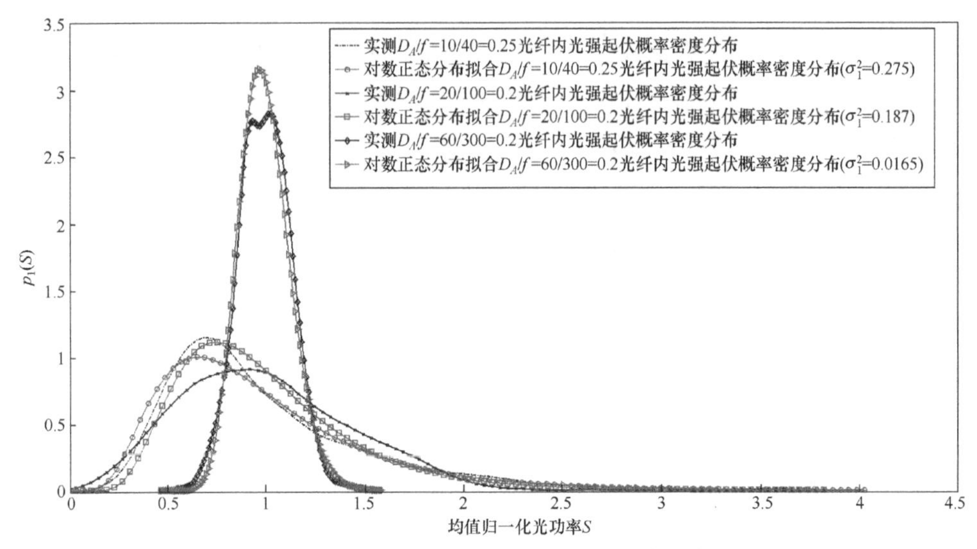

图 4-14　湍流中经不同透镜耦合的耦合光功率概率分布[13]

4.3.3　耦合效率及耦合功率抖动方差对无线光通信系统误码率的影响

BER 是衡量码元在传输过程中出错的概率。忽略光功率在路径上的衰减，采用 OOK 调制时，系统的 BER 可表示为[21,22]

$$\mathrm{BER_{OOK}}=\int_0^\infty p_I(u)\mathrm{erfc}\left[\eta' sPu\left(\frac{1}{2\sigma_n^2}\right)^{1/2}\right]\mathrm{d}u \tag{4-70}$$

式中，η' 为收天线发射效率；s 为光电响应度；P 为平均发射功率；σ_n^2 为系统高斯白噪声的方差；$\mathrm{erfc}(\cdot)$ 为余补误差函数；$p_I(u)$ 为光功率起伏的概率密度分布函数。

基于前面的理论分析，光纤中光功率的概率密度分布函数与焦点处光功率起伏基本一致，只影响光功率的均值。耦合系统采用 OOK 调制时系统的 BER 可表示为

$$\mathrm{BER_{OOK}}=\int_0^\infty p_{I,f}(u)\frac{1}{2}\mathrm{erfc}\left[\eta'\eta_c sPu\left(\frac{1}{2\sigma_n^2}\right)^{1/2}\right]\mathrm{d}u \tag{4-71}$$

式中，η_c 为耦合效率；$p_{I,f}(u)$ 为光纤中光功率概率密度分布函数，弱湍流时用对数正态分布近似。

如图 4-15 所示，随着耦合光功率相对起伏方差的增大和耦合效率的下降，系统 BER 不断增大，所以工程上需要不断探索减小耦合光功率相对起伏方差和提高耦合效率的方法。

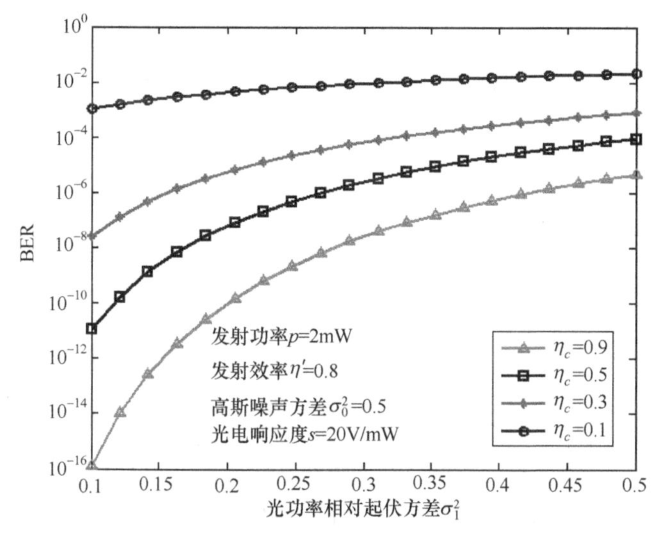

图 4-15　弱湍流下耦合系统对无线光系统 BER 的影响[13]

4.4　大气湍流中透镜阵列的空间光耦合

如图 4-16 所示，透镜和阵列耦合系统的主要区别在于，透镜耦合是将入射在该透镜表面的光能量耦合进一根光纤；阵列耦合则是将照射在 N 个有效阵列单元上的光分别耦合进 N 根等长且相互独立的光纤[23]。其中，阵列中的有效单元也是透镜，只是半径和焦距与透镜耦合系统有区别。为了验证湍流中的阵列透镜具有较好的抑制湍流的能力，设计如图 4-17 所示的等面积透镜和透镜阵列结构进行对比。其中，图 4-17(a)是直径为 D_A、焦距为 f 的单透镜；图 4-17(b)是总直径为 D_A，阵列单元透镜直径为 $d_A = D_A/3$、焦距为 $f/3$ 的单透镜阵列。可以看出，两种结构的总面积相同；单透镜和透镜阵列单元的相对孔径(D_A/f)相同，对于同一波长入射并耦合进同一种光纤的耦合结构而言，可以保证耦合参数 a 也是一致的。对

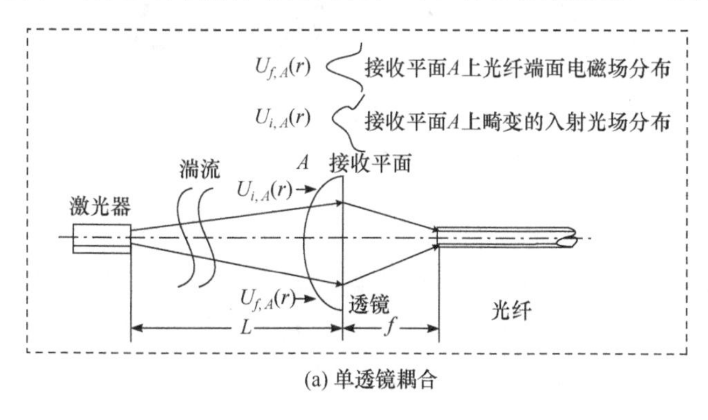

(a) 单透镜耦合

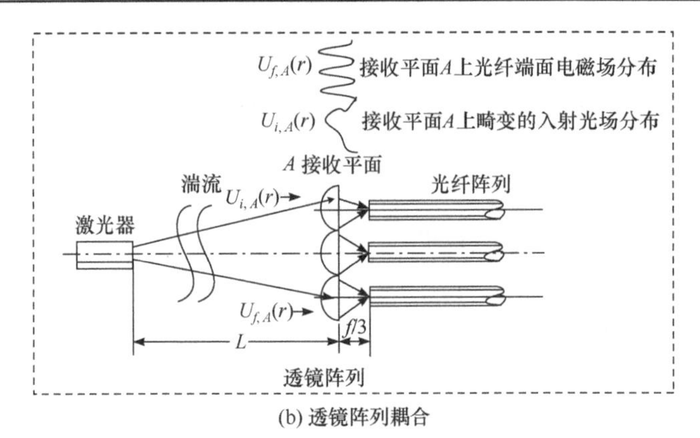

(b) 透镜阵列耦合

图 4-16　湍流中透镜和阵列耦合意图[13]

于图 4-17(b)所示的阵列而言，当光斑完全覆盖阵列表面时，需考虑阵列有效面积占有率 η_s (非阴影区域)。图 4-17(b)所示的阵列结构为

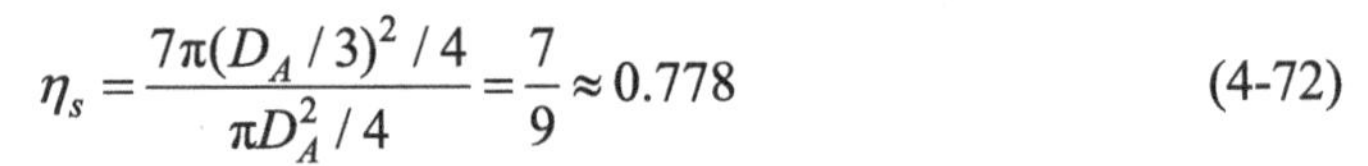

$$\eta_s = \frac{7\pi(D_A/3)^2/4}{\pi D_A^2/4} = \frac{7}{9} \approx 0.778 \tag{4-72}$$

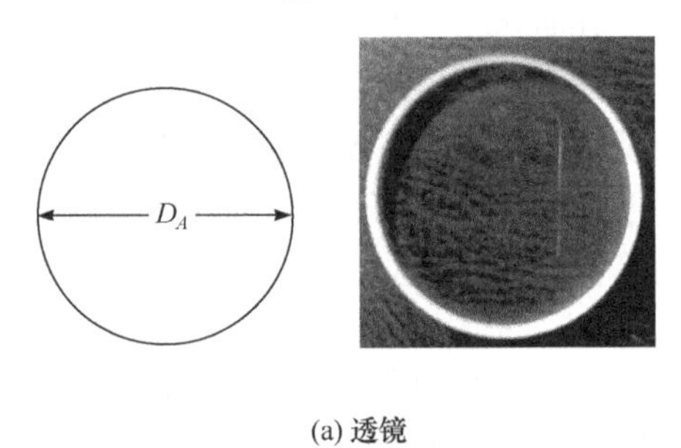

(a) 透镜

(b) 透镜阵列

图 4-17　等面积透镜和阵列示平面图

4.4.1　耦合效率

忽略透镜像差、反射损耗、吸收损耗，利用式(4-60)可对图 4-17(a)所示的单透镜在 von Karman 湍流谱下进行耦合效率分析。对于图 4-17(b)所示的透镜阵列结构而言，平面光场 MCF 只与径向向量之间的距离有关，因此可以单独计算每

个阵列单元的耦合效率。考虑阵列单元有效面积占有率$\eta_s \approx 0.778$，当单色平面波入射时，则 von-Karman 湍流谱下透镜阵列的耦合效率的系统平均为

$$\langle \eta_{Z,V} \rangle = \eta_s \left| \frac{8a^2}{\pi} \int_0^1 \int_0^1 \int_0^{\pi} \exp\left[-a^2(x_1^2+x_2^2)\right] \times \exp\left\{-\frac{A_R}{A_{C,V}} N(x_1,x_2,\theta)\left[(1+GN(x_1,x_2,\theta))^{-\frac{1}{6}} - C\right]\right\} x_1 x_2 \mathrm{d}\theta \mathrm{d}x_1 \mathrm{d}x_2 \right|_{D_A=d_A} \tag{4-73}$$

式中，$\eta_s \approx 0.778$为阵列单元有效面积占有率；$|\cdot|_{D_A=d_A}$为式(4-60)中的D_A代入阵列单元透镜直径d_A计算的，对于图 4-17(b)所示透镜阵列结构而言，$d_A = D_A / 3$。

图 4-18 所示为利用式(4-73)和式(4-60)仿真的中强湍流时等面积透镜和透镜阵列耦合效率曲线。

(1) 当通信距离较短时，阵列的耦合效率低于等面积的单透镜。这是因为透镜阵列存在一定的间隙，有效面积的有效占有率仅有 0.778，无法将入射到孔径平面内的光束全部耦合进光纤。

(2) 随着通信距离的增大，湍流强度的增强。由于阵列单元透镜直径为单透镜直径的 1/3，则透镜表面的散斑数量$A_R / A_{C,V}$仅为单透镜的 1/9。这将使阵列的耦合效率随通信距离的增大而缓慢下降。在湍流中传输超过一定距离后，阵列整体的耦合效率将高于等面积的单透镜。当透镜和透镜阵列的直径都为 30mm(阵列单元透镜直径为 10mm)时，$\lambda = 650\text{nm}$，通信距离$L > 400\text{m}$时，$\lambda = 1310\text{nm}$，通信距离$L > 2413\text{m}$时，$\lambda = 1550\text{nm}$，透镜阵列的耦合效率将高于单透镜。

考虑实验验证的便利，由于两种结构的面积相同，入射在透镜和透镜阵列面上的平均光功率相同。定义阵列相对于透镜的功率提升系数K为

$$K = \eta_Z / \eta_A = \langle P_Z \rangle / \langle P_A \rangle \tag{4-74}$$

式中，$\langle P_Z \rangle$为耦合进阵列内部的平均光功率；$\langle P_A \rangle$为耦合进透镜内部的平均光功率。

在无线光通信系统中，由于准直系统的准直能力有限，在接收端光斑面积较大，很难直接测出到达接收孔径表面的光功率，并且光学系统各个端面都存在反射损耗，因此实际耦合效率测量困难。在实验系统中，可以利用耦合进光纤内部功率均值的比值，即功率提升系数来衡量透镜和阵列耦合效率的变化趋势。如图 4-19 所示，将式(4-73)和式(4-60)代入式(4-74)，变化通信距离并进行数值仿真，可以得出功率提升系数与通信距离的关系曲线。当$K > 1$时，耦合进阵列的光功率就会超过透镜的耦合光功率，得出与图 4-18 一致的结论。

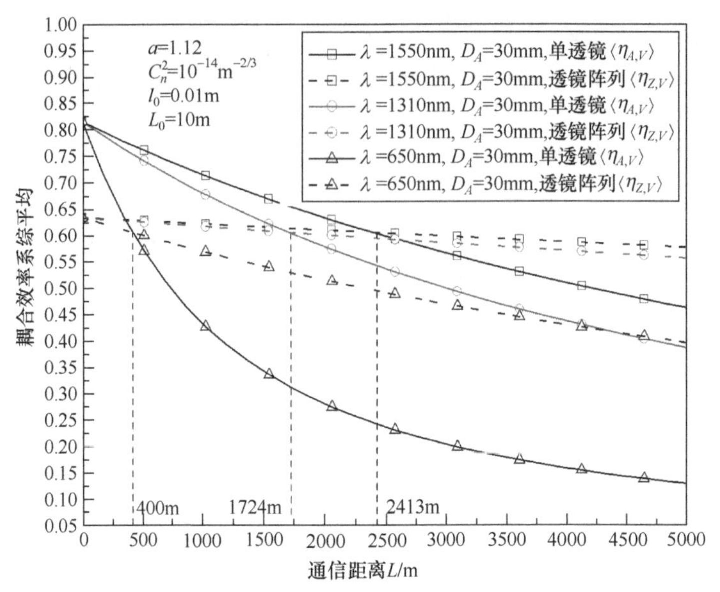

图 4-18　中强湍流下透镜及透镜阵列耦合效率曲线[13]

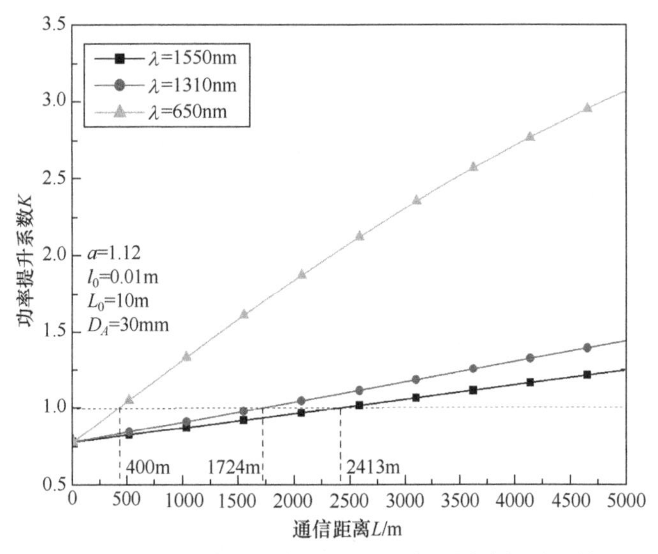

图 4-19　中强湍流下阵列相对于透镜的功率提升系数

如图 4-20 所示，当通信波长为 650nm，湍流强度超过 $1.14\times10^{-15}\text{m}^{-2/3}$ 时，通信波长为 1310nm，湍流强度超过 $3.75\times10^{-15}\text{m}^{-2/3}$ 时，通信波长为 1550nm，湍流强度超过 $5.3\times10^{-15}\text{m}^{-2/3}$ 时，阵列的耦合效率将高于等面积单透镜。上述三种湍流强度都在中强湍流的范围，因此透镜阵列可应用于远距离且湍流强度较大的无线光系统[15]。

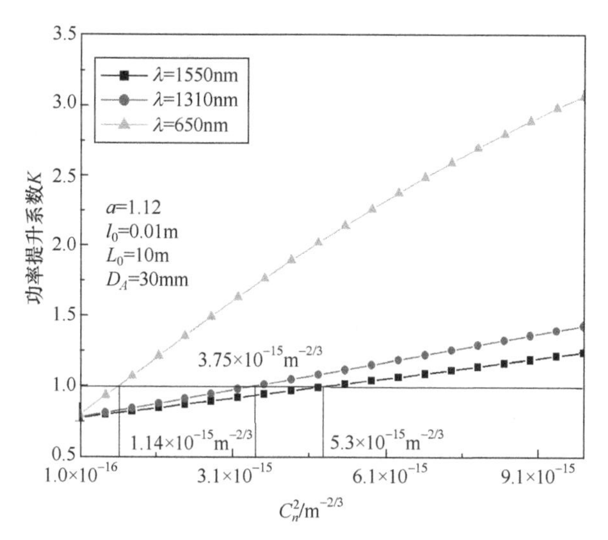

图 4-20　通信距离为 5km 时，阵列相对于透镜的功率提升系数

4.4.2　耦合实验

透镜阵列和透镜耦合实验系统如图 4-21 所示。利用马卡天线对光束进行准直扩束，使其在接收端可以完全覆盖并列放置的阵列和透镜耦合系统。为了对准方便，减低阵列的加工精度(单模光纤径向对准误差<2.2μm)，使用芯径为 1mm 的多模光纤进行外场实验。实验场地一为西安理工大学东门至足球场南侧，直线距离为 407m，使用功率为 10mW，波长为 650nm 的半导体激光器。实验场地二为西安理工大学教六楼 820 实验室到西安市东二环凯森福景雅苑 16 层的楼道，直线距离为 1.3km，使用功率为 30mW，波长为 650nm 的半导体激光器。实验时间分别为 2014 年 12 月 13 日和 14 日。在实验场地一，0～400m 范围内每隔 50m 测量一次透镜阵列和透镜耦合系统尾纤的光功率在 1min 内的均值。在实验场地二，进行一次高空远距离实验。实验中，透镜阵列的有效单元为直径 10mm、焦距 50mm 的单透镜，由 7 片组成。该阵列结构的总直径 30mm。透镜耦合系统是直径为 30mm、焦距为 150mm 的单透镜。

由于实验中的湍流强度不可知，采用同样的调试方法，从表 4-4 可以明显看出，使用单透镜耦合结构耦合进光纤的功率下降速度明显较快。实验场地二的实验数据直接证明耦合进透镜阵列的光功率均值明显高于等面积单透镜。在远距离强湍流下，透镜阵列的耦合效果明显优于等面积单透镜的耦合效果。

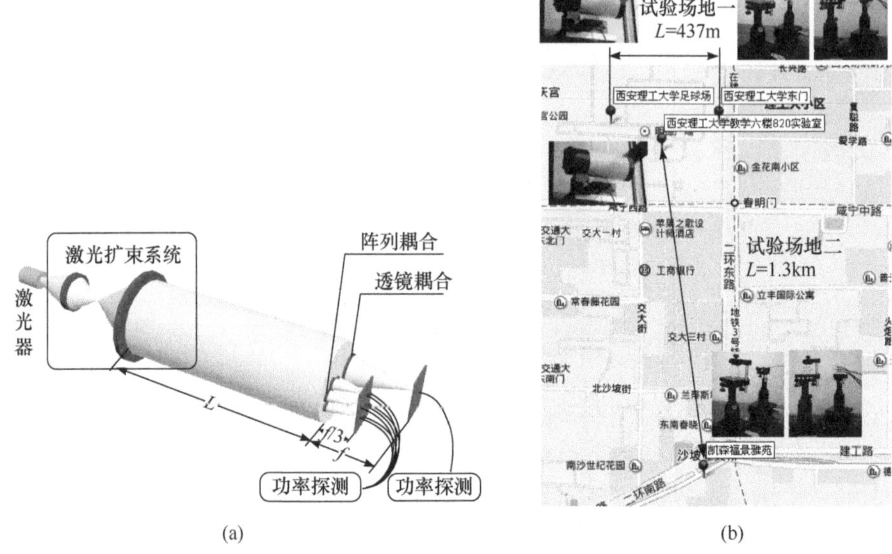

(a)　　　　(b)

图 4-21　透镜阵列和透镜耦合实验系统

表 4-4　理论与实测功率提升系数表

激光功率	传输距离/m	理论计算功率提升系数 K		实验测得的功率提升系数 K		
		$C_n^2=10^{-14}\text{m}^{-2/3}$	$C_n^2=10^{-16}\text{m}^{-2/3}$	$\langle P_Z\rangle$ 阵列 /mW	$\langle P_T\rangle$ 透镜 /mW	$\langle P_Z\rangle/\langle P_T\rangle$
10mW $\lambda=650$nm	50	0.80	0.7778	1.21	1.57	0.77
	100	0.82	0.7778	1.03	1.39	0.74
	150	0.85	0.7778	0.85	1.13	0.75
	200	0.88	0.7787	0.68	0.86	0.79
	250	0.91	0.7787	0.47	0.64	0.73
	300	0.95	0.7787	0.29	0.35	0.83
	400	1.02	0.7797	0.17	0.19	0.89
30mW	1300	1.68	0.7807	2.77	2.67	1.03

本章对大气湍流条件下，空间平面波经透镜和透镜阵列耦合进单模光纤的耦合效果进行分析，得出如下结论。

(1) 在湍流大气中，空间平面波-单透镜-单模光纤耦合结构的耦合效率和透镜直径与大气相干长度之比成反比。

(2) 在湍流大气中，空间平面波-单透镜-单模光纤耦合结构的耦合光功率起伏相对方差随湍流强度的增大而增大。当传输距离和湍流强度一定时，耦合光功率起伏相对方差随透镜直径的增大呈现先减小后增大，再减小的趋势。

(3) 实验验证了弱湍流情况下，耦合功率概率密度分布函数服从对数正态分布；选择合适的透镜结构，耦合结构只影响耦合功率均值，并不影响耦合光功率起伏相对方差的大小，且方差大小与透镜焦平面光功率闪烁大小一致。

(4) 透镜阵列的耦合效率在传输距离超过一定范围或者湍流强度超过一定数值后，阵列耦合结构的耦合效率将大于等面积单透镜耦合结构。

参考文献

[1] 饶瑞中. 光在湍流大气中的传播. 合肥: 安徽科学技术出版社, 2005.

[2] Andrews L C, Phillips R L. Laser Beam Propagation through Random Media. Washington: Oxford University Press, 2005.

[3] 石丸. 随机介质中波的传播和散射. 黄瑞恒, 译. 北京: 科学出版社, 1986.

[4] Parry G, Pusey P N K. Distributions in atmospheric propagation of laser light. Journal of the Optical Society of America, 1979, 69(5): 796-798.

[5] 王利国. 湍流大气中激光波束目标回波特性. 西安: 西安电子科技大学, 2014.

[6] von Karman. Propagation data required for the design of earth space systems operating between 20THz and 375THz. Geneva:ITU-R Recommendations, ITU-R P.1621, 2005.

[7] 张逸新. 随机介质中光的传播与成像. 北京: 国防工业出版社, 2002.

[8] Tatarskii V I. Wave Propagation in A Turbulent Medium.New York: Dover Publication, 1961.

[9] Tan L Y, Zhai C, Yu S Y, et al. Fiber-coupling efficiency for optical wave propagating through non-Kolmogorov turbulence. Optics Communications, 2014, 23(6): 291-296.

[10] Yama D, Davidson F M. Fiber-coupling efficiency for free-space optical communication through atmospheric turbulence. Applied Optics, 2005, 44(23): 4946-4952.

[11] Andrews L C. Special Functions of Mathematics for Engineers. 2nd Ed. Washington: Oxford University Press, 1992.

[12] Andrews L C, Vester S. Analytic expressions for the wave structure function based on a bump spectral model for refractive index fluctuations. Journal of Modern Optics, 1993,40(5): 931-938.

[13] 雷思琛. 自由空间光通信中的光耦合及光束控制技术研究. 西安: 西安理工大学, 2016.

[14] 梅海平, 吴晓庆, 饶瑞中, 等. 不同地区大气光学湍流内外尺度测量. 强激光与粒子束, 2006, 18(3): 362-366.

[15] Tatarskii V I. Wave Propagation in A Turbulent Medium. New York: McGraw-Hill, 1961.

[16] 向劲松. 采用光纤耦合及光放大接收的星地光通信系统及关键技术. 成都：电子科技大学, 2007.

[17] 覃智祥. 大气湍流对空间光-单模光纤耦合效率影响研究. 哈尔滨：哈尔滨工业大学，2010.

[18] Wang M L，Heng Y. The sample mean monte carlo method for approximal integral using measure theory. Journal of South China Normal University, 2001, (1): 50-52.

[19] 李菲, 吴毅, 侯再红. 湍流大气光通信系统误码率分析与实验研究. 光学学报, 2012, 39(6): 28-33.

[20] Durbin P A, Reif B A P. Statistical Theory and Modeling for Turbulent Flows. Hoboken: John

Wiley & Sons, 2011.

[21] 姬瑶, 岳鹏, 闫瑞青, 等. 弱湍流下斜程大气激光通信误码率分析. 西安电子科技大学学报(自然科学版), 2016, 43(1): 66-70.

[22] Du W H, Chen F Z, Yao Z M, et al. Influence of Non-Kolmogorov turbulence on bit-error rates in laser satellite communications. Journal of Russian Laser Research, 2013, 34(4): 351-355.

[23] 雷思琛, 柯熙政. 大气湍流中透镜阵列的空间光耦合效率研究. 中国激光, 2015, 42(6): 179-186.

第 5 章　光纤耦合自动对准系统

空间光耦合技术是无线光通信系统的关键技术之一[1-14]。高效率的耦合能够直接提高通信质量，采用自动对准的方式能够大大降低耦合对准的难度。本章设计基于压电陶瓷的光纤耦合自动对准闭环装置，将压电陶瓷、驱动电路、控制器、光电探测器等外设器件构成光电回路，采用模拟退火(simulated annealing，SA)算法实现空间光到光纤耦合的自动对准。

5.1　自动对准系统

本章设计空间光耦合自动对准系统，包括压电陶瓷供电电源、压电陶瓷驱动电路，以及运算放大电路的设计。

5.1.1　自动对准系统原理

空间光-单模光纤耦合技术的重点在于寻找光斑处于光纤端面的精确位置。它通过驱动二维压电陶瓷来控制光纤，施加在压电陶瓷上的电压使之产生微米量级内的运动，从而带动光纤使其位置产生变化，结合模拟退火算法实现空间光-光纤耦合自动对准，精确定位实现自动寻找最佳耦合点；模拟退火算法接受 Metropolis 准则，能够以一定的概率接收一些使结果变差的边沿状态，即使系统有可能从局部最小处跳出，进而求得全局最优值。该空间光耦合自动对准系统的压电陶瓷驱动电路精度高、压电陶瓷固定方式可靠，对光纤耦合的研究具有非常重要的意义。

空间光-光纤耦合自动对准系统如图 5-1 所示。该系统主要包含光源、光学系统、光纤，用于对准的控制系统-二维压电陶瓷、反馈系统和控制算法，通过光电探测器获取电压作为评价指标来实时反馈电压，进而驱动二维压电陶瓷，形成一套完整的光电闭环控制系统。压电陶瓷是一种能将电能量转化为机械能的材料，根据施加到压电陶瓷上的电压使压电晶体产生伸缩变化，从而带动压电陶瓷产生位移。具体工作原理是，在光纤的耦合端固定二维压电陶瓷和光纤，压电陶瓷带动光纤产生微位移；将耦合进入光纤的光信号作为输出端作用到光电探测器的表面，完成光电转化。控制单元依据光电探测器探测电信号的强弱，并采用优化算法，输出电压信号指令，作用于压电陶瓷，产生的电压带动粘贴在二维压电陶瓷的光纤端面产生位移，从而找到最佳的耦合位置。控制过程是将从光电探测器出来的电压信号的具体数值作为反馈量，结合模拟退火算法控制二维压电陶瓷的运动，实时调整光纤位置，使光场与模场实时匹配，达到最大耦合效率。

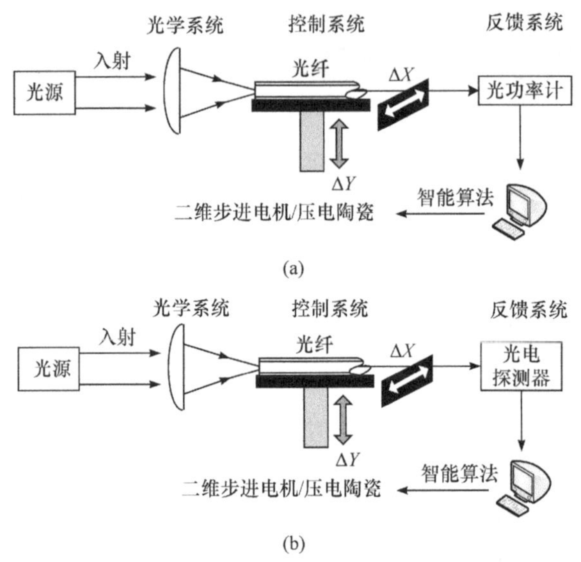

图 5-1　空间光-光纤耦合自动对准系统

5.1.2　自动对准系统组成

系统硬件模块设计图如图 5-2 所示。从系统整体功能上考虑，系统可分为数据采集模块、数据处理模块和压电陶瓷驱动模块。数据采集模块负责实时将光电探测器出来的电压采集进单片机，将数字量转化为对应的模拟电压，实现数模转化，输出的高阻抗小电压信号利用放大电路处理，得到满足驱动范围的输出控制电压，来驱动压电陶瓷(记为 PZT)，其中电压放大电路提供比例放大环节。数据处理器模块负责接收采集的数据，并进行算法处理，然后输出放大，反馈给压电陶瓷驱动电路。压电陶瓷驱动模块将电压施加到压电陶瓷两端，使其发生微位移。

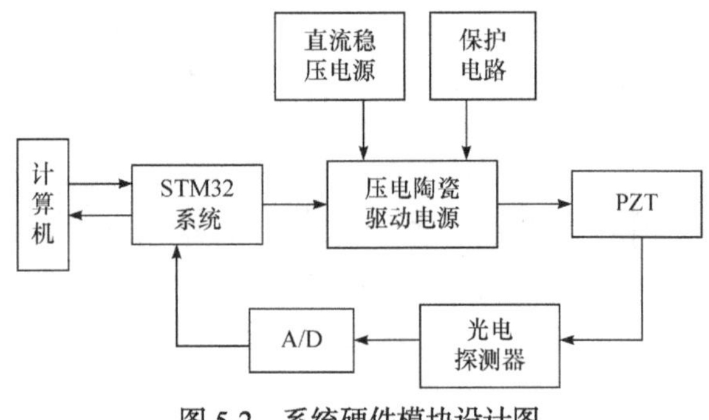

图 5-2　系统硬件模块设计图

控制系统为能够捕捉此微位移信号采用光电探测器，光电探测器将光信号转化为电信号，再次送到单片机形成一套闭环系统。

5.1.3　压电陶瓷

压电陶瓷是根据其自身内部的压电效应，将电能转化为机械能的特殊陶瓷材料。压电陶瓷具有压电性、自发极化和介电性等性质。根据改变施加在压电陶瓷上外加电场的大小和方向，使压电陶瓷产生不同程度的位移形变。由于压电陶瓷的电介质性，当外加的电场发生变化时，若外加电场与压电陶瓷的极化同向，极化强度增强，因此会使压电陶瓷朝着极化方向产生一定的位移，且位移量的大小与施加到压电陶瓷上的电压成正比；反之，若加反向电压，则朝反方向移动。通过对压电陶瓷的精密位移调节，改变压电陶瓷内部电荷分布的转向，即可达到调节光纤耦合的目的。

5.2　控制算法基本原理

5.2.1　模拟退火算法基本原理

模拟退火算法[15]是一种基于 Monte Carlo 迭代求解策略的随机寻优算法[14]。它使系统有可能从局部最小处跳出，即能克服优化过程陷入局部极小，或者使系统克服初值依赖性。模拟退火方法以 Metropolis 概率准则，在可行解的空间内进行随机搜索，反复抽样比较两次评价函数的差值，从而决定是否保留新的解，进而得到全局最优。其中，模拟退火算法的关键在于 Metropolis 准则。该准则以一定的概率接收一些使结果变差的边沿状态，从而跳出局部最优。模拟退火算法相对于其他优化算法，对于目标函数的要求并非苛刻，能够在较大的概率下求最优解，同时陷入局部最优解的概率低。对于连续型变量或者离散型变量均适用，同时对于目标函数和限制条件并没有任何要求。

5.2.2　模拟退火算法的流程

模拟退火算法求最大值流程如图 5-3 所示。当系统处于状态 x_{old} 时，由于受到外界影响产生扰动后，其状态变为 x_{new}，而系统的目标函数也会从 $f(x_{\text{old}})$ 变成 $f(x_{\text{new}})$，系统由状态 x_{old} 变为状态 x_{new} 的接受概率 P[16]，即

$$P=\begin{cases}1, & f(x_{\text{new}})\geqslant f(x_{\text{old}})\\ \exp\left(-\dfrac{f(x_{\text{new}})-f(x_{\text{old}})}{T}\right), & f(x_{\text{new}})<f(x_{\text{old}})\end{cases} \tag{5-1}$$

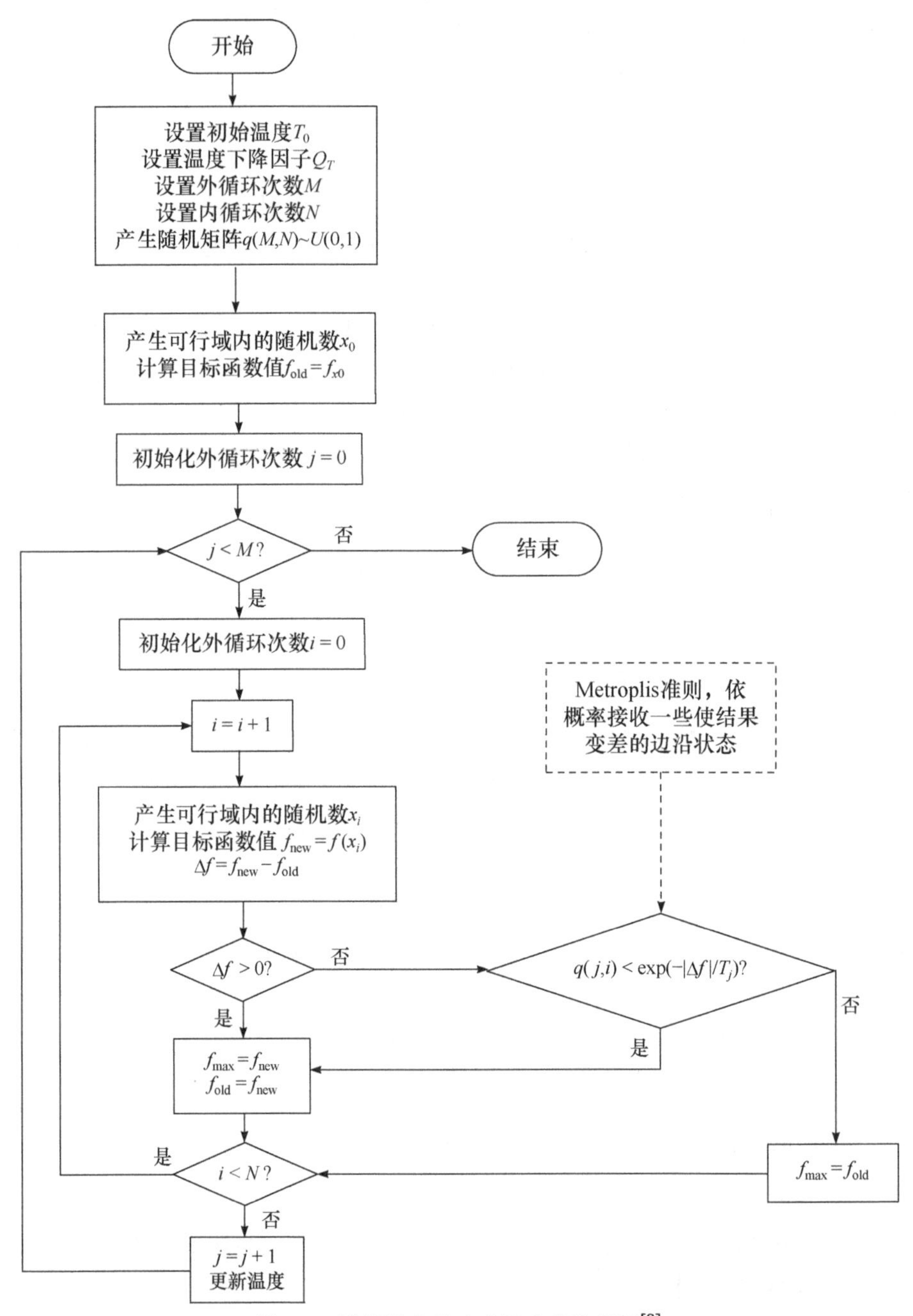

图 5-3　模拟退火算法求最大值流程图[8]

如果两个目标函数的差值$\Delta f\geqslant 0$，则接收x_{new}的状态为当前状态；如果两个目标函数的差值$\Delta f<0$，则根据 Metropolis 准则依概率接收一些使结果变差的边沿

状态，判断是否接收 x_{new} 的状态为当前状态。产生(0～1)均匀分布的随机数 q，比较根据 Metropolis 准则，即式(5-1)计算的随机数 p 和 q 的大小，根据两者的值进行下一步状态的运行处理。当 $p>q$ 时，接收 x_{new} 的状态为当前状态；否则，继续保留状态 x_{old} 为当前状态。p 和 q 多次进行比较和状态迁移后，就达到当前温度的平衡状态。然后，继续降低温度，寻找每个当前温度下的平衡状态。重复上述过程，即使最终“退火”的温度接近零，这就是跳出局部极值获得最大值的过程。

对于压电陶瓷，由于满量程为 30V，因此可以认为 x 方向和 y 方向在施加电压为 15V 时，对于空间态的左右、上下具有等对称性的调节范围。光纤耦合效率体现在光功率的输出，那么经过光电线性转化和嵌入式系统的 AD 采集的数值，即可作为目标函数的评价指标。当目标函数达到最大值时，即可认为光纤耦合效率达到最大。实际的退火模拟算法应用于光纤耦合系统的步骤如下。

(1) 给定 DA 两路输出均为 1.5V，经放大后输出为 15V。

(2) 采集此时光电转化器输出的电信号，并做 AD 采集，记为 AD1。

(3) 给 x 方向一个定步长试探，设试探方向为 x 正方向，采集此时的光电转化信号，并做 AD 采集，记为 AD2。

(4) 比较 AD1 和 AD2 的大小，若 AD2 > AD1，则继续在 x 正方向施加电压；若 AD2 < AD1，则根据 Metropolis 准则以概率 p 在 x 正方向施加电压，以概率 $1-p$ 在 x 负方向施加电压。

(5) 以同样的方式对 y 方向进行试探，完成一次完整的退火模拟迭代。

(6) 通过多次迭代，给定一个阈值，当|AD2−AD1|小于阈值时，停止迭代，此时光纤所处的位置即最佳耦合位置。

5.2.3　模拟退火算法特点

模拟退火算法相对于其他优化算法具有以下特性[16,17]。

(1) 模拟退火算法根据 Metropolis 准则允许有限度地接受更多使目标函数“恶化”的解，使算法跳出局部极值点，进而找到最优解。Metropolis 准则假设，在状态 x_{old} 时，由于外界因素其状态变为 x_{new}，系统的能量也从 $E(x_{old})$ 变成 $E(x_{new})$，系统由状态 x_{old} 变为状态 x_{new} 的接收概率为[16]

$$P=\begin{cases}1, & E(x_{new})\geqslant E(x_{old})\\ \exp\left(-\dfrac{E(x_{new})-E(x_{old})}{T}\right), & E(x_{new})<E(x_{old})\end{cases} \tag{5-2}$$

当上一时刻的能量小于当前时刻的能量时，会以概率 1(即完全)接收当前的状态；当上一时刻的能量大于当前时刻能量时，会以概率 P 接收当前的状态，即有利于跳出局部极值点，进而求得全局最优值。

(2) 模拟退火算法引入退火温度 $T(t)$ 参量，在刚开始温度高时，算法有限度地接受更多使目标函数“恶化”的解，这有利于跳出局部极值点。伴随着降温的过程，算法逐渐趋于最优解，所以整个过程中有可能以较大的概率找到全局最优解。假设 $T(t)$ 表示时刻 t 的温度，降温过程函数可表示为[16]

$$T(t)=\frac{T_0}{\ln(1+t)} \tag{5-3}$$

为了简化算法复杂度，Ingber[18]提出的近似模拟解的降温过程的函数表达式为

$$T(t)=\frac{T_0}{1+t} \tag{5-4}$$

无论是经典算法还是快速算法，都能使该算法达到全局最大点。当高温开始时，算法有限度地接受更多使目标函数“恶化”的解，这有利于跳出局部极值点；当降低温度时，算法慢慢达到全局最优，进而达到一种平稳的状态。

(3) 模拟退火算法相对于其他优化算法，能够以较低的算法复杂度在较短的时间内寻找到最优解；对硬件配置的要求更低；能够以较低的概率陷入局部最优解，以较大的概率找到全局最优值；适用于多种最优化组合问题，对于目标函数和限制条件要求相对宽松[19]。

5.2.4　随机并行梯度下降算法

1. 随机并行梯度下降算法

SPGD 算法是美国陆军研究实验室 20 世纪末提出的。该算法在每次迭代过程中都会确定一个搜索方向，其中将目标函数的负梯度方向定为它的搜索方向，并且在每一次的迭代过程中会前进一个步长，最终达到逼近目标函数极值的目的。

为了增大梯度估计的精度，将一个正向扰动和一个负向扰动各自加在控制的参量上，这种方式称为双边扰动。加完正向和负向扰动后再测量系统的性能指标，记录性能指标的变化差值，最终系统的性能指标梯度估计就是这个差值。在具体的使用中，当差值为负时，目标函数的优化朝向极大方向；当差值为正时，目标函数的优化朝向极小方向。实验评价的指标为耦合进单模光纤中的光功率，所以目标函数差值的取值为负值。SPGD 算法在神经网络和自动控制等领域得到广泛的应用，这里也采用此算法。

2. 随机并行梯度下降算法流程图

光纤耦合自动对准的器件控制量是电压信号。SPGD 算法的流程如图 5-4 所示。

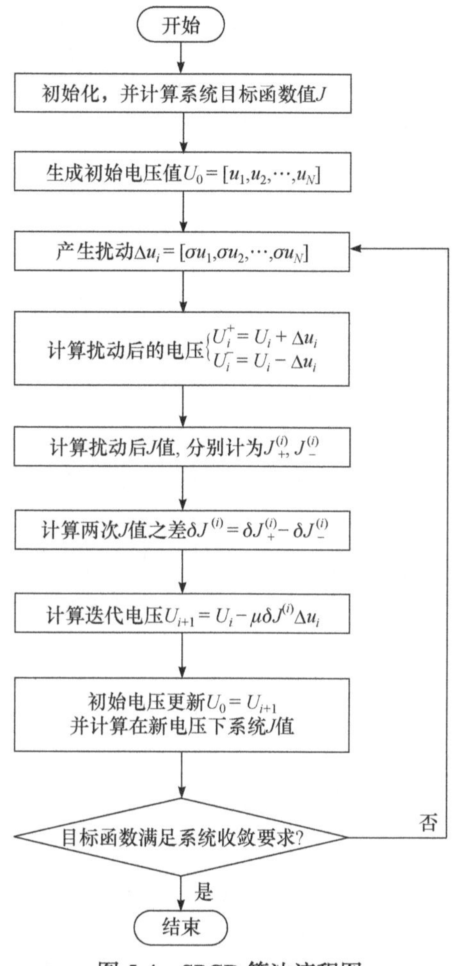

图 5-4　SPGD 算法流程图

SPGD 算法的步骤如下。

(1) 初始化。随机生成一组初始控制电压信号 $U_0=[u_1,u_2,\cdots,u_N]$，其中 u_N 对应 DA 模块第 N 通道的输出电压。

(2) 生成一组随机扰动的电压信号 $\Delta u_i=[\sigma u_1,\ \sigma u_2,\cdots,\sigma u_N]$，其中 σu_N 对应第 N 通道的随机扰动电压，电压信号 Δu_i 是相互独立的，并且服从伯努利分布。

(3) 将电压序列 $U_0+\Delta u_i$ 加载到执行器压电陶瓷上，将反馈的耦合光功率作为系统评价函数，记为 $J_+^{(i)}$。

(4) 将电压序列 $U_0-\Delta u_i$ 加载到执行器压电陶瓷上，将反馈的耦合光功率作为系统评价函数，记为 $J_-^{(i)}$。

(5) 计算评价函数变化量 $\delta J^{(i)}=J_+^{(i)}-J_-^{(i)}$。

(6) 控制电压更新。根据 $U_{i+1}=U_i-\mu\delta J^{(i)}\Delta u_i$ 更新控制电压，计算 U_{i+1} 对应的系统性能评价函数值，如果 $J^{(i+1)}$ 不能满足系统的需求，那么重复(2)～(6)，直到满足系统对评价函数的要求，其中 μ 为迭代步长的参数。

5.2.5 随机并行梯度下降算法不同参数仿真

1. 固定增益随机并行梯度下降算法

从 SPGD 算法的实现过程可知，增益系数 μ 是算法迭代中重要的参数，以耦合效率作为算法的评价函数，数值模拟空间光耦合自动对准过程。由于径向误差对耦合效率的影响最为敏感，在进行空间光-单模光纤耦合时，调节径向误差也最为重要。由于在空间光-单模光纤耦合对准的具体操作始终会有对准误差且单模光纤的径向对准误差不能超过 10 μm，因此将初始对准误差的误差范围设置为 $\Delta x\in(-10^{-5},10^{-5})\text{m}$ 和 $\Delta y\in(-10^{-5},10^{-5})\text{m}$，选择波长为 1550nm，透镜直径为 2cm，数值孔径设为 0.211，算法扰动设为 0.002，在迭代次数为 200 次的算法结束条件下，讨论不同增益系数 μ 对算法性能的影响。图 5-5 所示为不同增益系数下光纤耦合效率随迭代次数变化曲线。

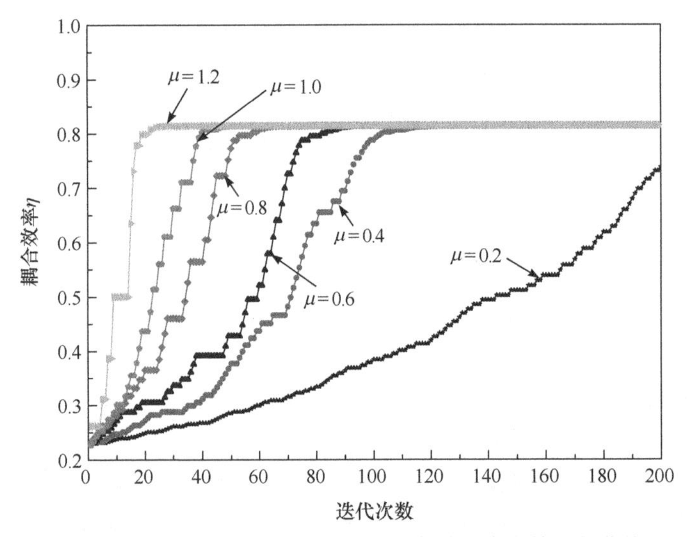

图 5-5　不同增益系数下光纤耦合效率随迭代次数变化曲线

可以看出，当增益系数 $\mu=0.2$ 时，算法收敛速度较慢，在迭代条件终止前无法实现收敛到极值，当增益系数 $\mu=0.4$、$\mu=0.6$、$\mu=0.8$、$\mu=1.0$、$\mu=1.2$ 时，随着增益系数的增大，算法的收敛速度也随之加快，但是耦合效率的波动也将变大，因此需要在实际应用系统中选择合适的增益系数，以实现较快的收敛速度和较好的系统稳定性。

2. 变增益随机并行梯度下降算法

传统的 SPGD 算法采用固定的迭代步长，性能评价函数在一般的系统中有快速收敛和缓慢高精度收敛两个过程，其中前者发生在算法的初期，后者发生在算法的后期。当增益系数为一确定值时，数值越大，算法的收敛速度越快，但是同时会出现评价函数振荡波动的问题，并且系统的收敛稳定性会变差。当增益系数较小时，算法的收敛速度较慢。为了达到较快的收敛速度和减弱振荡，需要在算法迭代过程中自适应地调节增益系数，因此有了变增益 SPGD 算法。其与固定增益 SPGD 算法的区别是，在每步的迭代过程中会增加增益系数更新过程。增益系数更新公式为

$$\mu^{(i+1)} = C_1 / (J^{(i)} - \varepsilon)^{C_2} \tag{5-5}$$

式中，$\mu^{(i+1)}$ 为第 i 次算法更新后的迭代步长；$J^{(i)}$ 为第 i 次迭代后系统评价函数；C_1 、C_2 为常数。

对于目标函数增大的情况，取 $C_1 > 0$、$C_2 > 0$ 。变增益 SPGD 算法取 $C_2 = 1$ ，因此需要根据实际系统选择合适的 C_1 。每次迭代的增益取决于前一次的系统评价函数 $J^{(i)}$ ，且随评价函数 J 的增大而减小，当 J 趋于最优时增益系数趋于稳定，有利于系统的收敛稳定。

不同参数 C_1 下变增益 SPGD 算法耦合效率随迭代次数的变化如图 5-6 所示，即在算法中增加增益系数更新步骤 $\mu^{(i+1)} = C_1 / (J^{(i)} - 0.003)$ ，在不同参数 C_1 下耦合效率随迭代次数的变化。当 $C_1 = 0.1$ 时，算法收敛速度较慢，在迭代条件终止前没有实现收敛的目的。随着 C_1 增大为 0.15、0.2、0.25、0.3，算法的收敛速度逐渐加快。可以看出，变增益 SPGD 算法在不同参数 C_1 下，整体的收敛趋势是在算法迭代初期收敛较快，迭代后期速度变慢，这与算法增益系数 μ 的变化有关。

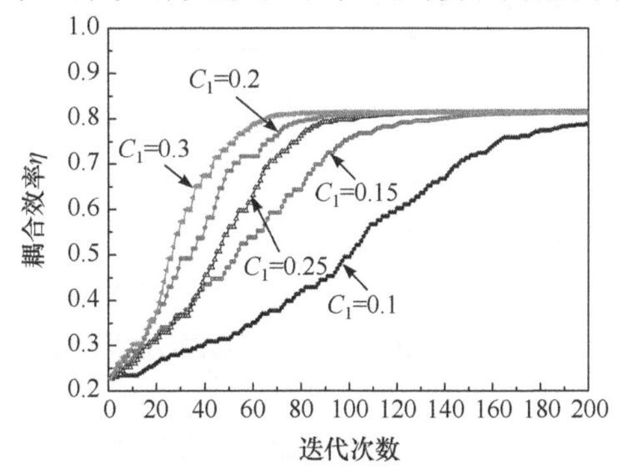

图 5-6　不同参数 C_1 下变增益 SPGD 算法耦合效率随迭代次数的变化

不同参数 C_1 下变增益 SPGD 增益系数 μ 随迭代次数的变化如图 5-7 所示。在不同 C_1 下，增益 μ 在随算法的迭代逐渐减小而趋于稳定，在算法的迭代初期 C_1 较大，迭代后期 C_1 逐渐变小。这使算法在迭代初期有较快的收敛速度，迭代后期有较好的稳定性。

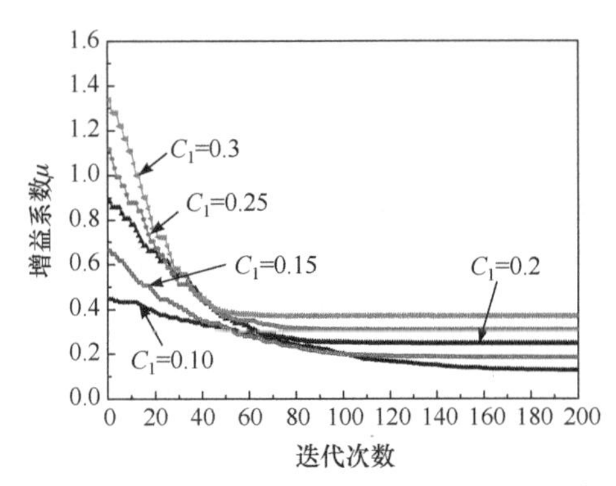

图 5-7　不同参数 C_1 下变增益 SPGD 增益系数 μ 随迭代次数的变化

5.3　对准误差对空间光-光纤耦合效率的影响

5.3.1　对准误差与耦合效率

单模光纤纤芯直径通常为 8～10μm。实际进行空间光-单模光纤对准时，受各类制造误差、装调误差、外界微扰误差等影响，入射光经焦距为 f，直径为 D_A 的耦合透镜聚焦后，单模光纤端面与透镜焦平面会产生如图 3-8 和图 3-12 所示的对准误差。对准误差通常分为径向误差 Δr、轴倾斜误差 $\Delta\varphi$、轴向误差 Δz[19]。在平面 B 内，定义单模光纤倾斜方向为 X 轴，与之垂直的方向为 Y 轴，径向误差 Δr 在 X 轴和 Y 轴投影分别为 Δx 和 Δy，Ω 为 Δr 与 $\Delta\varphi$ 轴夹角，r_a 为接收孔径上点 (x_a,y_a) 到光轴的距离，w_0 为单模光纤模场半径。

具有对准误差的单模光纤模场分布可采用偏心高斯分布描述，平面 B 处单模光纤模场分布 $F_B(x_b,y_b)$ 为[20]

$$F_B(x_b,y_b)=\frac{1}{q_0}\exp\left\{-\frac{\mathrm{i}k}{2q_0}\left[(x_b-x_d+\mathrm{i}x_0)^2+(y_b-y_d+\mathrm{i}y_0)^2\right]\right\} \tag{5-6}$$

式中，q_0 为入射高斯光束的 q 参数，$q_0=z+\mathrm{i}z_0$，z 为传输距离，$z_0=\Delta\varphi\pi w_0^2/\lambda$ 为瑞利长度；k 为波数，$k=2\pi/\lambda$；$x_d=\Delta x$ 和 $y_d=\Delta y$ 为高斯光束束腰中心位置；$x_0=\Delta\varphi\times z_0$；$y_0=0$。

单模光纤模场由平面 B 反向传输到接收平面 A 时的传输矩阵为

$$\begin{bmatrix} A & B \\ C & D \end{bmatrix} = \begin{bmatrix} 1 & 0 \\ -1/f & 1 \end{bmatrix} \begin{bmatrix} 1 & f+\Delta z \\ 0 & 1 \end{bmatrix} = \begin{bmatrix} 1 & f+\Delta z \\ -1/f & -\Delta z/f \end{bmatrix} \tag{5-7}$$

依据 Collins 衍射积分公式，可得接收平面 A 处单模光纤模场分布 $F_A(x_a, y_a)$，即[21]

$$\begin{aligned} F_A(x_a, y_a) = & \frac{\mathrm{i}k}{2\pi B} \exp(-\mathrm{i}kz) \iint F_B(x_b, y_b) \\ & \times \exp\left\{-\frac{\mathrm{i}k}{2B}\left[A(x_b^2+y_b^2) - 2(x_a x_b + y_a y_b) + D(x_a^2+y_a^2)\right]\right\} \mathrm{d}x_a \mathrm{d}y_a \end{aligned} \tag{5-8}$$

化简可得透镜平面 A 处单模光纤模场分布 $F_A(x_a,y_a)$复振幅，即

$$\begin{aligned} F_A(x_a, y_a) = & E_0\left(A+\frac{B}{q_0}\right)^{-1} \exp[-\mathrm{i}k(f+\Delta z)] \exp\left(\frac{-\mathrm{i}k}{2q(f+\Delta z)}\{[x_a - x_d(f+\Delta z)]^2\right. \\ & +\left[y_a - y_d(f+\Delta z)\right]^2\} - \mathrm{i}k\left[\varepsilon_x(f+\Delta z)x_a + \varepsilon_y(f+\Delta z)y_a\right] \\ & \left. -\mathrm{i}\left[\phi_x(f+\Delta z) + \phi_y(f+\Delta z)\right]\right) \end{aligned} \tag{5-9}$$

式中，$q(f+\Delta z)=(Aq_0+B)/(Cq_0+D)$为透镜平面 A 处高斯光束的 q 参数；ε_x 和 ε_y 分别为偏心光束峰值光强轴线与传输轴线的夹角在 XOZ 和 YOZ 平面上的正切值，$\varepsilon_x=x_0/z_0$，$\varepsilon_y=y_0/z_0$；ϕ_x 和ϕ_y 为偏心高斯光束相位因子；E_0 为传输距离 $z=0$ 时，原点处的单模光纤模场分布。

$$\begin{bmatrix} x_d(z+\Delta z) & y_d(z+\Delta z) \\ \varepsilon_x(z+\Delta z) & \varepsilon_y(z+\Delta z) \end{bmatrix} = \begin{bmatrix} A & B \\ C & D \end{bmatrix} \begin{bmatrix} x_d & y_d \\ \varepsilon_x & \varepsilon_y \end{bmatrix} = \begin{bmatrix} A & B \\ C & D \end{bmatrix} \begin{bmatrix} x_d & y_d \\ \Delta\varphi & 0 \end{bmatrix} \tag{5-10}$$

$$\begin{bmatrix} \phi_x(z+\Delta z) \\ \phi_y(z+\Delta z) \end{bmatrix} = \begin{bmatrix} k\left[Cx_d x_d\ (z+\Delta z) + B\varepsilon_x \varepsilon_x(z+\Delta z)\right]/2 \\ k\left[Cy_d y_d(z+\Delta z) + B\varepsilon_y \varepsilon_y(z+\Delta z)\right]/2 \end{bmatrix} \tag{5-11}$$

$$E_0 = -\frac{\mathrm{i}}{z_0} \exp\left\{\frac{k}{2z_0}\left[x_0^2 + y_0^2 + 2\mathrm{i}(x_d x_0 + y_d y_0)\right]\right\} \tag{5-12}$$

经化简及归一化后，单模光纤高斯模场+反向传输至接收孔径平面上时的模场分布可表示为

$$\begin{aligned} F_A(x_a, y_a) = & \sqrt{\frac{2}{\pi}} \frac{1}{w_a} \exp\left[-\frac{(x_a - \Delta\varphi f)^2 + y_a^2}{w_a^2}\right] \\ & \times \exp\left\{\mathrm{i}k\left[\frac{\Delta z(x_a^2+y_a^2)}{2f^2} + \frac{x_a \Delta x + y_a \Delta y}{f}\right]\right\} \end{aligned} \tag{5-13}$$

式中，$w_a=\lambda f/(\pi w_0)$为透镜平面处高斯光束束腰半径。

对式(5-13)采用极坐标形式，令

$$\begin{cases} x_a = r_a \cos\theta \\ y_a = r_a \sin\theta \end{cases}, \quad \begin{cases} \Delta x = \Delta r \cos\Omega \\ \Delta y = \Delta r \sin\Omega \end{cases} \tag{5-14}$$

式中，θ为r_a与X轴的夹角。

由此可得

$$\begin{aligned} F_A(r_a,\theta) = & \sqrt{\frac{2}{\pi}}\frac{1}{w_a}\exp\left[-\frac{r_a^2 + (\Delta\varphi f)^2 - 2r_a\Delta\varphi f\cos\theta}{w_a^2}\right] \\ & \times\exp\left\{\mathrm{i}k\left[\frac{\Delta z r_a^2}{2f^2} + \frac{r_a\Delta r\cos(\theta-\Omega)}{f}\right]\right\} \end{aligned} \tag{5-15}$$

不考虑大气湍流效应对入射光的影响时，入射光束在接收平面 A 处的光场$E_A(r,\theta)$为

$$E_A(r,\theta) = \begin{cases} 1, & r \leqslant D_A/2 \\ 0, & r > D_A/2 \end{cases} \tag{5-16}$$

将式(5-15)和式(5-16)代入耦合效率表达式[22]，可得化简后的耦合效率，即

$$\eta = \frac{1}{\pi R^2}\left|\int_0^R\int_0^{2\pi} F_A(r_a,\theta) r_a \mathrm{d}r_a \mathrm{d}\theta\right|^2 \tag{5-17}$$

式中，$R = D_A/2$。

令$\rho = r_a/R$、$\beta = R/w_a = R\pi w_0/\lambda f$，式(5-17)可简化为

$$\begin{aligned} \eta = & \frac{2\beta^2}{\pi^2(1-\varepsilon^2)}\left|\int_0^1\int_0^{2\pi}\exp(-\beta^2\rho^2)\exp\left[-\frac{(\Delta\varphi f)^2}{w_a^2}\right]\exp\left(\frac{2\rho\beta\Delta\varphi f\cos\theta}{w_a}\right)\right. \\ & \left.\times\exp\left(\frac{\mathrm{i}\pi\Delta z\rho^2\beta^2 w_a^2}{\lambda f^2}\right)\exp\left(\frac{\mathrm{i}2\pi\rho\beta w_a\Delta r\cos(\theta-\Omega)}{\lambda f}\right)\rho\mathrm{d}\rho\mathrm{d}\theta\right|^2 \end{aligned} \tag{5-18}$$

当三种对准误差单独存在时，耦合效率可化简为

$$\eta_{\Delta r} = 8\beta^2\left|\int_0^1\exp(-\beta^2\rho^2)J_0\left(\frac{2\pi\rho\beta w_a\Delta r}{\lambda f}\right)\rho\mathrm{d}\rho\right|^2 \tag{5-19}$$

$$\eta_{\Delta\varphi} = 8\beta^2\exp\left[-2\frac{(\Delta\varphi f)^2}{w_a^2}\right]\left|\int_0^1\exp(-\beta^2\rho^2)I_0\left(\frac{2\rho\beta\Delta\varphi f}{w_a}\right)\rho\mathrm{d}\rho\right|^2 \tag{5-20}$$

$$\eta_{\Delta z}=8\beta^2\left|\int_0^1\exp(-\beta^2\rho^2)\exp\left(\frac{\mathrm{i}\pi\Delta z\rho^2\beta^2w_a^2}{\lambda f^2}\right)\rho\mathrm{d}\rho\right|^2 \tag{5-21}$$

式中，J_0为第一类零阶贝塞尔函数；I_0为第一类零阶修正贝塞尔函数。

5.3.2　径向误差、轴倾斜误差、轴向误差

为了说明方便，设置入射光束波长$\lambda = 1550\text{nm}$、耦合透镜直径 $D_A= 10\text{mm}$、耦合透镜焦距$f = D/0.211$、单模光纤模场半径$\omega_0 = 5.25\mu\text{m}$、轴倾斜$\Delta\varphi$的方向与横向偏移$\Delta r$ 的方向之间的夹角$\Omega=180^\circ$。

从式(5-18)可以得出，径向误差Δr、轴倾斜误差$\Delta\varphi$、轴向误差Δz 对耦合效率的影响不是相互独立的。当$\Delta r = 2\mu\text{m}$、$\Delta\varphi = 2^\circ$、$\Delta z = 50\mu\text{m}$ 时，耦合效率与夹角 Ω 的关系如图 5-8 所示。可以看出，夹角 Ω 为 90°和 270°时，耦合效率为三种对准误差单独存在之和，可认为三种对准误差对耦合效率的影响近似独立。夹角 Ω 为 180°时，耦合效率最大。

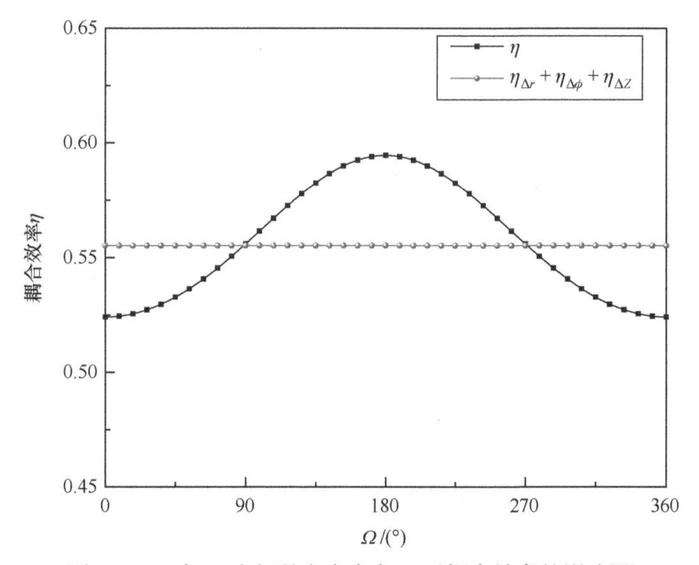

图 5-8　$\Delta\varphi$与Δr 之间的方向夹角 Ω 对耦合效率的影响[23]

图 5-9～图 5-11 分别为三种不同对准误差对耦合效率影响的曲线。可以看出，随着光纤各对准误差的增大，耦合效率也随之下降。径向误差Δr 对耦合效率的影响最为敏感，其次是轴倾斜误差$\Delta\varphi$，最后是轴向误差Δz。单模光纤纤芯直径非常小，很难实现人工对准，可以通过设计自动耦合对准系统补偿不同对准误差对耦合效率的影响。

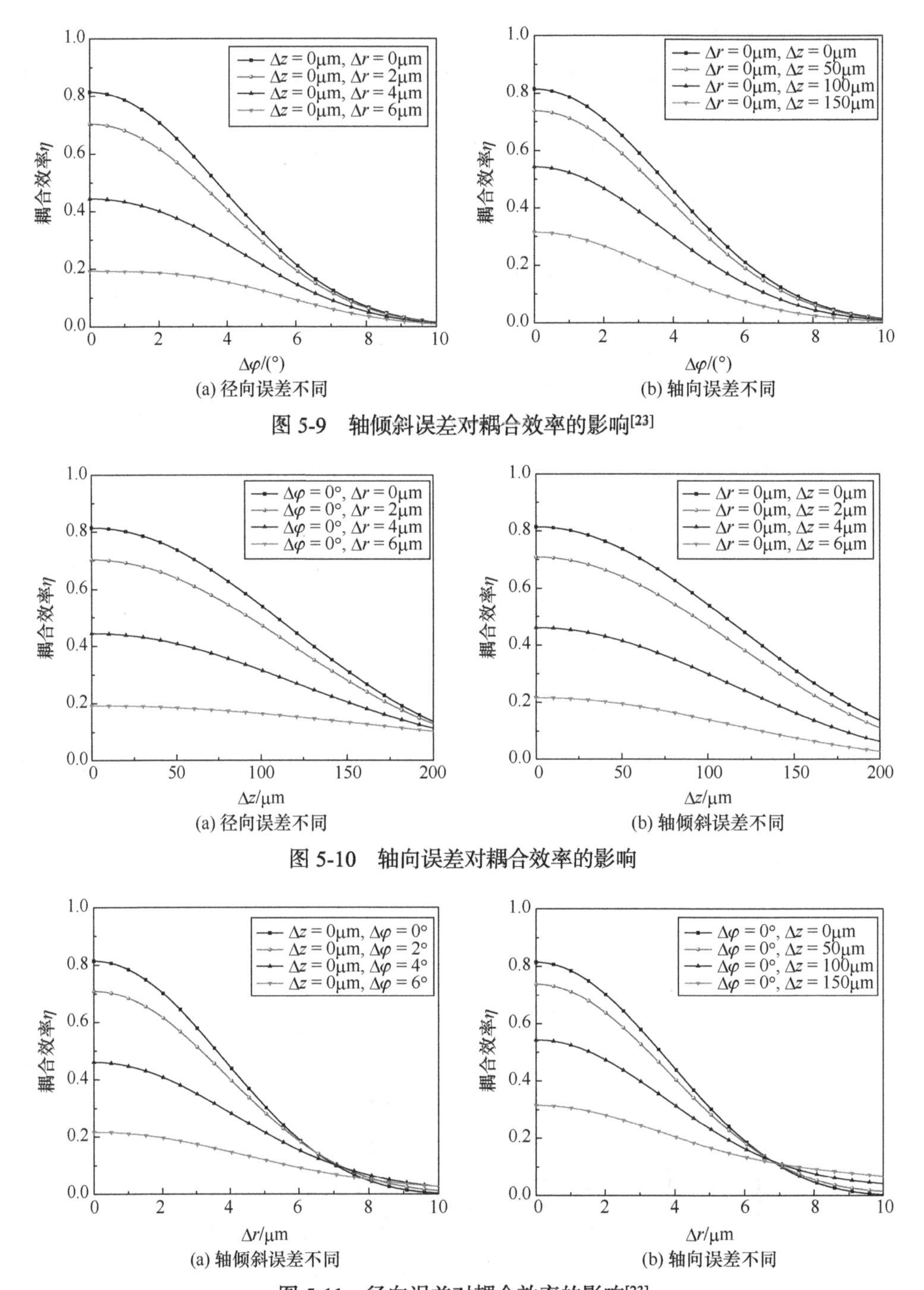

(a) 径向误差不同　　(b) 轴向误差不同

图 5-9　轴倾斜误差对耦合效率的影响[23]

(a) 径向误差不同　　(b) 轴倾斜误差不同

图 5-10　轴向误差对耦合效率的影响

(a) 轴倾斜误差不同　　(b) 轴向误差不同

图 5-11　径向误差对耦合效率的影响[23]

5.4　二维自动对准实验

5.4.1　压电陶瓷与光纤固定方式

压电陶瓷基本参数如表 5-1 所示。

表 5-1　压电陶瓷基本参数

压电陶瓷基本参数	要求
长度	36.5mm
宽度	1.75mm
高度	1.75mm
最大行程	±90μm
供电电压	±30V

实验采用的是 NAC2710 型压电陶瓷。其运动模式是，两个轴分别是 X 和 Y 轴来控制它的运动，而供电电压是恒正 30V 和恒负 30V，对 X 和 Y 轴分别加 0～+30V 和–30～0V 之间不同的电压，会产生不同的位移，进而控制压电陶瓷的运动走势。这里正电压是指沿着所在轴的正向运动，负电压是指沿着所在轴的反向运动，而不同的电压会让压电陶瓷带动光纤产生不同的微位移。

采用环氧树脂作为压电陶瓷的夹持装置，一方面能够在绝缘性、黏附性、介电性、耐高压性等方面体现出优势，另一方面固化的环氧树脂收缩性低，产生内力小，在能够保证尾端压电陶瓷稳定性的情况下，使前端压电陶瓷产生更为精确的位移量。用两个环氧树脂板对压电陶瓷后端进行上下面夹持固定(图 5-12)，并在夹持端留出三分之二长度的压电陶瓷，使上电产生的位移不受夹持的影响，实现压电陶瓷带动光纤产生微位移的效果。

控制单元依据光电探测器探测出电信号的强弱，输出电压信号在基准电压上施加指令，并作用于压电陶瓷驱动电路，驱动电路控制二维压电陶瓷产生微位移，调节光纤位置，找到最佳值。通过光功率计分别测量透镜焦平面处和光纤尾端处的光功率，两者的比值即光纤耦合效率，从而实现光轴对准。

5.4.2　二维对准实验

如图 5-13 所示，未采用优化控制算法时，光电探测器出来的电信号存在极大值且一直有波动。波动的过程就是寻找最大值的过程，但是整个过程都跳不出极值，找不到最佳耦合的位置。加上智能优化算法即模拟退火算法之后，如图 5-14

所示，从光电探测器出来的电信号在 0～3V 变化，刚开始有波动且存在极大值。这个过程表明，系统一直在寻找最大值，大约 1500ms 后跳出极值，找到最大值，一直趋于较稳定的状态，即找到最佳耦合位置。此时，电压值以 1.67V 上下漂移幅度不超过 0.05V，电压均值为 1.658V，方差值为 0.013^2V^2。

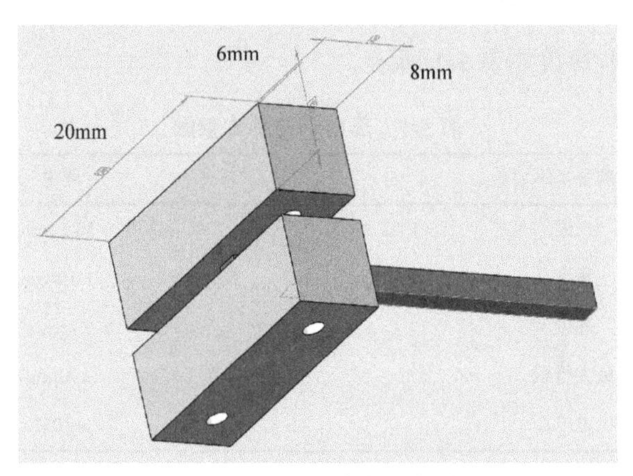

图 5-12　压电陶瓷固定图

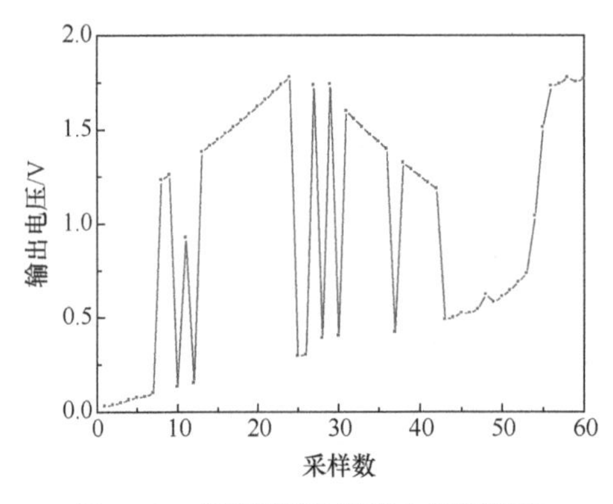

图 5-13　未采用算法时光电探测器的输出电压[23]

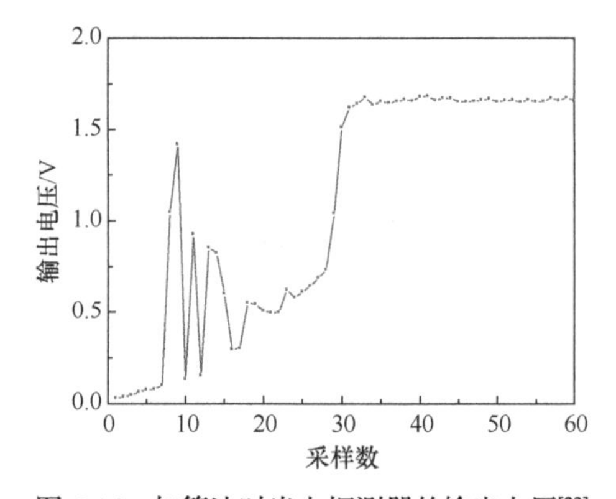

图 5-14　加算法时光电探测器的输出电压[23]

如图 5-15 所示，施加模拟退火算法当达到稳定趋势时，此时电压在 2.05V 上下波动，幅度不超过 0.1V，电压均值为 2.025V，方差值为 0.0167^2V^2。如图 5-16 所示，电压范围都是在 0～3V 之内，刚开始都有波动，一直在找最佳耦合位置，约 1350ms 之后趋于稳定。这说明，找到最佳耦合位置，此时电压以 2.02V 上下波动幅度不超过 0.1V，电压均值为 1.99V，方差值为 0.0155^2V^2。

如图 5-17 所示，加上模拟退火算法后，测电源 1 的输出电压。此电压值代表压电陶瓷可调一路 *X* 轴所加的电压，范围是 0～+30V，与 DA1IN 的对应关系大

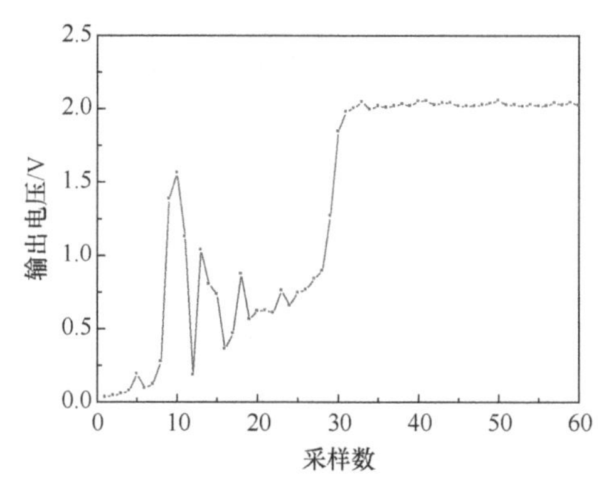

图 5-15　加算法时 DA1IN 电压[23]

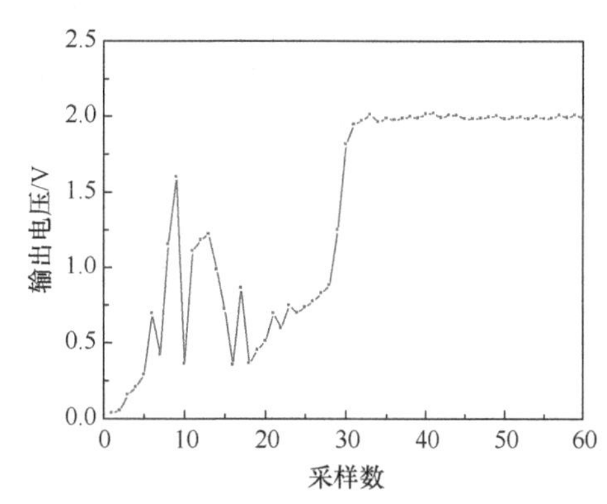

图 5-16　加算法时 DA2IN 电压[23]

约是 10 倍的关系。这是因为压电陶瓷的可调部分有放大模块。可以看出，开始时曲线一直有波动，即整个系统正在寻找最大值，波动的过程就是寻找最佳耦合位置的过程，之后处于稳定状态，即找到最佳耦合位置，此时电压值以 20.68V 上下漂移幅度不超过 0.1V，电压均值为 20.65V，方差值为 0.2105^2V^2。如图 5-18 所示，加上模拟退火算法后，测电源 2 的输出电压。此电压值代表压电陶瓷可调一路 *Y* 轴所加的电压，范围是−30～0V，这里负电压只是代表压电陶瓷运动方向与施加电压的方向相反，数值的大小反映压电陶瓷位移的大小。与 DA2IN 的对应关系大约是 10 倍的关系，这是因为压电陶瓷的可调部分有放大模块。可以看出，开始时曲线一直有波动，即整个系统正在寻找最大值，波动的过程就是寻找最佳耦合位置的过程，之后处于稳定状态，即找到最佳耦合位置。此时，电压均值为−20.323V，方差值为 0.179^2V^2，这里负电压只是代表压电陶瓷的运动方向是沿着所在轴的反方向。这些电压的曲线图都实时反映整个系统寻找最佳耦合位置的过程。

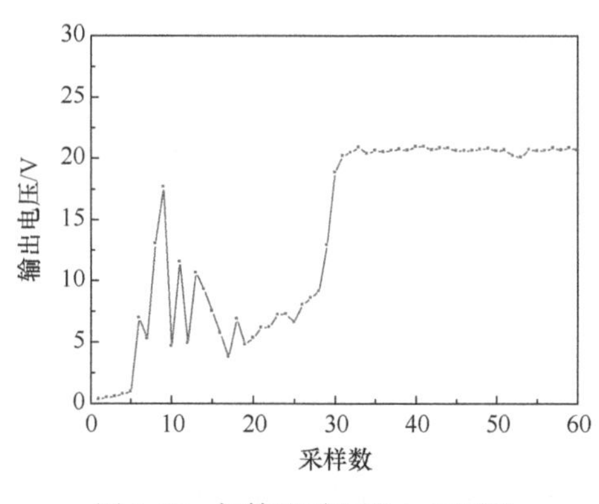

图 5-17　加算法时电源 1 电压[23]

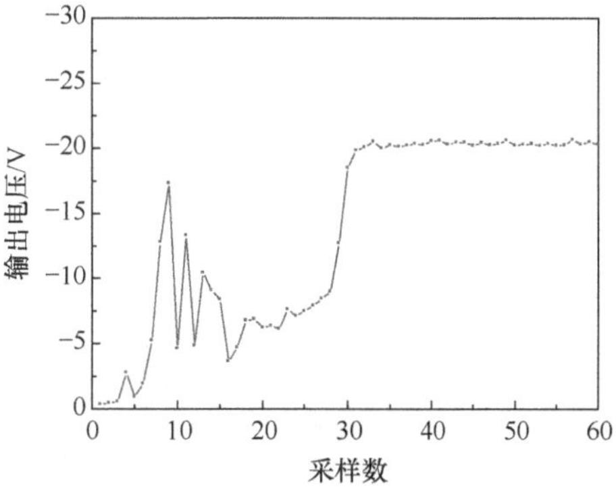

图 5-18　加算法时电源 2 电压[23]

图 5-19～图 5-21 所示为多次运行程序的情况下，测试电压输出的运动轨迹

图。在执行模拟退火算法后，采用数字万用表测量输出的电压值。这两个值分别控制压电陶瓷两路可调电压，可以实时反映压电陶瓷的运动状态(运动轨迹)，即系统的整个寻优过程。

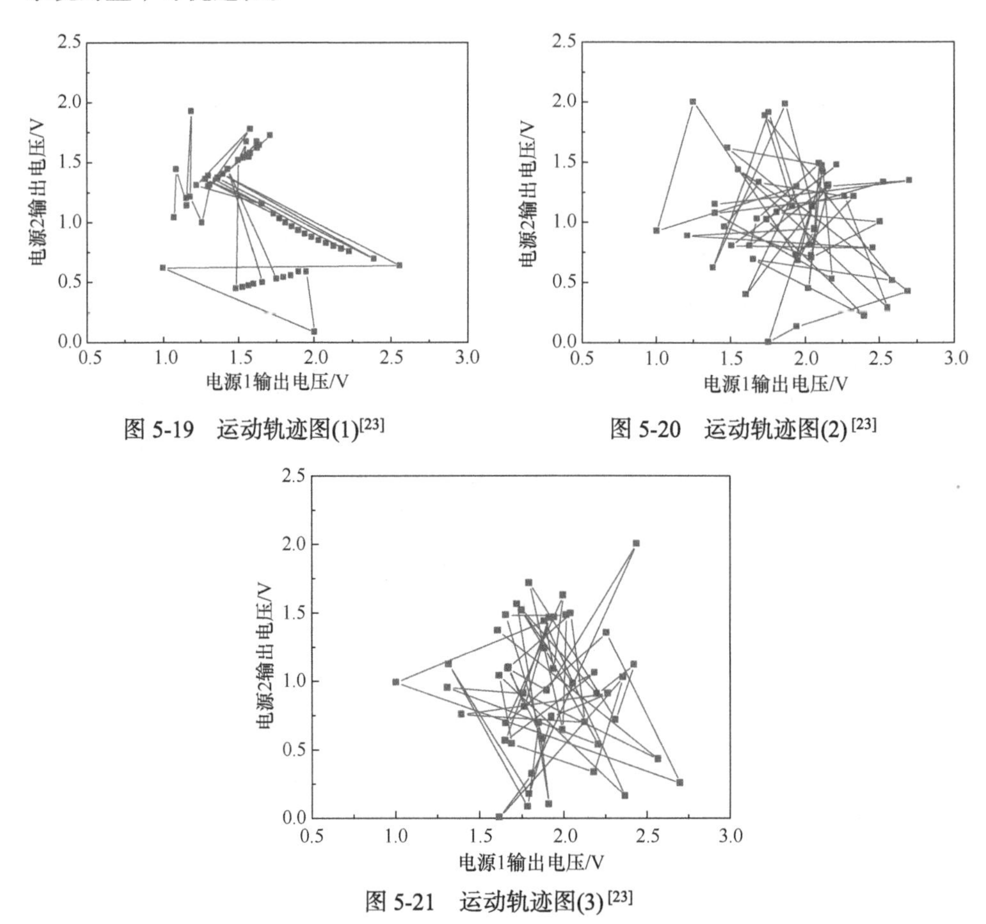

图 5-19　运动轨迹图(1)[23]

图 5-20　运动轨迹图(2)[23]

图 5-21　运动轨迹图(3)[23]

结果表明，采用优化算法可以在较短时间内实现自动对准定位，使耦合效率达到 51.4%。

5.5　五维自动对准实验

5.5.1　压电陶瓷组合及与光纤固定方式

在实际中，我们分别使用三种不同的压电陶瓷。其具体参数如表 5-2 所示。三种压电陶瓷具有不同的位移方式，通过对三种压电陶瓷组合可以对光纤端面实现五个自由度的调节。图 5-22～图 5-24 所示为 NAC2710、NAC2910、MPT150 压电陶瓷位移示意图。

表 5-2　压电陶瓷参数

参数	NAC2710	NAC2910	MPT150
行程	±90μm	±35μm	40μm
供电电压	±30V	±100	无
最大工作电压	60V	200V	150V
静电容量	x = 700nF, y = 1300nF	400nF	4μF
长/宽/高	36.5mm/1.75mm/1.75mm	28mm/2.5mm/2.5mm	40mm/5mm/5mm

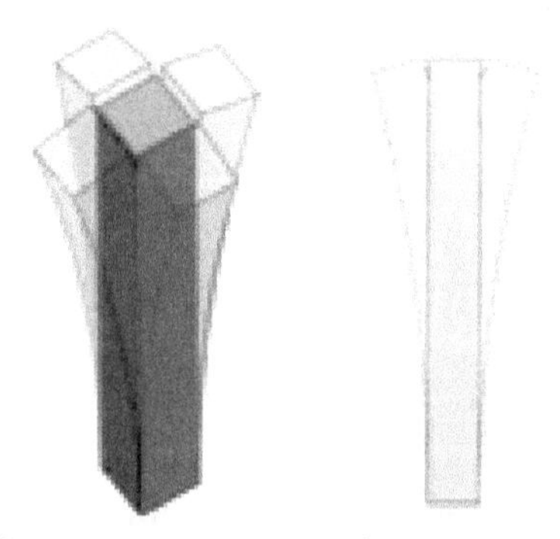

图 5-22　NAC2710 压电陶瓷位移示意图

NAC2710 在驱动电压控制下可以实现轴倾斜运动，起到光纤端面角度偏转调节的作用。

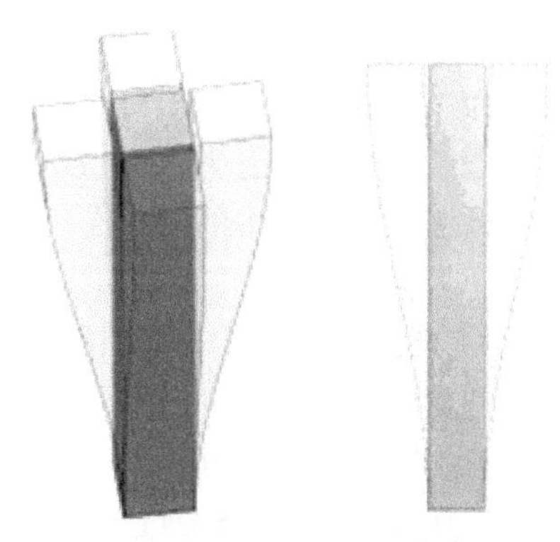

图 5-23　NAC2910 压电陶瓷位移示意图

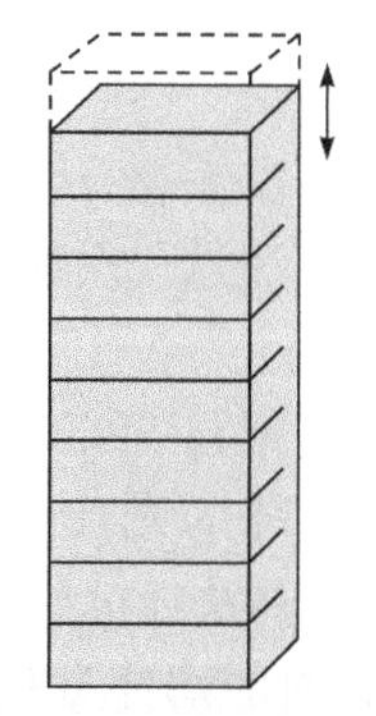

图 5-24　MPT150 压电陶瓷位移示意图

NAC2910 压电陶瓷的位移端可在对应的控制电压驱动下实现两自由度的直

线位移，起到光纤端面径向误差调整的作用。

MPT150 堆叠压电陶瓷在位移控制端施加对应的控制电压即可产生位移，起到单模光纤轴向误差调整的作用。

三种压电陶瓷具有不同的运动方式，通过一定的连接方式将三种压电陶瓷组合，就可利用其各自的位移特性对光纤端面与聚焦光斑的位置误差进行调整。三种压电陶瓷连接结构示意图如图 5-25 所示。通过设计机械连接件将三种压电陶瓷组合，可以实现五个自由度的位移调节。考虑光纤端面需置于最前端，且三种压电陶瓷具有不同的最大出力，根据压电陶瓷的最大出力，采用如图 5-26 所示的连接结构。其工作原理是，NAC2710 带动固定于其位移端的光纤实现角度误差调整，NAC2910 通过连接件带动 NAC2710 及光纤实现径向误差调整，MPT150 通过连接件带动前面的 NAC2910 和 NAC2710 实现光纤位置的轴向误差调整。三种压电陶瓷通过连接件构成一个整体，实现对光纤对准误差位置的调整。

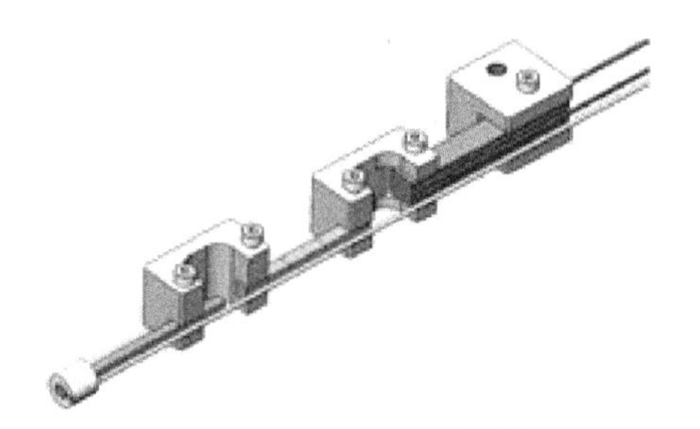

图 5-25　三种压电陶瓷连接结构示意图

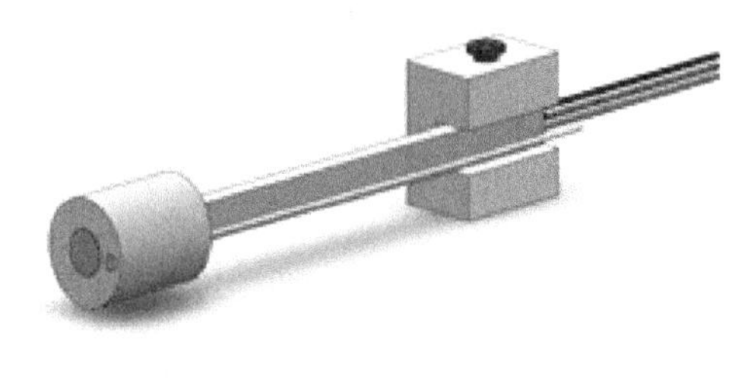

图 5-26　压电陶瓷与光纤连接图

5.5.2　实验结果分析

实验采用 SPGD 算法实现空间光与单模光纤的耦合对准。参数对算法的性能有很大的影响。实验分别设置不同的算法参数，记录算法执行过程中耦合进单模光纤的光功率情况，实验测得的焦平面处光功率为 1.46mW。

首先将增益系数 μ 设为定值 0.3，同时设置扰动电压为 $\Delta u = 0.001$ 和 $\Delta u = 0.005$，算法迭代次数设置为 200 次，记录算法迭代过程中的耦合光功率变化情况(图 5-27)。

可以看出，通过 SPGD 算法可以自动找到最优的耦合位置，随着算法的迭代，耦合进单模光纤的光功率得到明显提高。在增益系数 μ 固定的情况下，当 $\Delta u = 0.001$ 时，算法经过约 60 次迭代实现收敛，并且收敛后的光功率在−1.24dBm 附近波动，此时的耦合功率方差为 0.0021；当 $\Delta u = 0.005$ 时，算法经过约 25 次迭代收敛到最大值附近，收敛后耦合光功率在−1.23dBm 附近波动，此时的耦合功率方差为 0.0023。可见，当增益系数 μ 固定时，随着扰动电压 Δu 增大，算法收敛所需的迭代次数减少，但是算法收敛稳定后会造成功率波动增大。

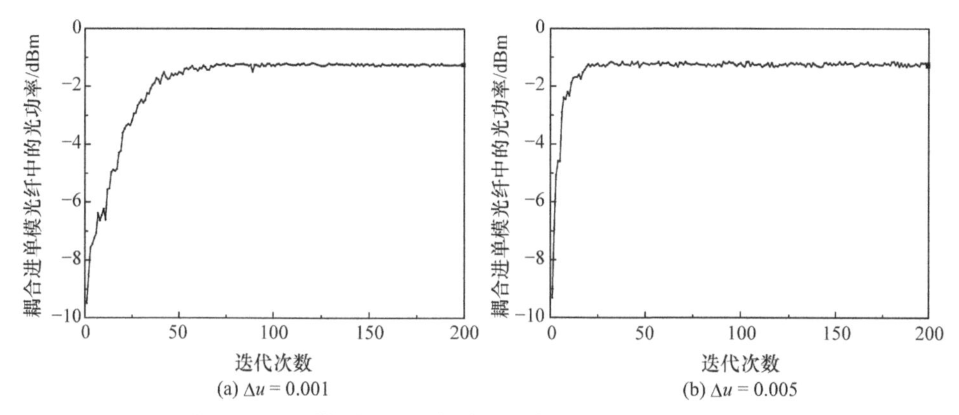

图 5-27　不同扰动电压下耦合光功率随迭代次数变化曲线[24]

较小的扰动电压 Δu 有利于收敛后功率的稳定，选择扰动电压 $\Delta u = 0.001$，设增益系数为 $\mu = 0.1$ 和 $\mu = 0.5$，迭代次数为 200 次，实验中采集到的耦合光功率随迭代次数变化曲线如图 5-28 所示。

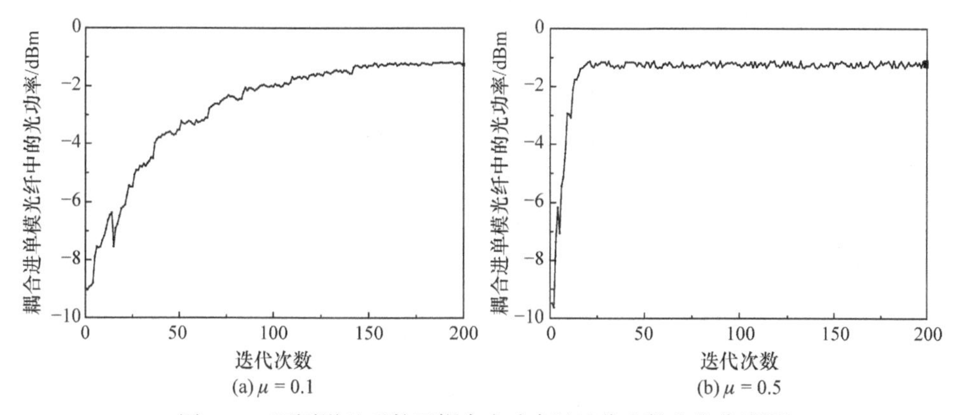

图 5-28　不同增益系数下耦合光功率随迭代次数变化曲线[24]

从图 5-28(a)可以看出，当增益系数 $\mu = 0.1$ 时，经 160 次左右迭代算法实现收敛，收敛后的耦合光功率在−1.22dBm 附近波动，此时的耦合光功率方差为 0.0013。从图 5-28(b)可以看出，当增益系数 $\mu = 0.5$ 时，经 30 次左右迭代算法收敛到最大耦合光功率附近，收敛后的耦合光功率在−1.23dBm 附近波动，此时的耦合光功率方差为 0.0051。

为了使算法有较好的收敛速度和稳定性，可以采用较小的扰动电压来保证算法收敛后的稳定性。算法的收敛速度可以通过增益系数来改善。设扰动电压 $\Delta u = 0.001$、增益系数 $\mu = 0.2/(J-0.003)$，耦合光功率随迭代次数变化曲线如

图 5-29 所示。

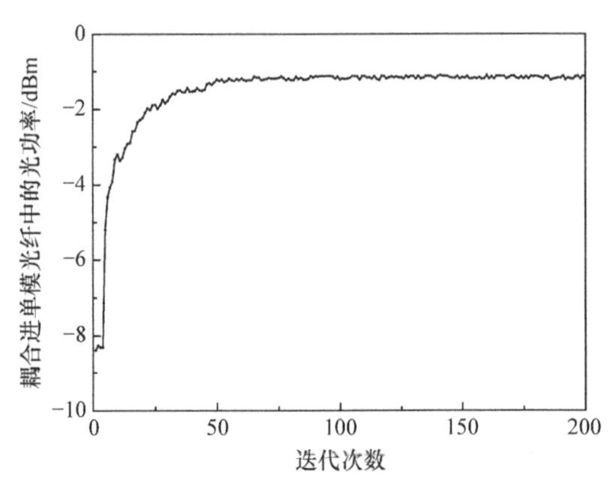

图 5-29　增益系数 $\mu=0.2/(J-0.003)$ 下耦合光功率随迭代次数变化曲线[24]

可以看出，采用变增益 SPGD 算法进行空间光耦合自动对准时，算法经过约 50 次迭代实现收敛，在算法收敛初期收敛速度较快，后期速度放缓，收敛后耦合光功率在−1.17dBm 附近波动，此时的耦合光功率方差为 0.0014dBm^2。采用变增益系数时，算法可以兼顾收敛速度和稳定性，收敛后的耦合效率最大可达 53.2%。

为了验证耦合装置的实用性，分别测试其在产生不同的对准误差时，对光纤位置的调整能力。实验通过微调位移台和入射光角度实现不同的对准误差，选择 $\mu=0.2/(J-0.003)$ 、$\Delta u=0.001$ 为算法参数进行实验。通过调节微位移台和入射光的入射方向使光纤端面与聚焦光斑分别产生轴向误差、径向误差、轴倾斜误差，相关控制如图 5-30～图 5-32 所示。

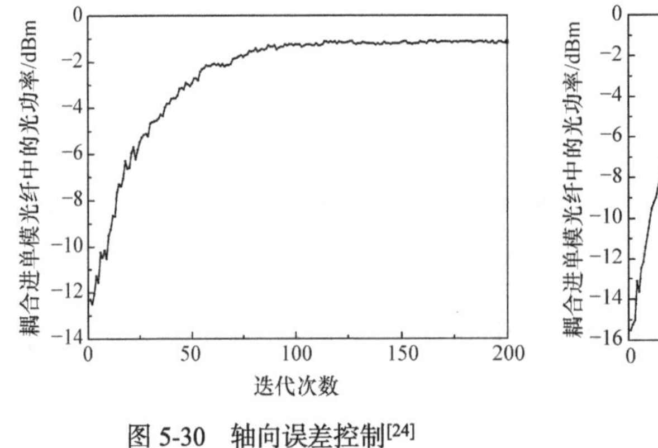

图 5-30　轴向误差控制[24]

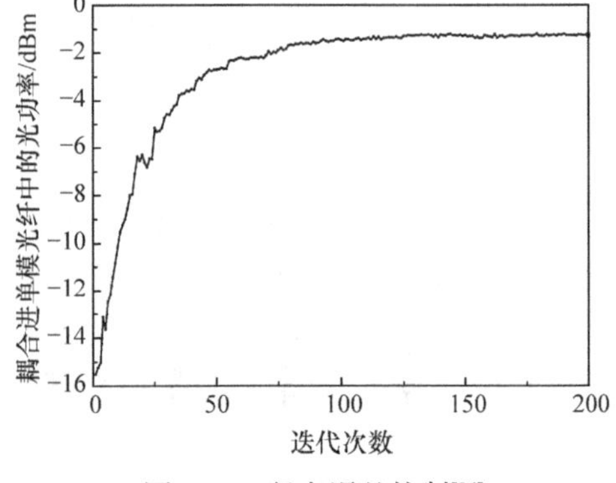

图 5-31　径向误差控制[24]

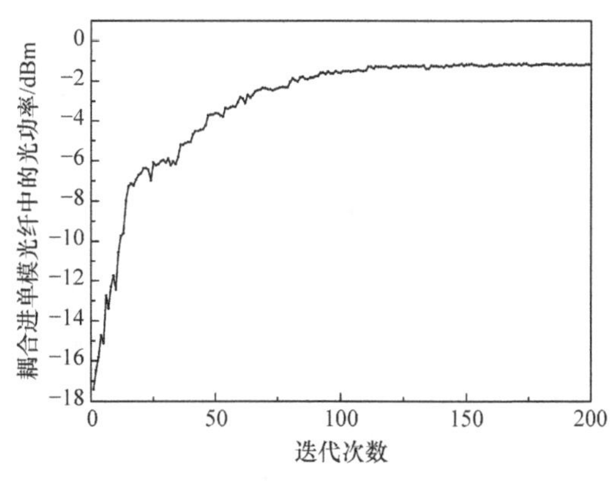

图 5-32　轴倾斜误差控制[24]

从图 5-30 可以看出，引入轴向误差时，初始耦合光功率为−12.37dBm，算法经 75 次迭代后，光功率收敛到约−1.15dBm。此时，耦合入光纤中的光功率波动较小，说明轴向引起的误差得到调整。从图 5-31 可以看出，在引入径向误差时，初始耦合光功率为−15.51dBm，算法经约 90 次迭代，耦合光功率实现收敛，收敛后耦合光功率在−1.21dBm 微小波动，说明径向误差得到补偿。从图 5-32 可以看出，在调整入射光方向引入角度误差时，初始耦合光功率约为 17.4dBm，算法经约 100 次迭代，耦合光功率逐渐收敛，最后在−1.19dBm 左右波动，说明角度误差得到补偿。实验结果表明，采用该耦合装置可以补偿产生的不同对准误差。

由于各类光学误差和装调误差，入射光束和单模光纤端面会产生径向误差、轴倾斜误差、轴向误差等对准误差，本章通过分析不同对准误差对空间光-单模光纤耦合效率的影响，发现当轴倾斜误差与径向误差之间夹角为 90°和 270°时，三种对准误差对耦合效率的影响相互独立。在此基础上，基于压电陶瓷设计具有 5 自由度调整方向的光纤耦合器，并完成空间光-单模光纤耦合对准实验。结果表明，具有 5 自由度调整方向的光纤耦合器可以很好地补偿各类对准误差对单模光纤耦合效率的影响，系统闭环后单模光纤耦合功率可以达到 53.2%。

参 考 文 献

[1] 柯熙政. 无线光通信. 北京: 科学出版社, 2016.

[2] 李拓辉. 空间光-光纤高效耦合系统的设计与实现. 成都: 电子科技大学, 2010.

[3] 罗文. 基于自适应光纤耦合器的单模光纤耦合技术研究. 北京: 中国科学院大学, 2014.

[4] 罗文, 耿超, 李新阳. 大气湍流像差对单模光纤耦合效率的影响分析及实验研究. 光学学报, 2014, 34(6): 38-44.

[5] Ruilier C, Cassaing F. Coupling of large telescopes and single-mode waveguides: Application to stellar interferometry. Journal of the Optical Society of America A Optics Image Science & Vision, 2001, 18(1): 143-149.

[6] Takenaka H, Toyoshima M. Study on the fiber coupling efficiency for ground-to-satellite laser communication links. Proceedings of SPIE-The International Society for Optical Engineering, 2010, 7587(6): 1-12.
[7] 钟维. 高功率激光光纤耦合技术研究. 武汉: 华中科技大学, 2013.
[8] 雷思琛. 自由空间光通信中的光耦合及光束控制技术研究. 西安: 西安理工大学, 2016.
[9] 向劲松. 采用光纤耦合及光放大接收的星地光通信系统及关键技术. 成都: 电子科技大学, 2007.
[10] 李晓亮. 卫星通信终端中空间光偏移入射对光纤耦合效率影响研究.哈尔滨: 哈尔滨工业大学, 2015.
[11] 高皓. 空间光到光纤的耦合及在光前置放大系统中的应用. 成都: 电子科技大学, 2007.
[12] 陈海涛, 杨华军, 李拓辉, 等. 光纤偏移对空间光-单模光纤耦合效率的影响. 激光与红外, 2011, 41(1) :75-78.
[13] 雷思琛, 柯熙政, 邵军虎. 空间光-光纤阵列耦合自动对准实验研究. 激光技术, 2014, 38(2): 191-195.
[14] 卢宇婷, 林禹攸, 彭乔姿, 等. 模拟退火算法改进综述及参数探究. 大学数学, 2015, 31(6): 96-103.
[15] Metropolis N, Rosenbluth A W, Rosenbluth M N, et al. Equation of state calculations by fast computing machines. Journal of Chemical Physics, 1953, 21(6): 1087-1092.
[16] 李树有, 都志辉, 吴梦月, 等. 模拟退火算法的并行实现及其应用. 物理学报, 2001, 50(7): 1260-1263.
[17] 魏延, 谢开贵. 模拟退火算法. 蒙自师范高等专科学校学报, 1999, 1(4): 7-11.
[18] Ingber L. Very fast simulated re-annealing. Math Comput Modeling, 1989, 12(5): 967-973.
[19] 董雪岩, 李平雪, 章曦, 等. 基于ZEMAX的扩束型光纤连接器对准误差分析. 激光与光电子学进展, 2020, 57(15): 176-185.
[20] 卢亚雄, 杨亚培, 陈淑芬. 激光束传输与变换技术. 成都: 电子科技大学出版社, 1999.
[21] Collins J. Lens-system diffraction integral written in terms of matrix optics. Journal of the Optical Society of America, 1970, 60(9): 1168-1177.
[22] Dikmelik Y, Davidson F M. Fiber-coupling efficiency for free-space optical communication through atmospheric turbulence. Applied Optics, 2005, 44(23): 4946-4952.
[23] 罗静. 空间光耦合自动对准技术研究. 西安: 西安理工大学, 2018.
[24] 尹本康. 空间光-光纤耦合自动对准及控制算法实验研究. 西安: 西安理工大学, 2018.

第6章 模式转换法

在无线激光通信系统中,空间光的模式受大气湍流的影响形成光束模式退化,导致与接收端耦合使用的单模光纤模场不完全匹配,从而降低空间光-单模光纤的耦合效率。因此,对光束模式与光纤模式进行匹配尤为重要。本章讨论以液晶 SLM 为核心架构的空间光模式转换方法,并对转换传输函数进行优化处理。

6.1 模式转换的研究现状

通过将退化后的高阶模转换成需要的基模形式提高基模的含量,可以直接高效地提升单模光纤耦合效率,使系统达到较为稳定的耦合条件。

2007 年,Tsekrekos 等[1, 2]提出一个具有模式选择功能的空间滤波器,能够实现对模式的控制,在多模光纤的纤芯末端与光电探测器中间放置一个棱镜进行滤波处理,选择需要的模式进行输出。

2010 年,Argyros 等[3]将“Photonic lanterns”“光子灯笼”作为多模-单模的转换器,用于模式转换系统,完成多模-单模的转换。

2011 年,Carpenter 等[4]利用相位板实现模式转换方案,通过改进 SLM 调制相位进行模式选择,实现模式转换。2011 年,Amphawan[5]提出多模光纤输入模场匹配的方法,采用 SLM 和棱镜实现对光场幅度的调制,结合优化算法对多模光纤模场进行匹配,实现模式转换。

2012 年,Fontaine 等[6]提出基于光子集成电路(photonic intergrated circuit,PIC)方法,实现单向一种模式到一种模式之间的转换。2012 年,Birks 等[7]将光纤布拉格光栅(fiber Bragg grating,FBP)集成到多芯光纤的单模纤芯芯径中,通过锥形光纤将光纤连接到多模光纤,应用于“光子灯笼”滤波器。2012 年,Leon 等[8]设计并生产“光子灯笼”,实现单模-多模转换,将单模-多模熔接在一起,对“光子灯笼”输出端得到的光谱与通过阶跃折射率单模和多模光纤传输时获得的光谱进行比较分析,得到转换时产生的模态噪声比具有相同纤芯直径的阶跃折射率多模光纤的模态噪声少。实验确立了以“光子灯笼”作为单模光纤与多模光纤之间进行模式转换的可行性,但是“光子灯笼”的制造工艺要求相对较高,对应用有一定的局限性。

2013 年,Ding 等[9]改进了 PIC 方案,采用对 3 个空间模式的选择性激励实现了 6 个较低阶模式之间的转换。2013 年，Hanzawa 等[10,11]推导了非对称平面光波导(planer lightwave circuit，PLC)模式转换之间的传输函数，结合 PLC，实现 LP_{01} 模式与 LP_{11} 模式间的相互转换，随后又实现 LP_{01} 模式到 LP_{11} 模式和 LP_{21} 模式的转换。

2014 年，Uematsu 等[12]通过 PLC 的 LP_{11} 模式转换器实现了 LP_{11a} 模式到 LP_{11b} 模式的转换。基于 PLC 的模式转换方法具有稳定性高、插入损耗低、集成性较好的特点，但是其设计和制作只考虑单次转换，对精密性和成本要求较高，灵活重复性欠缺。2014 年，高立等[13]在国内率先在模分复用系统中利用 SLM 的可重复使用性、无限次编程等特点，实现基于纯相位型 SLM 部分低阶模式间的转换。

2015 年，齐晓莉[14]利用 SLM 实现了 LP_{01} 模式到部分高阶模的自由空间光路型模式转换。该方案使用 SLM，可重复性好，对于其他器件的要求不高，系统简单且易实现。

2016 年，Taher 等[15]通过在 SMF 与少模光纤之间嵌入一段气硅(Air-Silica)微结构将两段光纤连接，选择性激发出基模。结果显示，在忽略损耗的情况下能实现在少模光纤中较好的选择性转换基模。

2017 年，涂佳静等[16]基于简单的 SLM 结构实现了 LP_{01} 模式转换为 LP_{11a} 模式、LP_{21a} 模式，耦合到少模光纤中进行接收传输，但是该方案模式转换的效率较低。

2018 年，Shen 等[17]基于耦合模理论，提出一种双光子结构的新型光波导 LP_{01}-LP_{02} 模式转换器。它由包层、锥形芯、二维锥体结构组合而成。该模式转换器的工作带宽为 1350～1700nm，转换效率为 90%(0.5dB)，与其他模式之间的串扰较低。

光模式转换技术的实现主要包括光波导类型与自由空间光路型。光波导型模式转换主要通过设计器件结构实现模式转换方案，如 PLC、PIC、“光子灯笼”等通过设计模式转换器件结构的方法。因此，光波导型系统复杂度高，灵活性差，并且应用场景只限于进行一种模式到另一种模式的转换。

6.2 模式转换基础理论

如图 2-3 所示，光纤由包层、纤芯、涂层三部分组成[18]。随着光束在纤芯中传播，光束会被束缚，并且纤芯与包层边界的全反射使光束沿着纤芯前向传播[19]。

根据纤芯折射率分布的不同，光纤种类总的来说可以分为渐变折射率(grated-index，GI)光纤[20]、阶跃折射率光纤[21]。渐变折射率纤芯折射率分布带有二次函数的特征，折射率高的部分越远离包层，折射率低的部分越远离纤芯。纤芯的折射率为恒定值，用 n_1 表示，包层折射率也为恒定值，用 n_2 表示。此外，纤

芯的折射率 n_1 高于包层的折射率 n_2，即 $n_2 < n_1$。在渐变折射率光纤交界处，纤芯的折射率 n_1 刚好减小至包层的折射率 n_2。对于阶跃光纤，包层与纤芯交界处的折射率存在阶梯性变化，纤芯处折射率保持恒定。

由于折射率的分布不同，光在光纤中传播形成的模式也不同。渐变折射率中模式解的表达式为拉盖尔高斯函数。对于阶跃光纤，模式解的表达式为贝塞尔函数[22,23]。

渐变折射率中折射率的分布可以表示为[24]

$$n^2(r)=\begin{cases} n_1^2-(n_1^2-n_2^2)\left(\dfrac{r}{a}\right)^\alpha, & 0\leqslant r\leqslant a \\ n_2^2, & r>a \end{cases} \tag{6-1}$$

式中，n_1 为渐变折射率中的纤芯折射率；n_2 为渐变折射率中的包层折射率；a 为纤芯半径；α 为纤芯的折射率指数。

包层与纤芯之间的相对折射率差为 Δ，即

$$\Delta=\frac{n_1^2-n_2^2}{2n_1^2} \tag{6-2}$$

将式(6-2)代入式(6-1)，可得

$$n^2(r)=\begin{cases} n_1^2\left[1-2\Delta\left(\dfrac{r}{a}\right)^\alpha\right], & 0\leqslant r\leqslant a \\ n_1^2(1-2\Delta), & r>a \end{cases} \tag{6-3}$$

光纤中的场分布 $\Psi(r,\theta,z)$满足柱坐标条件时，波动方程为

$$\nabla^2\Psi+k^2n^2\Psi=0 \tag{6-4}$$

式中，k 为自由空间波数；n 为 GI 光纤的折射率分布。

当光束按 z 轴方向传播时，$\Psi(r,\theta,z)$可分解为

$$\Psi(r,\theta,z)=\Phi(r,\theta)\mathrm{e}^{-\mathrm{j}\beta z} \tag{6-5}$$

线性极化偏振(linear polarization，LP)模式存在时，横向分布 $\Phi(r,\theta)$可以进一步分解为

$$\Phi(r,\theta)=\varphi(r)\mathrm{e}^{\mathrm{j}m\theta} \tag{6-6}$$

式中，m 为取非负整数的角向模式数。

在实域情况下，对应 $\cos(m\theta)$、$\sin(m\theta)$两个简并解，即

$$\Phi(r,\theta)=\varphi(r)\times\begin{cases}\cos(m\theta)\\ \sin(m\theta)\end{cases} \tag{6-7}$$

将式(6-7)代入式(6-4)的波动方程中，可得

$$\nabla^2 \Phi + (k^2 n^2 - \beta^2)\Phi = 0 \tag{6-8}$$

在柱坐标系下，有

$$\begin{aligned}\nabla^2 \Phi &= \frac{\partial^2 \Phi}{\partial r^2} + \frac{1}{r}\frac{\partial \Phi}{\partial r} + \frac{1}{r^2}\frac{\partial^2 \Phi}{\partial \theta^2} \\ &= \left(\frac{\mathrm{d}^2 \varphi}{\mathrm{d}r^2} + \frac{1}{r}\frac{\mathrm{d}\varphi}{\mathrm{d}r} - \frac{m^2}{r^2}\right)\mathrm{e}^{\mathrm{j}\theta}\end{aligned} \tag{6-9}$$

则式(6-9)可表示为

$$\left[\frac{\mathrm{d}^2 \varphi}{\mathrm{d}r^2} + \frac{1}{r}\frac{\mathrm{d}\varphi}{\mathrm{d}r} + \left(k^2 n^2(r) - \beta^2 - \frac{m^2}{r^2}\right)\varphi\right]\mathrm{e}^{\mathrm{j}\theta} = 0 \tag{6-10}$$

即

$$\frac{\mathrm{d}^2 \varphi}{\mathrm{d}r^2} + \frac{1}{r}\frac{\mathrm{d}\varphi}{\mathrm{d}r} + \left(k^2 n^2(r) - \beta^2 - \frac{m^2}{r^2}\right)\varphi = 0 \tag{6-11}$$

式中，m 为取值为非负整数的角向模式数；n 为取值为正整数的角向模式数[25]。

由于渐变折射率中纤芯折射率的分布呈二次项分布[18]，因此纤芯场分布具有拉盖尔高斯函数的特征[26]。渐变折射率中包层折射率根据包层半径的增大，模式场分布线性减小直至 0。因此，包层中的场分布具有贝塞尔函数的特征。光纤中的模式横向场分布$\varphi(r)$经过简化可得

$$\varphi_{m,n}(r) = \begin{cases} C_1\left(\dfrac{r}{\omega_0}\right)^m \mathrm{e}^{-\frac{r^2}{2\omega_0^2}} L_{n-1}^m\left(\dfrac{r^2}{w_0^2}\right), & 0 \leqslant r \leqslant a \\ C_2 K_m(wr), & r > a \end{cases} \tag{6-12}$$

式中，C_1、C_2 由所处的边界条件确定；w_0 为基模高斯光束的束腰半径；w 为目标光束腰半径。

$$w_0 = \sqrt{\frac{a}{kn_1\sqrt{2\Delta}}} \tag{6-13}$$

$$w = \sqrt{\beta_{m,n}^2 - k^2 n_2^2} \tag{6-14}$$

w_0 由纤芯折射率 n_1、纤芯半径 a 和包层与纤芯之间的相对折射率差 Δ 共同决定。把式(6-13)代入式(6-14)，可得弱导光纤纤芯中的横向模式，即 LP 模式场分布表达式[25]，即

$$\Phi_{m,n}(r,\theta)=C_1\left(\frac{r}{w_0}\right)^m \mathrm{e}^{-\frac{r^2}{2\omega_0^2}} L_n^m\left(\frac{r^2}{w_0^2}\right)\begin{cases}\cos(m\theta)\\ \sin(m\theta)\end{cases} \tag{6-15}$$

式中，当 $m=0$ 时，LP_{0n} 只有一种非简并状态；当 $m\neq 0$ 时，LP_{mn} 存在两种简并模式。

6.3 空间相位调制模式转换

6.3.1 模式转换系统模型

输入为激光器需要的各高阶转换模式光束；中间的滤波器选择液晶 SLM；接收端使用光束分析仪采集转换后的模式。物象转换(object transform image，OTI)系统的模式转换原理图如图 6-1 所示。

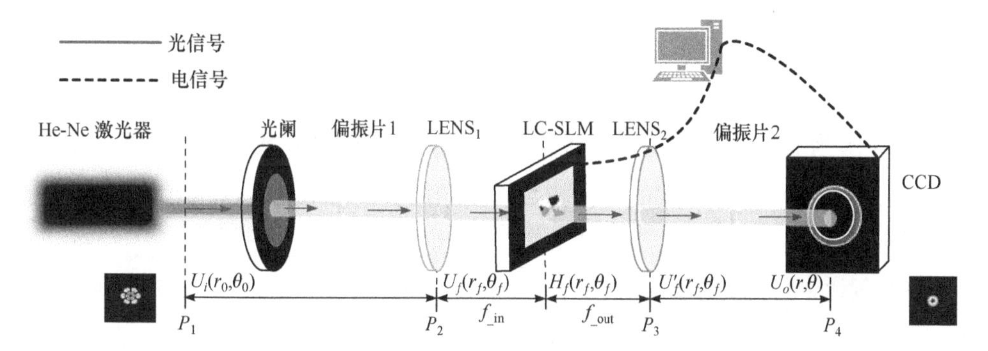

图 6-1 物象转换系统的模式转换原理图

物象转换系统的模式转换以 LC-SLM 为核心[27]，通过空间频谱滤波实现模式之间的转换。P_1 平面的输入光场复振幅为 $U_i(r_0,\theta_0)$，P_2 平面的光场复振幅为 $U_f(r_f,\theta_f)$，LC-SLM 上的传递函数表示为 $H_f(r_f,\theta_f)$，P_3 平面的光场复振幅为 $U'_f(r_f,\theta_f)$，P_4 平面转换后的光场复振幅为 $U_o(r,\theta)$，理想条件下的目标模式光场复振幅为 $U_D(r,\theta)$。根据透镜的二维快速傅里叶变换(two-dimensional fast Fourier transform，FFT2)性质，将计算得到的转换传输函数相位全息图加载到 LC-SLM 进行空间频谱滤波，接收端使用 CCD 采集转换后的模式。

P_1 平面出射的模式光场复振幅 $U_i(r_0,\theta_0)$ 经过 LENS1 的 FFT2 变换作用[23]，在 P_2 平面上的复振幅为

$$U_f(r_f,\theta_f)=\mathrm{FFT2}(U_i(r_0,\theta_0)) \tag{6-16}$$

相位调制函数 $H_f(r_f,\theta_f)$ 经 LC-SLM 转换后的复振幅为 $U'_f(r_f,\theta_f)$ 为

$$U'_f(r_f,\theta_f)=U_f(r_f,\theta_f)\cdot H(r_f,\theta_f) \tag{6-17}$$

$U'_f(r_f,\theta_f)$经过 LENS2 的 FFT2 后，P_4平面上目标光斑的复振幅分布 $U_o(r,\theta)$为

$$U_o(r,\theta)=\text{FFT2}(U'_f(r_f,\theta_f)) \tag{6-18}$$

转换模式 LP_{mn} 的场分布 $U_i(r_0,\theta_0)$可由缔合拉盖尔高斯函数表示为[20]

$$U_i(r_0,\theta_0)=\left(\sqrt{2}\frac{r}{w_{f\_\text{in}}}\right)^m L_n^m\left(2\frac{r^2}{w_{f\_\text{in}}^2}\right)\text{e}^{-\frac{r^2}{w_{f\_\text{in}}^2}}\begin{cases}\cos(m\theta)\\\sin(m\theta)\end{cases} \tag{6-19}$$

式中，$f_{_\text{in}}$为 LC-SLM 前焦面的焦距；w_{f_in}为输入转换模式的束腰半径；m、n为转换模式的径向指数、角向指数；$\cos(m\theta)$、$\sin(m\theta)$为简并解。

类似地，目标模式 LP_{pq} 的场分布 $U_D(r,\theta)$也由式(6-15)用缔合拉盖尔高斯函数表示为[29]

$$U_D(r,\theta)=\left(\sqrt{2}\frac{r}{w_{f\_\text{out}}}\right)^p L_q^p\left(2\frac{r^2}{w_{f\_\text{out}}^2}\right)\text{e}^{-\frac{r^2}{w_{f\_\text{out}}^2}}\begin{cases}\cos(p\theta)\\\sin(p\theta)\end{cases} \tag{6-20}$$

式中，$f_{_\text{out}}$为 LC-SLM 后焦面的焦距；w_{f_out}为输入转换模式和目标模式的束腰半径；p、q 为对应目标模式的径向指数、角向指数；$\cos(p\theta)$、$\sin(p\theta)$为简并解。

束腰半径 w_{f_in}、w_{f_out} 由空间频谱半径 $\omega_{f\_\text{in},m,n}$、$\omega_{f\_\text{out},p,q}$ 确定。$\omega_{f\_\text{in},m,n}$、$\omega_{f\_\text{out},p,q}$ 的空间频谱半径是有限的。当 $\omega_{f\_\text{out},p,q}>\omega_{f\_\text{in},m,n}$ 时，转换后会使有用的高频信息丢失；$\omega_{f\_\text{out},p,q}<\omega_{f\_\text{in},m,n}$，转换后会使高频噪声引入。因此，只有 $\omega_{f\_\text{out},p,q}=\omega_{f\_\text{in},m,n}$ 时，目标模式与转换模式的空间频谱达到匹配状态。转换模式的空间频谱半径和目标模式的空间频谱半径为

$$\begin{aligned}\omega_{f\_\text{in},m,n}&=\sqrt{m+2n-1}\frac{\lambda f_{\text{in}}}{2\pi w_{f\_\text{in}}}\\\omega_{f\_\text{out},p,q}&=\sqrt{p+2q-1}\frac{\lambda f_{\text{out}}}{2\pi w_{f\_\text{out}}}\end{aligned} \tag{6-21}$$

当空间频谱半径匹配，即 $\omega_{f\_\text{out},p,q}=\omega_{f\_\text{in},m,n}$ 时，由式(6-21)可得空间频谱半径与模式的阶数、光的波长、转换模式的束腰半径、输出模式的束腰半径、透镜的焦距这几个参数相关。

对于一个已知输入输出模式的系统，光的波长、转换模式、目标模式束腰半径是已知的，透镜的焦距也是可知的，所以考虑转换模式的空间频谱与目标模式的空间频谱半径匹配的条件，束腰半径 w_{f_in} 和 w_{f_out} 间存在如下关系，即

$$\frac{w_{f\_\text{in}}}{w_{f\_\text{out}}}=\frac{\sqrt{m+2n-1}}{\sqrt{p+2q-1}} \tag{6-22}$$

无线光通信中的模式转换需求主要实现高阶模到基模的转换。因此，输出的光为基模高斯光束，即输出光束的束腰半径为 25μm，得到的输入光束的束腰半径为

$$w_{f\_\text{in}}=\frac{\sqrt{m+2n-1}}{\sqrt{p+2q-1}}\cdot w_{f\_\text{out}} \tag{6-23}$$

即 LC-SLM 的转换传输函数是输出平面的目标模式场分布的 IFFT(inverse fast Fourier transform，快速逆傅里叶变换) 与转换模式场分布的 FFT(fast Fourier transform，快速傅里叶变换)之比，即

$$H(r_f,\theta_f)=\frac{\text{IFFT}(U_D(r,\theta))}{\text{FFT}(U_i(r_0,\theta_0))} \tag{6-24}$$

将 $U_D(r,\theta)$和 $U_i(r_0,\theta_0)$表示为振幅和相位形式，即理想情况下模式间转换的传输函数，即

$$\begin{aligned}H(r_f,\theta_f)&=\frac{\text{IFFT}(U_D(r,\theta))}{\text{FFT}(U_i(r_0,\theta_0))}\\&=\frac{\left|u_{f_o,p,q}\right|}{\left|u_{f_i,m,n}\right|}\mathrm{e}^{\mathrm{i}(\varphi_{f_o}(r_f,\theta_f)-\varphi_{f_i}(r_f,\theta_f))}\end{aligned} \tag{6-25}$$

式中，转换传输函数由振幅与相位两部分组成。

对式(6-25)中的振幅信息和相位信息同时进行调制，其插入损耗不可忽略[21]。由式(6-25)可以获得用于模式转换相位调制的全息图。对于光纤中的模式，其空间域分布和空间频率域分布表达式均为实数，相位只有 0 和 π 两种取值。因此，转换传输函数的相位取值可以从最基本的仅包含 0、π 两种情况开始。

实验使用的 RL-P2-SLM 为反射式相位型 SLM，忽略幅度信息，只保留相位信息，简化式(6-25)可得转换传输函数，即

$$\begin{aligned}H(r_f,\theta_f)&=\arg\left\{\frac{\text{IFFT}(U_D(r,\theta))}{\text{FFT}(U_i(r_0,\theta_0))}\right\}\\&=\exp[\mathrm{j}(\varphi_{f_0}(r_f,\theta_f)-\varphi_{f_i}(r_f,\theta_f))]\end{aligned} \tag{6-26}$$

6.3.2　高阶模到 LP_{01} 模式的转换

基于物象转换模式转换系统，高阶模-LP_{01} 模式纯二进制相位的模式转换仿真结果如图 6-2 所示。

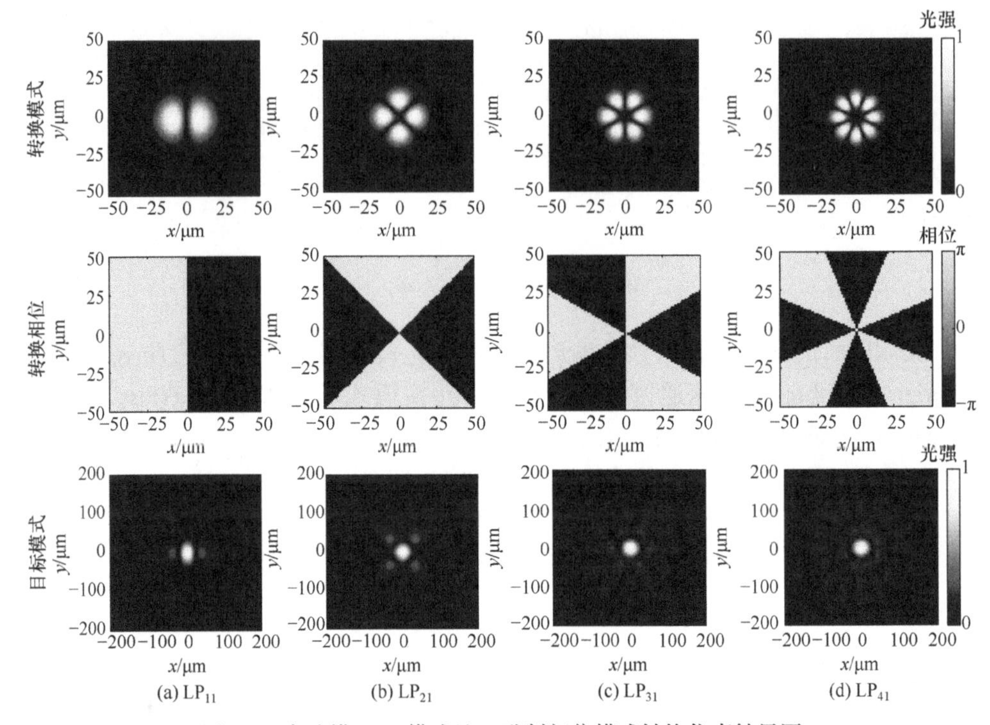

图 6-2　高阶模-LP_{01}模式纯二进制相位模式转换仿真结果图

图 6-2 中第一行的转换模式经过第二行相应的转换相位转换后，可以得到第三行目标光场 LP_{01} 模式。由图中每一列可以看出，经过二进制相位调制后的模式有了明显的转换，转换后的光斑能量集中，类似于高斯基模 LP_{01} 模式。第一列 LP_{11} 模式转换后，中心光斑半径仍为 25μm，光斑大小不变，但是外围存在高阶衍射分量；高阶衍射分量的形成由 LC-SLM 加载相位时液晶分子排列的突变与液晶结构自身的衍射引起。第二列 LP_{21} 的径向光强经过转换后，部分集中到中心位置，同时模式自身径向位置存在未完全转换部分和高阶衍射分量。第三列 LP_{31} 模式的径向和角向位置的光通过二进制相位转换后也大部分集中到光斑中心位置，同时模式自身径向角向位置也存在未完全转换的部分和高阶衍射分量。LP_{41} 的转换效果更为明显，但是光斑中心外围存在更多高阶衍射分量，与理想目标 LP_{01} 模式之间还存在差异。由高阶-低阶转换后的结果可知，随着模式阶数增加，对应的转换后的高阶衍射分量增多。

6.3.3　转换效率分析

对模式转换后的转换效果量化分析，采用获得目标模式与理想条件下目标模式的自相关函数来表示[20]，即

$$\mathrm{CE}=\frac{\left|\iint U_o(x,y)\cdot U_D(x,y)\mathrm{d}s\right|^2}{\iint\left|U_o(x,y)\right|^2\mathrm{d}s\cdot\iint\left|U_D(x,y)\right|^2\mathrm{d}s} \tag{6-27}$$

其中，$U_o(x,y)$为转换后的模式；$U_D(x,y)$为理想情况下的目标模式；CE 为计算得到的模式转换系统下的转换效率，CE 值越大，对应该模式转换系统精度越高，转换效果越好。

LP_{01}模-高阶模二进制相位转换对应的转换效率如表 6-1 所示。高阶模-基模二进制相位转换对应的转换效率如表 6-2 所示。

表 6-1　LP_{01}模-高阶模二进制相位转换对应的转换效率

转换模式	目标模式	转换效率/%
LP_{01}	LP_{02}	22.7
	LP_{03}	9.43
	LP_{04}	9.42
	LP_{11}	38.3
	LP_{12}	18.6
	LP_{13}	12.9
	LP_{21}	7.95
	LP_{22}	5.89
	LP_{23}	4.79
	LP_{31}	1.05
	LP_{32}	0.99
	LP_{41}	0.1

表 6-2　高阶模-基模二进制相位转换对应的转换效率

转换模式	目标模式	转换效率/%
LP_{02}	LP_{01}	82.75
LP_{03}	LP_{01}	81.82
LP_{04}	LP_{01}	84.21
LP_{11}	LP_{01}	79.18
LP_{12}	LP_{01}	69.94
LP_{13}	LP_{01}	71.98
LP_{21}	LP_{01}	69.96
LP_{22}	LP_{01}	67.48
LP_{23}	LP_{01}	71.66
LP_{31}	LP_{01}	64.90
LP_{32}	LP_{01}	68.40
LP_{41}	LP_{01}	61.30
LP_{51}	LP_{01}	59.88

由此可知，随着阶数的增大，转换效率逐渐降低。LP_{01}模-高阶模转换下LP_{02}模式的转换效率值最高为 22.73%，LP_{41} 的模式阶数最高，对应的转换效率仅为 0.1%。高阶模-LP_{01}模式的转换，LP_{02}模式转换效率最高为 82.75%，LP_{51}模式转换效率最低为 59.88%。结合图 6-3 和图 6-4，随着模式阶数的增加，对应转换后高阶衍射分量增多，伴随着转换效率的降低，得到的转换传输函数相位全息图在转换精度上存在失真，转换效率有待提高。因此，需要选择一种跳出局部最优选取全局最优转换传输函数全息图的算法，对优化初始的相位全息图进行改进来提高转换效率和转换精度。

6.4　模式转换的改进

6.4.1　基于模拟退火算法的模式转换

在模式转换系统中，LC-SLM 上加载的信息是取值为 0 或 π 的相位信息，它忽略了幅度信息。为了提高转换效率，对忽略的幅度信息进行补偿，考虑幅度信息转换到频域，即全息图中相邻像素点间的变化。这种变化速度可以间接描述幅度信息[28]，因此可以利用相邻像素的变化速度来补偿幅度信息。对转换传输函数相位矩阵上的任意一个像素点的值进行 0 或 π 的扰动，即对频谱信息进行处理，频谱信息的改变会影响转换目标模式，使利用其转换后得到的模式与理想目标模式更加接近。因此，结合模拟退火算法的全局最优化特性，随机对某一像素点处的相位进行 0 或 π 的扰动，最终可以得到最优化的转换传输函数相位全息图，实现模式间较高效率的转换。模拟退火算法优化传递函数如图 6-3 所示。

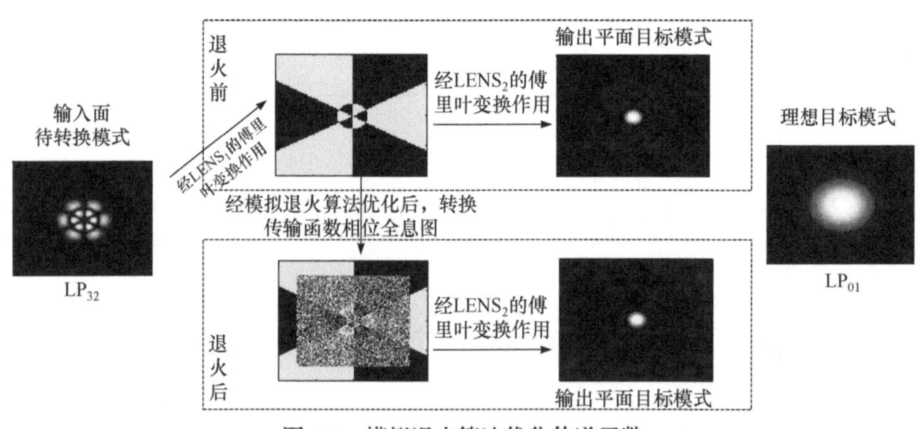

图 6-3　模拟退火算法优化传递函数

模拟退火算法优化模式转换传输函数相位全息图的退火结果与初始温度、退火系数、迭代次数、像素的退火区间的选取相关。

由图 6-4 可知，LP_{02}模式经过二进制相位模式转换后得到的初始解对应的转换效率值为 82.75%，模拟退火算法以此状态下的转换传输函数作为起始值进行优化。由图 6-4(a)可知，当初始温度 $T = 5$ 时，转换还未完全时达到 96.66%的转换效率。退火过程太快，没有收敛到稳定的转换效率值。当初始温度 $T = 10$ 时，转换效率提升时间较长，但是转换效率值最终达到 98.64%的稳定状态。与 $T = 5$ 相比，当 $T = 20$ 时，转换效果有所提升，提高到 96.81%，但也未达到 $T = 10$ 时的稳定状态，因此 $T = 20$ 时初始温度设置过高。与 $T = 20$ 时一样，$T = 50$ 时，初始温度过高，转换效率仅为 95.42%。

由图 6-4(b)可知，当退火系数$\alpha = 0.9$ 时，转换完全并达到趋于稳定的终值 98.60%。当退火系数$\alpha = 0.95$ 时，退火过程太慢，虽然达到稳定的转换效率值 98.31%，但是转换效率值收敛速度太慢，需要的计算时间过长。与$\alpha = 0.9$ 相比，其耗时过长且转换效率未达到最高。因此，退火系数应该选择较合适的 0.9。

由图 6-4(c)可知，当扰动次数 $k = 200$ 时，转换效率提升速度最快，提升至 97.64%，但是未达到收敛状态；当扰动次数 $k = 500$、800 时，转换效率提升至 97.78%和 98.24%，但是同样未达到收敛；当扰动次数 $k = 1000$ 时，转换效率值最终达到稳定收敛状态 98.89%。因此，选取扰动次数 $k = 1000$。

由图 6-4(d)可知，当退火区间为 450×450、550×550 时，转换效率提升速度一样，到达稳定转换效率值 98.86%的时间也一样。两个退火区间对耦合效率的影响一致，可以得出模式转换时的有效区间，即 450×450。

图 6-4 确定了模拟退火算法优化转换传输函数，得到最优转换传输函数时的退火参数，即初始温度为 $T = 10$、退火系数为$\alpha = 0.9$、扰动次数为 $k = 1000$、优化区域为 450×450。

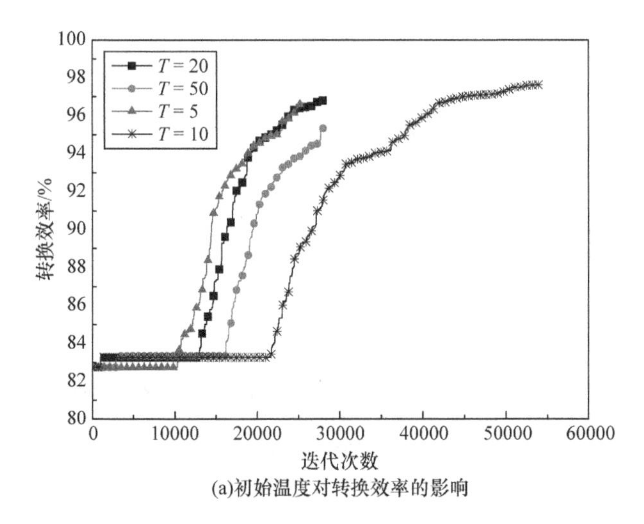

(a)初始温度对转换效率的影响

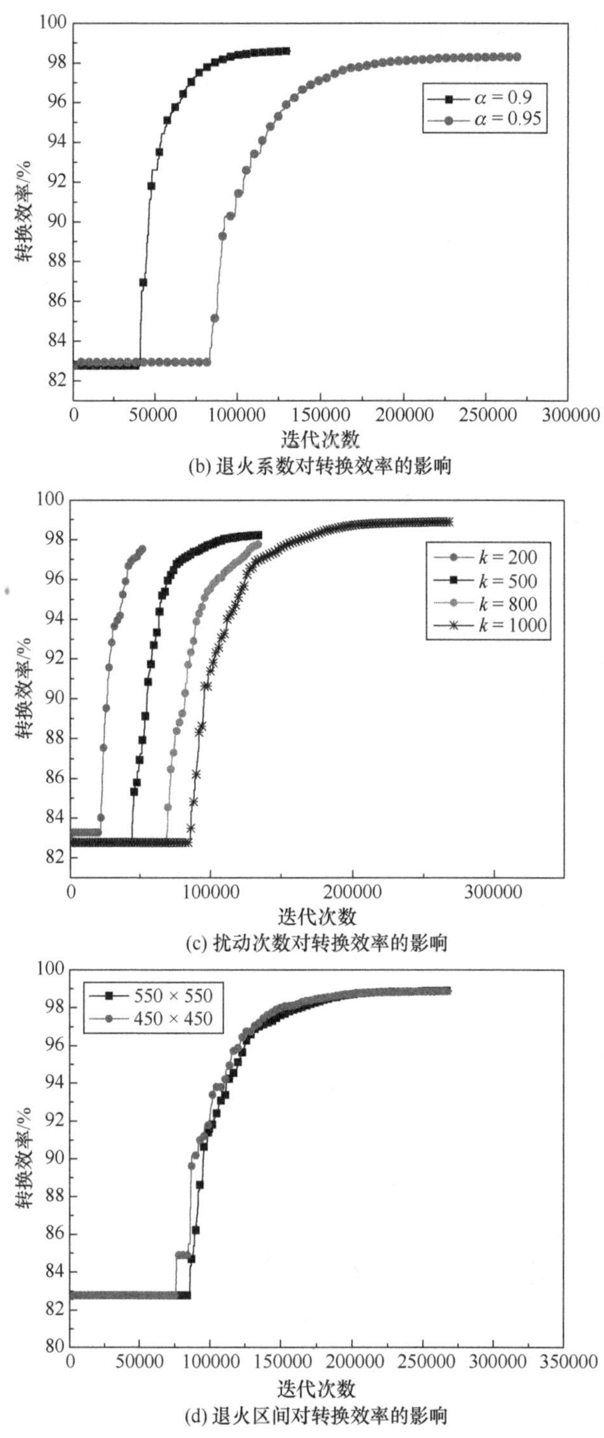

(b) 退火系数对转换效率的影响

(c) 扰动次数对转换效率的影响

(d) 退火区间对转换效率的影响

图 6-4　不同退火条件下的转换效率

此外，由于模拟退火算法对转换传输函数进行优化时，相位会随机反转，因此每一次进行转换的终值都不是完全一致的，但是每一次转换后的转换效率均稳定在 98.85%以上。

6.4.2　模式转换效果比较

以 LP_{02}、LP_{12}、LP_{22}、LP_{32} 为例进行高阶模到基模的仿真实验，加入模拟退火算法，对转换传输函数相位全息图进行局部优化，并与二进制相位的转换结果对比。

经过模拟退火算法后的转换传输函数相位全息图及转换结果如图 6-5 所示。从 LP_{02} 的转换可得，模拟退火算法对中心像素点的相位进行了随机扰动，每一点的相位值根据 Metropolis 准则判断是否接受改变从而得到最优的相位分布，使转换精度达到最高。第二列的 LP_{02} 模式经过二进制相位转换后的传输函数外围存在

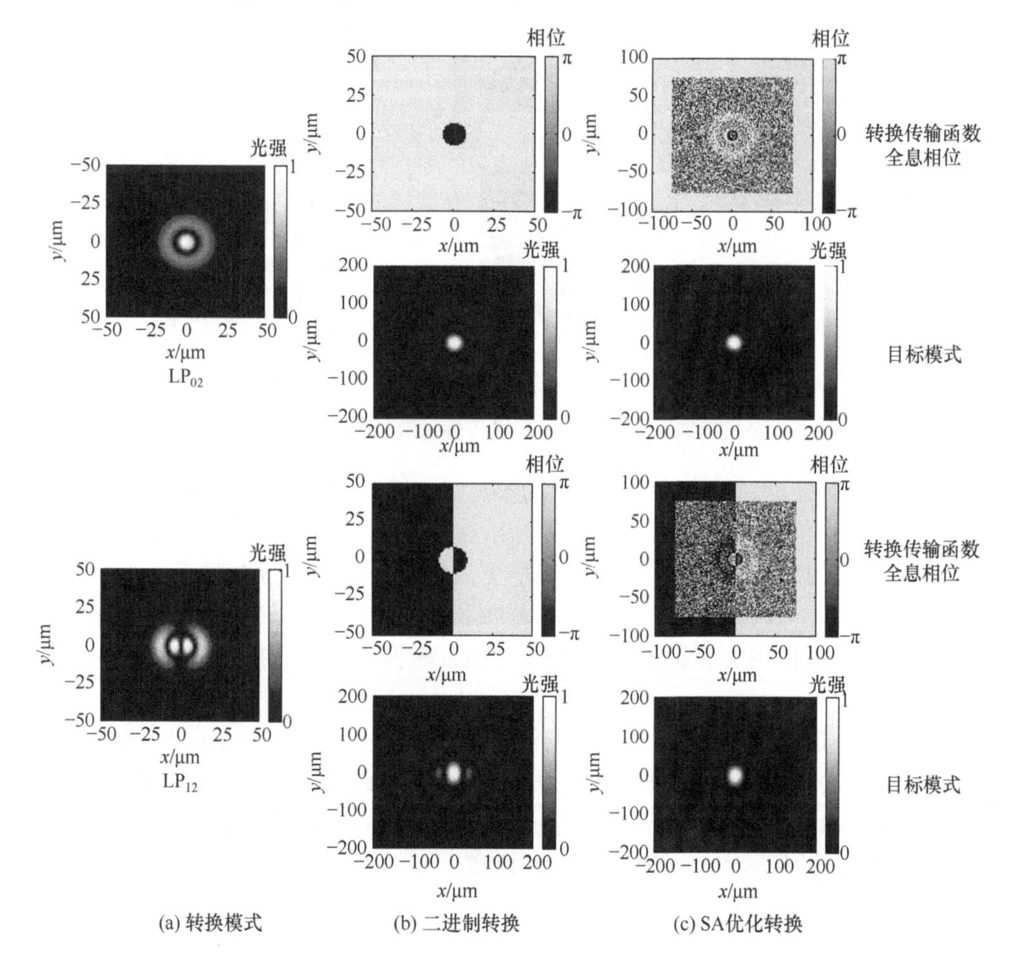

(a) 转换模式　(b) 二进制转换　(c) SA优化转换

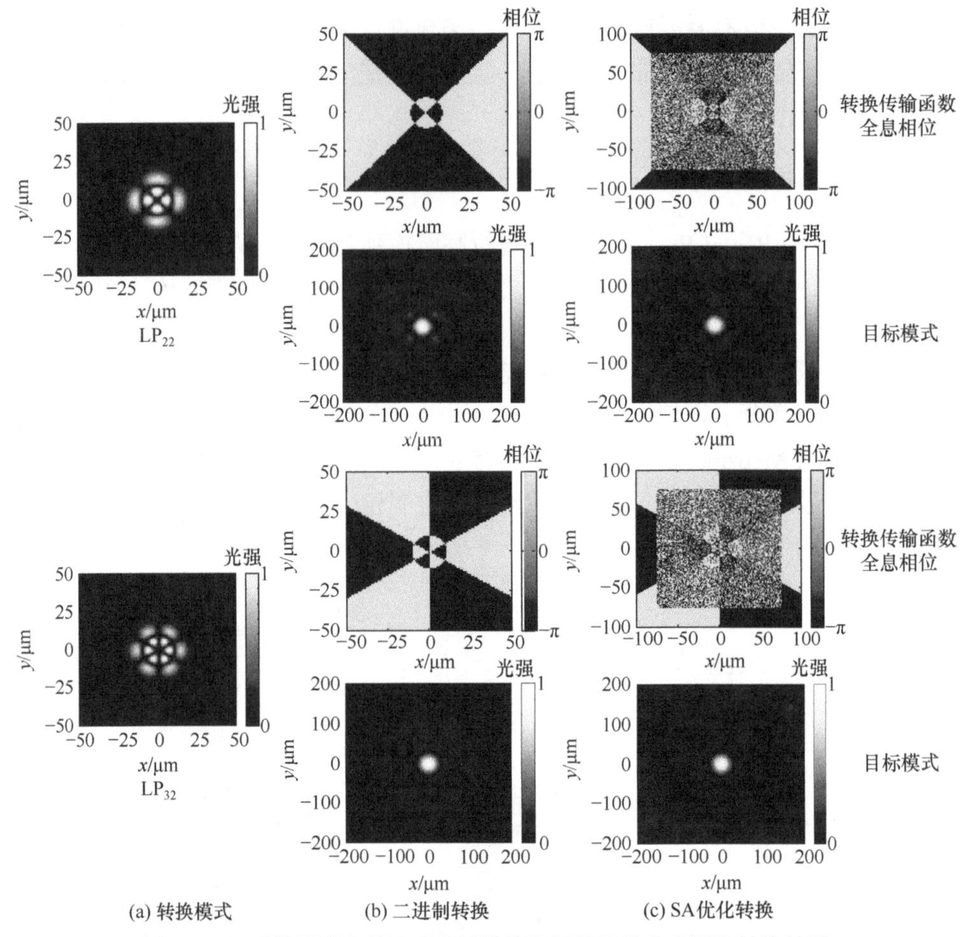

图 6-5　经过模拟退火算法后的转换传输函数相位全息图及转换结果

一圈高阶衍射分量。对比第三列进行的模拟退火算法相位优化，经过模拟退火算法转换后的相位转换传输函数中心处高阶衍射分量比未加模拟退火算法时明显减少，并且转换后的模式中心光斑能量更为集中，呈对称分布状态，转换后的模式精度提高。LP_{12}、LP_{22}、LP_{32}经过模拟退火算法优化后转换的模式精度也普遍提高。使用模拟退火算法前后高阶模到LP_{01}转换对应的转换效率对比如图 6-6 所示。

以LP_{31}模式为例，经过二进制相位转换后的转换效率 CEold = 64.90%。经过模拟退火算法后，目标函数的数值趋于稳定，最终的LP_{31}模式到LP_{01}模式的转换效率达到 86.84%。实验验证了模拟退火算法对初值的不敏感特性，以及模拟退火算法优化后各阶模式的转换效率均有所提高。

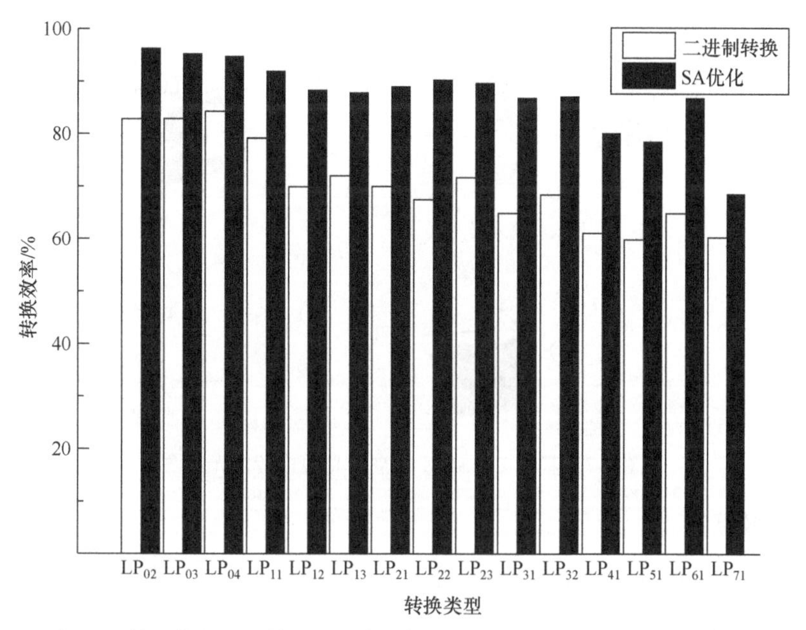

图 6-6　使用模拟退火算法前后高阶模到 LP_{01} 转换对应的转换效率对比

6.5　实验研究

6.5.1　模式转换实验

1. 实验平台

实验系统包括 632nm He-Ne 激光器、2 个透镜(LENS2、LENS3)、光阑、Spiricon 光束分析仪、2 个反射式 LC-SLM-R2、偏振控制器等。模式转换实验由于无法直接通过激光器获得高阶模，因此需要预处理。预处理的目的是将激光器出射的高斯基模光束利用 SLM 产生湍流后退化的高阶模，再通过模式转换系统的调制得到基模高斯光束。基于 LC-SLM 的空间光模式转换光路图如图 6-7 所示。

模式转换实验的具体操作过程如下，He-Ne 激光器发出的基模高斯光束经过光阑滤除外围杂散光斑，然后经过偏振片 1 将偏振状态调节至与 SLM 液晶板长轴平行的状态。LC-SLM1 位于 LENS1 的后焦面及 LENS2 的前焦面。因此，LENS1、LENS2 与 LC-SLM1 组成物象转换空间滤波系统，先进行基模激励到高阶模的预处理过程，预处理后得到的高阶模通过 LC-SLM2，然后利用 LC-SLM2 控制器的驱动软件，改变加载的转换全息相位图，实现对不同高阶入射光模式的不同调制。

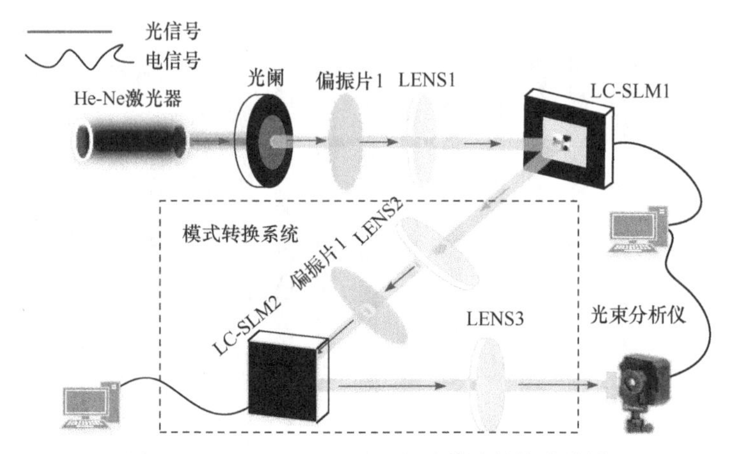

图 6-7　基于 LC-SLM 的空间光模式转换光路图

2. 实验结果

LP_{11} 模式预处理结果如图 6-8 所示。

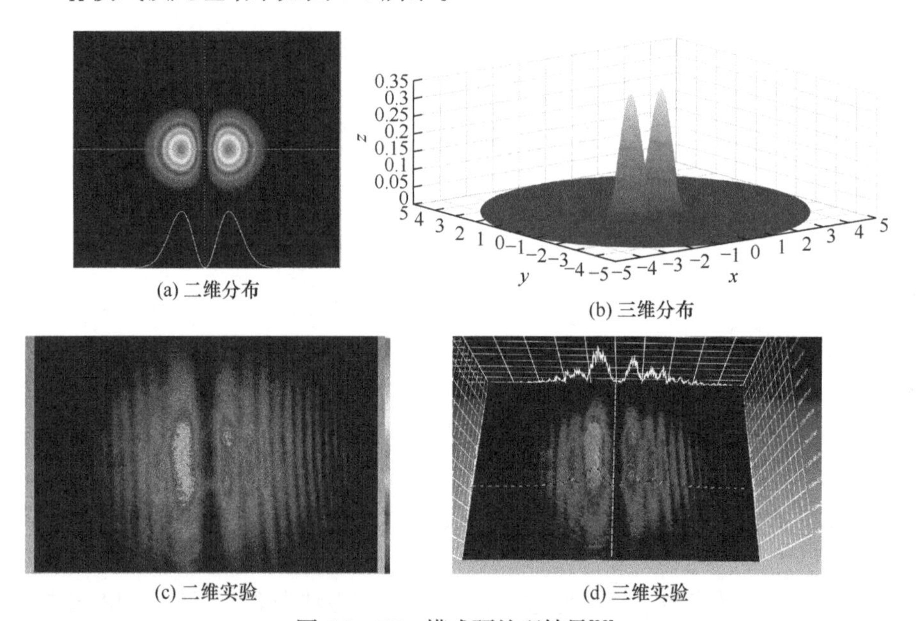

图 6-8　LP_{11} 模式预处理结果[29]

理想条件下的 LP_{11} 模式二维图案如图 6-8(a)所示。LP_{11} 模式预处理后的二维实验结果如图 6-8(c)所示。对比可知，预处理得到的模式外围衍射与湍流后模式分布的随机性一致。LP_{11} 模式预处理后的三维实验结果如图 6-8(d)所示。理想条件下的 LP_{11} 模式三维图案如图 6-8(b)所示。对比可知，LP_{11} 模式存在左右两个对称峰值，预处理得到的模式能量分布与 LP_{11} 模式理想能量分布保持一致，外围的衍射与湍流后模式分布随机性一致。

模式转换实验预处理产生的高阶模如图 6-9 所示。可以看出，预处理得到的高阶模与理想高阶模的能量分布保持一致，三维图像的分布对称性与各模式中峰值所处的位置和理想条件下目标的高阶模一致，预处理产生的湍流退化后的高阶模效果显著。由于转换时液晶器件填充因子的不可控，不可避免地存在外围高阶衍射分量。随着模式阶数的增加，外围存在的高阶衍射分量与湍流后形成的弥散随机状态保持一致。激励的湍流退化后，模式外围高阶衍射分量增多，并随着模式阶数的增加，衍射增多。

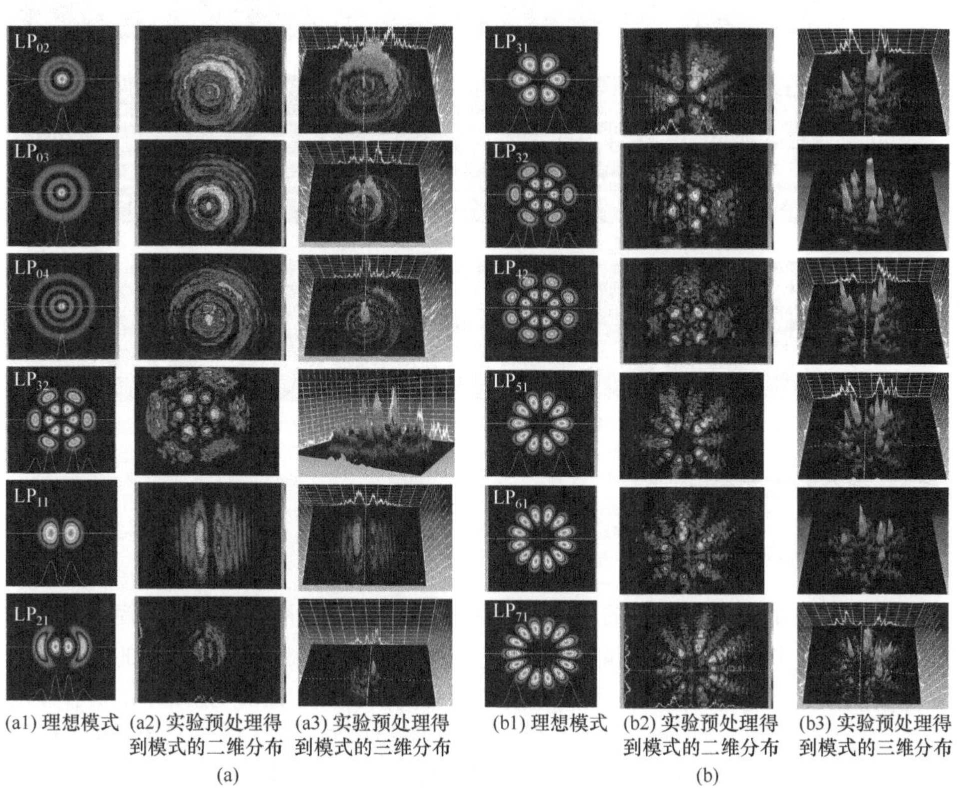

(a1) 理想模式　(a2) 实验预处理得到模式的二维分布　(a3) 实验预处理得到模式的三维分布

(a)

(b1) 理想模式　(b2) 实验预处理得到模式的二维分布　(b3) 实验预处理得到模式的三维分布

(b)

图 6-9　模式转换实验预处理产生的高阶模[29]

模式转换结果如图 6-10 所示。第二行为预处理得到的湍流退化后各高阶模，第三行为通过模式转换系统后生成的目标 LP_{01} 模式。可以看出，第一列的 LP_{02} 模式分布与理想光强分布对比，光场能量的分布及对称性均与理想的情况保持一致，但是周围不可避免地存在高阶衍射分量。退化后的模式再经过 LC-SLM2，生成最终的基模 LP_{01} 模式，转换后的结果如第三行所示，二次调制后高阶衍射分量同样存在。但是，LP_{01} 模式光场分布能量集中，与理想情况下的模式场分布保持一致。随着模式阶数的减小，转换后的光场分布更加集中，与表 6-2 的仿真结果随着模式阶数的增加转换效率减小一致。可见，基于 LC-SLM 的空间模式转换结合模拟退火算法后，LP_{01} 模式分布与理想条件下的分布一致，能量集中在中心位置处，有明显的转换效果。其余的高阶模同样经过模式转换系统后有了明显的转换效果。

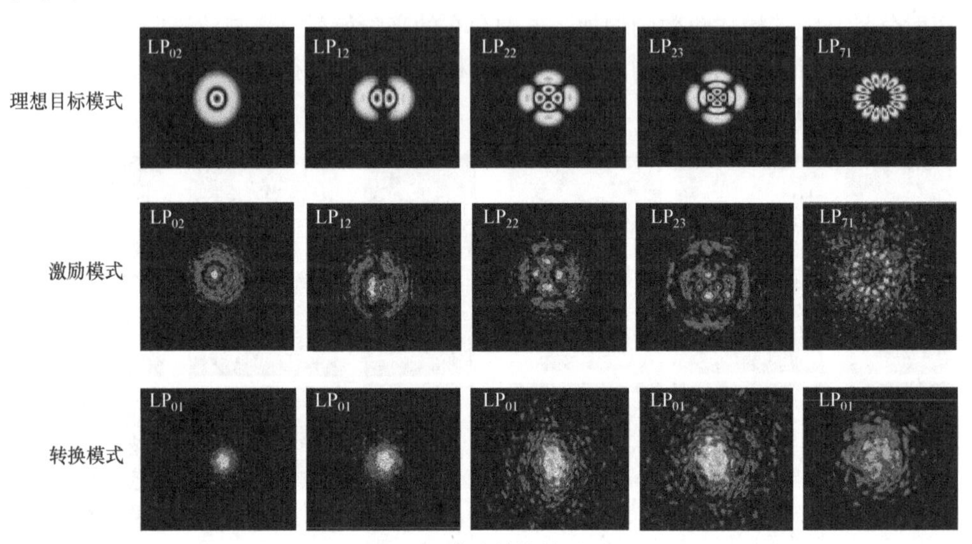

图 6-10　模式转换结果[29]

6.5.2　耦合效率实验

1. 模式转换耦合实验

模式转换用于耦合实验的原理图如图 6-11 所示。实验利用对偏振控制器的控制，将偏振态平行于 SLM 液晶板的长轴。预处理在 LC-SLM1 上得到的相位全息图将基模模式经过 LC-SLM1 调制为湍流后的高阶模式，通过 LENS1 汇聚在中心位置。LC-SLM1 上加载用于产生湍流的高阶模信息。当 LC-SLM2 断电时，LC-SLM2 可视为平面反射镜。光束分析仪可以探测到湍流后高阶模光场分布情况，如图 6-9 和图 6-10 所示。LENS2、分光棱镜和 LC-SLM2 形成模式转换系统，将高阶退化后模式转换为基模，通过 LC-SLM2 控制器的驱动软件改变加载的全息图，即可实现不同高阶模相位调制，最终转换为基模形式。通过分光棱镜将 LC-SLM2 转换后的光分成两束，其中一路进入分光棱镜后反射到光束分析仪上进行观察，另一路传输到用于单模光纤耦合的耦合装置。采用光功率计探测光纤端面处与耦合进单模光纤的光功率值。

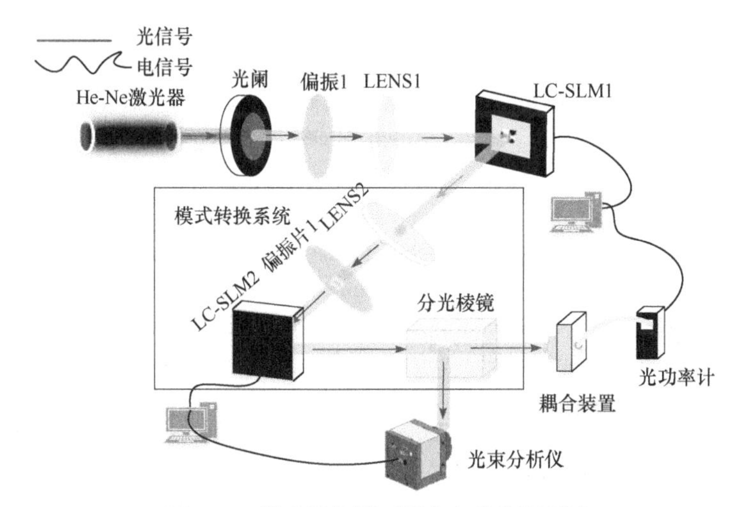

图 6-11　模式转换用于耦合实验的原理图

2. 模式转换结果分析

根据光功率计采集的光纤末端出射功率 P_f、光纤端面功率 P_0，以及 $\eta=\dfrac{P_f}{P_0}$ 可以计算得到模式转换的耦合效率，如表 6-3 所示。

表 6-3　模式转换的耦合效率[29]

转换模式	目标模式	光纤端面功率/dBm		光功率计/dBm		耦合效率/%	
		二进制转换	模拟退火算法优化	二进制转换	模拟退火算法优化	二进制转换	模拟退火算法优化
LP_{02}	LP_{01}	−18.13	−15.62	−20.49	−17.22	58.09	69.18
LP_{12}	LP_{01}	−18.18	−15.65	−20.69	−17.30	56.18	68.38
LP_{22}	LP_{01}	−18.53	−15.85	−21.06	−17.64	55.92	66.21
LP_{23}	LP_{01}	−19.56	−15.86	−21.10	−17.67	55.71	65.91
LP_{71}	LP_{01}	−19.54	−16.36	−22.62	−18.56	49.19	60.29

当光束从耦合装置耦合到 SMF 时，基模功率由光功率计测量得到。当预处理得到的退化后模式为 LP_{22} 时，纯二进制转换时耦合功率为−18.53 dBm，模拟退火算法优化后的耦合效率从 55.92%提高到 66.21%。由此得出，模式转换在提高基模含量从而提高耦合效率方面起着重要的作用。利用 LC-SLM 实现模式转换，增加基模的含量，从模式转换间接实现对空间光-单模光纤耦合效率的提升。阶数最小的 LP_{02} 模式转换后的耦合效率提升至 69.18%。LP_{71} 模式对应的阶数最大，耦合效率由二进制转换的 49.12%提升至 60.29%。

参考文献

[1] Tsekrekos C P, Koonen A M J. Mode-selective spatial filtering for increased robustness in a mode group diversity multiplexing link. Optics Letters, 2007, 32(9): 1041-1043.

[2] Tsekrekos C P, Koonen A M J. Mitigation of impairments in MGDM transmission with mode-selective spatial filtering. IEEE Photonics Technology Letters, 2008, 20(13): 1112-1114.

[3] Argyros A, Blandhawthorn J, Leonsaval S G. Photonic lanterns: A study of light propagation in multimode to single-mode converters. Optics Express, 2010, 18(8): 8430-8439.

[4] Carpenter J, Wilkinson T D. Precise modal excitation in multimode fibre for control of modal dispersion and mode-group division multiplexing//The 37th European Conference and Exposition on Optical Communications, Geneva, 2011: 217-235.

[5] Amphawan A. Holographic mode-selective launch for bandwidth enhancement in multimode fiber. Optics Express, 2011, 19(10): 9056-9065.

[6] Fontaine N K, Doerr C R, Mestre M A, et al. Space-division multiplexing and all-optical MIMO demultiplexing using a photonic integrated circuit//Optical Fiber Communication Conference & Exposition, Los Angeles, 2012: 139-146.

[7] Birks T A, Mangan B J. "Photonic lantern" spectral filters in multi-core fiber. Optics Express, 2012, 20(13): 13996-14008.

[8] Leon S G, Argyros A, Bland-Hawthorn J. Photonic lanterns: A study of light propagation in multimode to single-mode converters.Optics Express, 2010, 18(8): 8430-8439.

[9] Ding Y, Ou H, Xu J. Silicon photonic integrated circuit mode multiplexer.IEEE Photonics Technology Letters, 2013, 25(7):648-651.

[10] Hanzawa N, Saitoh K, Matsui T, et al. PLC-based mode multi/demultiplexer for MDM transmission//Proceedings of the SPIE 9009, Next-Generation Optical Communication, Cambridge, 2013: 8-16.

[11] Hanzawa N, Saitoh K, Sakamoto T, et al. Two-mode PLC-based mode multi/demultiplexer for mode and wavelength division multiplexed transmission. Optics Express, 2013, 21(22): 25752-25760.

[12] Uematsu T, Hanzawa N, Saitoh K, et al. PLC-type LP11 mode rotator with single-trench waveguide for mode-division multiplexing transmission//Optical Fiber Communications Conference & Exhibition, San Francisco, 2014: 471-492.

[13] 高立, 尚晓慧, 兰名荥, 等. 一种基于多相位模拟退火算法的任意模式精确转换方法. 中国专利: CN105007545A, 2015-10-28.

[14] 齐晓莉. 空分复用中利用空间光调制器实现对光模式的精确控制和选择方法的研究. 北京:北京邮电大学, 2015.

[15] Taher A B, Di B P, Bahloul F, et al. Adiabatically tapered microstructured mode converter for selective excitation of the fundamental mode in a few mode fiber. Optics Express, 2016, 24(2): 1376-1385.

[16] 涂佳静, 张欢, 李晗, 等. 基于多芯光纤的三模复用/解复用器的设计. 光学学报, 2017, 37(3): 162-169.

[17] Shen D, Wang C, Ma C, et al. A novel optical waveguide LP01/LP02 mode converter. Optics Communications, 2018, 4(18): 98-105.
[18] 孙学康, 张金菊. 光纤通信. 北京:人民邮电出版社, 2012.
[19] 顾婉仪. 光纤通信系统. 3 版. 北京: 北京邮电出版社, 2013.
[20] Stepniak G, Masksymiuk L, Siuzdak J. Binary-phase spatial light filters for mode-selected excitation of multimode fibers. Lightwave Technology, 2011, 29(13): 1980-1987.
[21] Li G, Bai N, Zhao N, et al. Space-division multiplexing: the next frontier for highly efficient spacial mode conversion. Optical Express, 2014, 22(10): 11610-11619.
[22] 柯熙政. 无线光正交频分复用原理及应用. 北京: 科学出版社, 2018.
[23] Carpenter J, Thomsen B C, Wilkinson T D. Mode division multiplexing of modes with the same azimuthal index. IEEE Photonics Technology Letters, 2012, 24(21): 1969-1972.
[24] 王子华, 吴智勇. 用耦合波理论求解渐变折射率光纤的传播常数和模式场. 光子学报, 1997, 26(2): 115-120.
[25] Stepniak G, Maksymiuk L, Siuzdak J. Increasing multimode fiber transmission capacity by mode selective spatial light phase modulation//The 36th European Conference and Exhibition Optical Communication, Torino, 2010: 1-3.
[26] Kitatama K, Tated M, Seikai S, et al. Determination of mode power distribution in a parabolic-index optical fiber: Theory and application. IEEE Journal of Quantum Electronics, 1979, 15(10): 1161-1165.
[27] Frey R W, Burkhalter J H, Zepkin N, et al. Apparatus and method for objective measurements of optical systems using wavefront analysis. US: US06497483B2, 2002-12-08.
[28] Lan M, Gao L, Yu S, et al. An arbitrary mode converter with high precision for mode division multiplexing in optical fibers. Journal of Modern Optics, 2015, 62(5): 348-352.
[29] 张旭彤. 模式转换法提高单模光纤耦合效率的研究. 西安: 西安理工大学, 2020.

第 7 章　自适应光学波前校正

无线光通信有两种信号检测方式，一种是强度调制/直接检测(intensity modulation/direct detection，IM/DD)，另一种是相干检测。相干探测与直接探测相比有约 20 dB 增益的检测灵敏度，更适合远距离空间激光通信。相干探测采用光纤通信领域中成熟的光纤式混频器，将光纤混频器用于空间光通信系统。采用自适应光学技术提高空间光到光纤的耦合效率是提高相干探测灵敏度的有效方法。

7.1　引　　言

依据模式匹配的原理，理论计算表明，1550nm 波段空间光-单模光纤的耦合效率最大可达 82.69%[1]，其中对耦合效率影响最大的是径向误差[2]。阵列光纤耦合的光束合成技术、自适应光学技术可以改变光束质量，提高耦合效率[3]。采用六边形排列的阵列光纤耦合效率要高于单光纤的耦合[4]，而自适应光学技术能够增加空间光相干长度，进而提高耦合效率[5]，其中快速反射镜用于修正波前的倾斜分量，可直接提高空间光到光纤的耦合效率[6]。将自适应光学技术与阵列光纤耦合技术相结合，在校正波前 Zernike 系数的前 3～20 阶次即可有效提高耦合效率，中湍流条件下耦合效率可由 15%提升至 40%[7]。同样，将波前校正技术用于无线光通信领域，通过修正信标光的波前测量结果来修正信号光的波前也是一种基于自适应光学技术提升通信质量的方法[8]。针对实际系统，实验表明，经自适应光学系统校正后，光束的斯特列尔比由 8%提升至 33%，中湍流情况下耦合效率由 12.5%提升至 29.5%，强湍流情况下耦合效率由 6.6%提升至 21.8%[9]。非共光路像差的存在使传统的自适应光学闭环后，位于光纤端面的波前相位未得到理想修正[10-12]。基于无波前的自适应光学算法相比相位差异法，在消除非公光路像差的实际工程应用中更为成熟[13-15]。通常采用斯特列尔比来近似估计耦合效率[16]，采用优化算法提高阵列光纤耦合效率来探测静态像差的畸变波前相位，可以得到阵列耦合效率到波前相位的计算关系[17,18]。

7.2　系 统 组 成

快速反射镜+变形镜的空间光-光纤耦合示意图如图 7-1 所示。发射端由激光光源、电光调制器、光纤放大器、发射天线、粗瞄准平台和微瞄准平台等器件构成。其中，激光种子源为 1550nm 波段的窄线宽激光器。电信号经电光相位调制器调制后，由光纤放大器进行功率放大。发射天线为开普勒透射式光学天线。发射结构为双重发射结构，即采用一个种子光源，经分束放大后采用两个相同的光学天线对两束输出激光进行准直输出。粗瞄准平台、微瞄准平台和光学天线调焦系统构成的复合轴连动焦距调节结构可以实现光束的对准跟踪捕获。

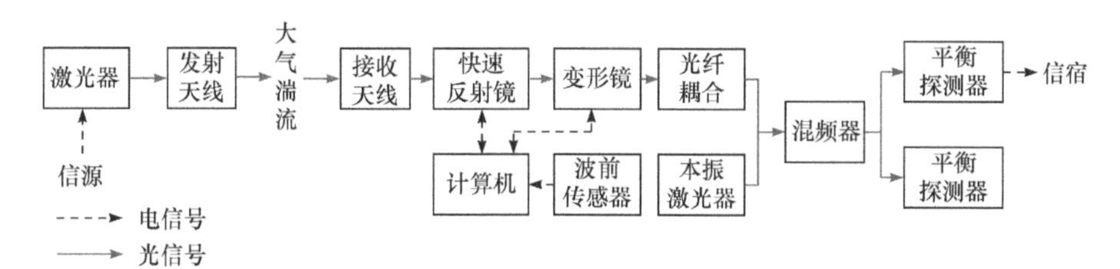

图 7-1　快速反射镜+变形镜的空间光-光纤耦合示意图

接收端主要由接收天线、自适应光学系统，以及相干检测系统等器件组成。其中，接收天线为卡塞格林天线。快速反射镜、变形镜和波前传感器构成自适应光学系统完成光信号的修正。光束波前修正后，经光纤耦合进入混频器和平衡探测器，与本振光混频后完成电信号的恢复。

7.2.1　Zernike 多项式

Zernike 是描述像差的一种形式，以幂级数展开式的形式描述光学系统像差。波前 $w(r,\theta)$可以分解为 Zernike 多项式函数展开形式，即

$$\begin{aligned}&w(r,\theta)\\&=\sum_{i=1}^{N}a_iZ_i(r,\theta)+\Delta w\\&=\Delta Z(r,\theta)\\&=A_{00}+\sum_{n=2}^{N}A_{n0}R_n^0(r)+\sum_{n=1}^{N}\sum_{m=1}^{n}R_n^m(A_{nm}\cos(m\theta)+B_{nm}\sin(m\theta))\end{aligned}\tag{7-1}$$

式中，Z_i 为第 i 项 Zernike 多项式；a_i 为第 i 项 Zernike 多项式的系数；N 为 Zernike 多项式的项数；Δw 为使用有限项 Zernike 多项式引入的残差；n 为 Zernike 多项式的阶数；m 为角频率。

为了方便使用，Zernike 多项式在模式法波前重构中通常使用单索引模式 Z_i。$Z_n^m(r,\theta)$ 是其使用的双索引多项式，双索引号 n、m 与单索引号 i 的对应关系不用严格要求，因为 Zernike 多项式的排列顺序对它们的系数没有影响。$Z_n^m(r,\theta)$ 为

$$Z_n^m(r,\theta)=\begin{cases} Z_{\text{odd}\cdot j}(r,\theta)=\sqrt{2(n+1)}R_n^m(r)\sin(m\theta), & m<0 \\ Z_{\text{even}\cdot j}(r,\theta)=\sqrt{2(n+1)}R_n^m(r)\cos(m\theta), & m>0 \\ \sqrt{n+1}R_n^m, & m=0 \end{cases} \tag{7-2}$$

在 Zernike 多项式中，n 和 m 满足

$$m \leqslant n, \quad n-|m| \text{为偶数} \tag{7-3}$$

$R_n^m(r)$ 的表达式为

$$R_n^m(r)=\begin{cases} \sum_{s=0}^{\frac{n-m}{2}} \dfrac{(-1)^s(n-s)!}{s!\left(\dfrac{n+m}{2}-s\right)!\left(\dfrac{n-m}{2}-s\right)!} r^{n-2s}, & n-m\text{为偶数} \\ 0, \quad n-m\text{为奇数} \end{cases} \tag{7-4}$$

单索引号 i 和双索引号 n、m 的对应关系为

$$\begin{cases} j=\dfrac{n(n+1)}{2}+\dfrac{n-m}{2}+1 \\ n=\dfrac{-3+\sqrt{9+8(i-1)}}{2} \\ m=n^2+2(n-i+1) \end{cases} \tag{7-5}$$

根据 Zernike 多项式的特性，其在单位圆内的均方根值为

$$\sqrt{\frac{\int_0^1\int_0^{2\pi}(Z_n^m(r,\theta))^2 r\mathrm{d}r\mathrm{d}\theta}{\int_0^1\int_0^{2\pi} r\mathrm{d}r\mathrm{d}\theta}}=1 \tag{7-6}$$

Zernike 多项式与光学设计中的 Seidel 像差(如球差、像散、彗差等)有密切的关系，其中 0 项是常数项，即平移项，代表平均光程差；第 1、2 项分别代表 x、y 方向的倾斜像差；第 3 项为离焦像差；第 1～3 项代表波前的高斯或者近轴特性；第 4、5 项代表像散和离焦；第 6、7 项代表彗差和倾斜；第 8 项代表球差；第 4～8 项为三级像差；其他高阶像差依次排序。Zernike 多项式系数及其意义如表 7-1 所示。

表 7-1　Zernike 多项式系数及其意义

Z_n^m	n	m	j	Z_j	意义
Z_0^0	0	0	0	1	平移
Z_1^1	1	1	1	$2r\cos\theta$	x 方向倾斜

续表

Z_n^m	n	m	j	Z_j	意义
Z_1^{-1}	1	−1	2	$2r\sin\theta$	y 方向倾斜
Z_2^0	2	0	3	$\sqrt{3}(2r^2-1)$	离焦
Z_2^{-2}	2	-2	4	$\sqrt{6}r^2\sin(2\theta)$	像散
Z_2^{-2}	2	2	5	$\sqrt{6}r^2\cos(2\theta)$	像散
Z_3^{-1}	3	−1	6	$\sqrt{8}(3r^3-2r)\sin\theta$	y 方向彗差
Z_3^1	3	1	7	$\sqrt{8}(3r^3-2r)\cos\theta$	x 方向彗差
Z_3^{-3}	3	−3	8	$\sqrt{8}r^3\sin(3\theta)$	球差

7.2.2　波前畸变对耦合效率影响

畸变波前相位通常可以根据 Zernike 系数展开。考虑 Zernike 多项式对波前的拟合精度，取波前 Zernike 多项式的 30 项，因此离散化波前相位$\varphi(x,y)$的 Zernike 展开表达式为

$$\varphi(x,y)=1+\sum_{i=1}^{30}a_i z_i(x,y),\quad x=0,1,\cdots,M-1;\quad y=0,1,\cdots,N-1 \tag{7-7}$$

式中，M 和 N 为径向坐标和角向坐标离散化；a_i 为 Zernike 系数；$z_i(x,y)$为离散化 Zernike 多项式。

畸变波前相位$\varphi(x,y)$通常不具有圆域的对称性，不能直接用傅里叶-贝塞尔变换求解光场经透镜后在焦平面的光场分布，需要采用极坐标二维离散傅里叶变换进行求解[19,20]。畸变波前相位$\varphi(x,y)$的极坐标二维离散傅里叶变换的表达式为

$$\phi(u,v)=\sum_{x=0}^{M-1}\sum_{y=0}^{N-1}\varphi(x,y)\frac{2}{MN}\frac{x}{M}\exp\left[-\mathrm{j}2\pi\left(\frac{x}{M}W_m\right)\left(\frac{u}{M}\frac{D_a}{2\lambda f}\right)\cos\left(\frac{y}{N}2\pi-\frac{v}{N}2\pi\right)\right],$$
$$u=0,1,\cdots,M-1;\quad v=0,1,\cdots,N-1 \tag{7-8}$$

式中，W_m 为单模光纤的模场半径；λ为光束波长；f 为耦合透镜焦距；D_a 为耦合透镜直径；u 和 v 为频域的径向坐标点和角向坐标点，可以取离散二维傅里叶变换的点数与波前相位点数相等来计算。

依据傅里叶光学原理，透镜焦平面上的光场为具有畸变波前的光束经过夫琅禾费衍射后所成的像，因此位于透镜焦平面的光场分布 $U_i(u,v)$可表示为

$$U_i(u,v)=\frac{\exp(\mathrm{i}kf)}{\mathrm{i}kf}\cdot\exp\left[\frac{\mathrm{i}k\left(\frac{u}{M}W_m\right)^2}{2f}\right]\cdot\left(\frac{D_a}{2}\right)^2\cdot\phi(u,v) \tag{7-9}$$

式中，$k=2\pi/\lambda$为波矢。

离散化单模光纤的模场分布$U_f(u,v)$的表达式为

$$U_f(u,v)=\sqrt{\frac{2}{\pi}}\frac{1}{W_m}\cdot\exp\left[-\left(\frac{u}{M}\right)^2\right] \tag{7-10}$$

考虑衍射效应，通常采用模场匹配分析的方法求解畸变波前相位的耦合效率。在忽略光纤耦合各种对准误差和透镜自身像差的情况下，依据模场匹配原理，离散化畸变波前空间光-光纤耦合效率η求解的表达式为

$$\eta=\frac{\left|\sum_{u=0}^{M-1}\sum_{v=0}^{N-1}\frac{W_m}{M}\cdot\frac{2\pi}{N}\cdot U_f(u,v)\cdot U_i^*(u,v)\cdot\frac{u}{M}W_m\right|^2}{\left(\sum_{u=0}^{M-1}\sum_{v=0}^{N-1}\frac{W_m}{M}\cdot\frac{2\pi}{N}\cdot U_f(u,v)\cdot U_f^*(u,v)\cdot\frac{u}{M}W_m\right)\left(\sum_{u=0}^{M-1}\sum_{v=0}^{N-1}\frac{W_m}{M}\cdot\frac{2\pi}{N}\cdot U_i(u,v)\cdot U_i^*(u,v)\cdot\frac{u}{M}W_m\right)} \tag{7-11}$$

7.2.3 桶中功率

采用桶中功率(power in barrel, PIB)可以表示受畸变波前影响的焦平面光斑能量聚集程度。定义波前畸变对于归一化桶中功率的表达式为

$$\mathrm{PIB}=\frac{\sum_{u=0}^{M_1}\sum_{v=0}^{N}U_i(u,v)U_i^*(u,v)}{\sum_{u=0}^{M_2}\sum_{v=0}^{N}U_i(u,v)U_i^*(u,v)} \tag{7-12}$$

令$d=\frac{M_1}{M_2}\cdot D_a$为桶中直径，记 Zernike 系数之间$a_i$和$a_i'$的协方差为$E(a_i, a_i')$，那么

$$E(a_i,a_i')=\frac{2.2698(-1)^{(n+n'-2m)/2}\sqrt{(n+1)(n'+1)}\cdot\delta_z\cdot\Gamma\left[\left(n+n'-\frac{5}{3}\right)\Big/2\right]\cdot(D/r_0)^{5/3}}{\Gamma\left[\left(n-n'+\frac{17}{3}\right)\Big/2\right]\cdot\Gamma\left[\left(n'-n+\frac{17}{3}\right)\Big/2\right]\cdot\Gamma\left[\left(n+n'+\frac{23}{3}\right)\Big/2\right]} \tag{7-13}$$

式中，n、n'和m、m'为系数a_i和a_i'的 Zernike 多项式阶数、角频率；δ_z为 Kronecker

函数；D 为光学系统通光口径直径；r_0 为大气相干长度(Fried 常数)。

通过构造统计独立的 Karhunen-Loeve 函数，在不同的 D/r_0 湍流强度条件下，即可生成对应条件下的波前 Zernike 系数，代入式(7-11)即可得到湍流强度与归一化桶中功率之间的关系。

7.2.4　斯特列尔比

斯特列尔比是德国学者斯特列尔在研究光学成像时引入的，常用作自适应光学领域通用的性能评价标准。光学系统衡量系统指标时一般使用的参数是光学传递函数，但是光学传递函数一般统计的是平均值，而自适应光学的误差来自随机扰动的湍流，所以这个指标并不合适。自适应光学系统使用的参数是斯特列尔比。斯特列尔比定义为实际光斑峰值强度与理想波面远场光斑峰值强度的比值，即

$$S_{\mathrm{SR}}=\frac{I(x_0,y_0)}{I_0(x_0,y_0)}=\left|\frac{A(\rho)\mathrm{e}^{\mathrm{j}\varphi(\rho)}}{A(\rho)}\right|^2 \tag{7-14}$$

式中，$I(x_0,y_0)$为畸变波前远场光斑峰值强度；$I_0(x_0,y_0)$为理想波面远场光斑峰值强度，即理想无像差光斑光强峰值，并且 $I(x_0,y_0)<I_0(x_0,y_0)$；$A(\rho)$为理想波前对应的复振幅；$\varphi(\rho)$为畸变波前。

斯特列尔比是一个介于 0～1 的无量纲数，斯特列尔比越接近 1，校正结果越好；斯特列尔比越接近于 0，峰值光强就越小，光束质量就越差。因此，斯特列尔比能直观反映出激光束传输时在远场峰值光强的大小，缺点是不能给出能量型激光应用关心的光强分布。将式(7-14)进行麦克劳林级数展开，可得

$$\mathrm{SR}\simeq 1-\sigma_\varphi^2 \tag{7-15}$$

式中，$\sigma_\varphi{}^2$ 为波前的均方误差，记为 RMS，即

$$\mathrm{RMS}=\sqrt{\frac{1}{\pi}\int_0^{2\pi}\int_0^1(\varphi(\rho,\theta)-\overline{\varphi(\rho,\theta)})^2\rho\mathrm{d}\rho\mathrm{d}\theta}=\sqrt{\overline{\varphi^2(\rho,\theta)}-\overline{\varphi(\rho,\theta)}^2} \tag{7-16}$$

若畸变波前相位服从高斯分布，由于$\sigma_\varphi{}^2$ 一般比较小，斯特列尔比可以近似为

$$\mathrm{SR}\simeq\exp(-\sigma_\varphi^2) \tag{7-17}$$

即

$$\mathrm{SR}\simeq\exp(-\mathrm{RMS}^2) \tag{7-18}$$

此时斯特列尔比仅作为一个波前相差的函数，对相差非常敏感，适合评价自适应光学系统校正质量的指标。斯特列尔比还可以用下式近似计算，即

$$\mathrm{SR} \simeq \left[1+(D/r_0)^{5/3}\right]^{-6/5} \tag{7-19}$$

耦合效率与斯特列尔比有很好的拟合关系。当 $D/r_0 > 1$ 时，斯特列尔比正比于进入单模光纤的光场强度，在实际中可近似为光纤耦合效率。因此，我们可以将斯特列尔比或 RMS 作为衡量无线光通信系统接收信号质量好坏，以及校正效果好坏的指标。总之，一个无线光通信系统光斑质量的好坏可以用以上指标多重考察。

7.2.5　波前传感器

波前传感器是一种利用波前检测技术实现波前测量的现代光电测试仪器设备[21]。它在自适应光学系统中充当系统的“眼睛”，可以实时探测输入波前的像差，然后将电压控制信号传递给控制系统，以校正大气湍流运动对光束相位产生的干扰。为保证自适应光学系统对畸变波前校正的准确性，要求波前传感器的空间分辨率和时间分辨率必须与扰动信号的时间和空间尺度相匹配，即波前传感器的子孔径小于大气的相干长度，CCD 的采样频率和大气的相干时间匹配。

常见的波前传感器主要有夏克-哈特曼波前传感器(Shack-Hartmann wavefront sensor，SHWFS)、曲率波前传感器、点衍射干涉仪、横向剪切干涉仪。

1. 夏克-哈特曼波前传感器

SHWFS 是自适应光学中使用最为广泛的波前传感器，源于 Hartmann 发明的哈特曼屏，是一个带有很多孔的掩膜板，常用于天文探测领域。之后，经过 Shack 等的改造，形成目前常见的结构[22]。目前的 SHWFS 由一个微透镜阵列和光电探测器(相机)组成，微透镜阵列对入射光束进行子孔径分割，并将每个子孔径内的入射光束聚焦在位于焦平面处的相机上。如图 7-2 所示，相机记录下每个子孔径内聚焦在焦平面处的光斑光能分布状况。微透镜的焦距通过标定可以确定，

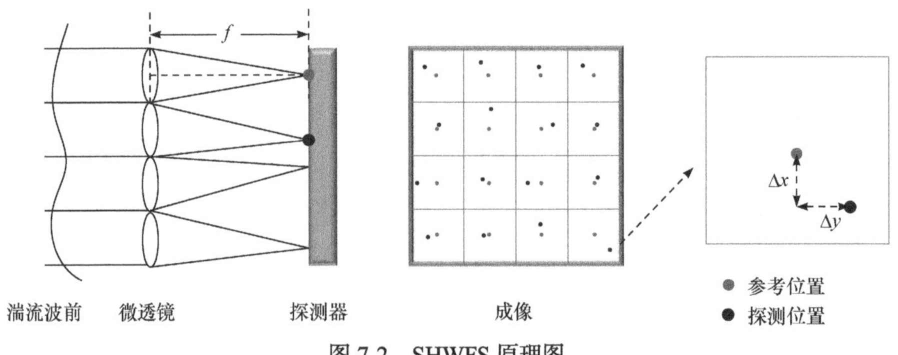

图 7-2　SHWFS 原理图

入射光发生畸变时，子孔径光斑相对于微透镜焦点发生质心偏移，通过光斑质心算法获得光斑坐标，得到质心偏移量后计算出入射光束的波前斜率，从而通过一定的波前复原算法得到畸变波前。

SHWFS 单个子孔径内光路的平面示意图如图 7-3 所示，可以直观地展示光斑偏移量与波前倾斜的关系，其中 d 为微透镜的直径，f 为微透镜焦距。

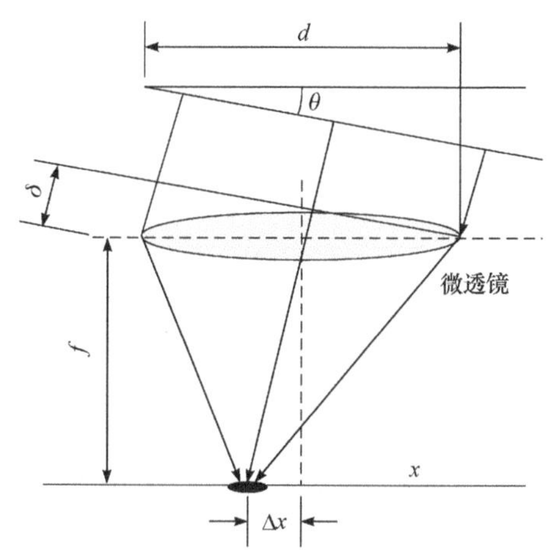

图 7-3　单个子孔径内光路示意图

入射到透镜的光束波前为$\varphi(x,y)$，可以用局部的平均斜率与波前的关系，即

$$\begin{cases}\dfrac{\partial\varphi(x,y)}{\partial x}=g_x\\\dfrac{\partial\varphi(x,y)}{\partial y}=g_y\end{cases}\tag{7-20}$$

用光斑的偏移量Δx 和Δy 计算局部波前的斜率 g_x 和 g_y，即

$$\begin{cases}g_x=\tan\theta_x=\dfrac{\Delta x}{f}\\g_y=\tan\theta_y=\dfrac{\Delta y}{f}\end{cases}\tag{7-21}$$

该子孔径上的波前误差用δ表示，则有

$$g=\tan\theta\approx\sin\theta=\frac{\delta}{d}\tag{7-22}$$

2. 曲率波前传感器

曲率波前传感器原理图如图 7-4 所示。它通过测量两个焦平面两侧的强度分布，计算波前相位分布。当存在畸变波前时，焦斑会沿着光轴移动，通过比较两

个离焦面上的光强分布获得波前相位分布[23]。曲率传感器测量的是波前曲率信息，具有高分辨率、高测量精度等特点。其输出的信号可以直接控制变形镜补偿畸变像差，提高系统的反馈速度，缩短系统的计算时间。曲率传感器适用于低阶像差的探测和校正，对高阶像差的处理能力有一定的局限性，同时波前计算量较大也不利于实时处理[24]。

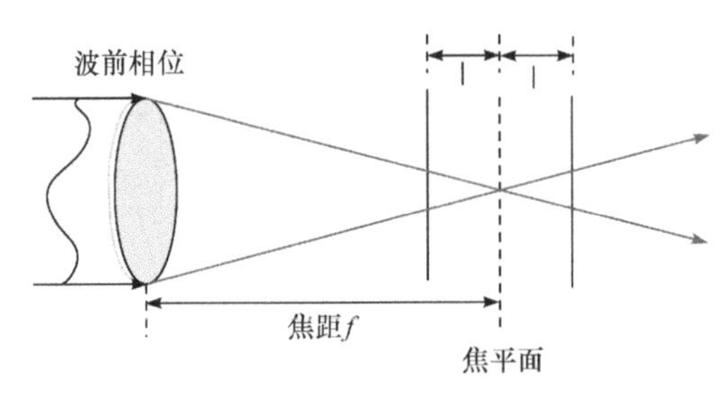

图 7-4　曲率波前传感器原理图[24]

3. 干涉原理的波前传感器

基于干涉原理的波前传感器结构多种多样，参考光波产生方式的不同，主要分为点衍射干涉仪和横向剪切干涉仪。

点衍射干涉仪原理图如图 7-5 所示。点衍射干涉仪有一个带针孔的半透明掩膜板，将被测光束聚焦在半透明掩膜上面，携带相位信息被测光束透过掩膜的同时也与针孔衍射形成一个参考球面光。这两束光通过点衍射板产生干涉现象，通过分析两个波前的干涉条纹可以得到被测波前的畸变信息。产生干涉的两路光束的光程差基本固定，因此点衍射干涉仪对相干性要求不高。点衍射干涉仪具有结构简单、灵敏度高等优点。它的基准参考光来自被测光束本身，抗干扰性能好，但是点衍射干涉仪只适用于光强条件较好的波前检测系统，在弱光环境下的性能较低。

横向剪切干涉仪原理图如图 7-6 所示。横向剪切干涉仪中的参考光不再是理想球面或平面波，而是改变待测波前来产生。一束由入射光出射后的波面即被测

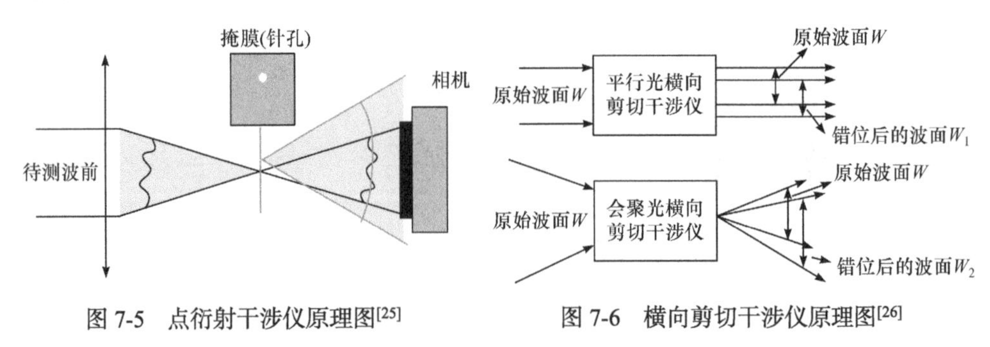

图 7-5　点衍射干涉仪原理图[25]　　图 7-6　横向剪切干涉仪原理图[26]

波面，通过特定的分光元件可以得到一束与原光束有一定横向错位的波面。这一波面与原始波面重合，在重叠区域产生干涉条纹。通过对干涉条纹的研究，可以分析出待测波前和错位波前的相位差[27]。横向剪切干涉仪的优点是，可省去标准的参考光学表面，结构简单稳定；缺点是，剪切后形成的干涉图形判读比较困难。

常见的波前传感器比较如表 7-2 所示。

表 7-2 常见的波前传感器比较

波前传感器名称	输出数据类型	优点	缺点
夏克-哈特曼波前传感器	斜率	光能利用率高，探测范围大	子孔径尺寸使空间分辨率有限，在使用模式法进行波前重构时，需选取最优重构阶数
曲率传感器	曲率	可直接控制变形镜变形量，实时性好，价格便宜	测量精度低
点衍射干涉仪	相位	对相干性要求不高；一种共光路型的干涉仪，抗干扰性能好	光能利用率低
横向剪切干涉仪	光强	信噪比高	光能利用率低

7.2.6 变形镜

变形镜就是波前校正器。波前校正器包括变形镜和液晶 SLM。波前校正器是根据计算控制处理器的控制产生一个面形来补偿所测量的波前像差的设备，是自适应光学系统的核心组件，一般在光路中与波前传感器形成共轭关系。波前传感器受到计算控制器的电压信号控制产生相应的形变，进而通过改变光波签到光程或者改变传输媒介的折射率来改变入射光波前的相位结构，从而达到对波面相位进行校正的目的。

为保证自适应光学系统对畸变波前校正的准确性，要求波前校正器足够多的空间自由度，能够很好地拟合所要校正的像差，而且响应速度应该远远超过扰动波前的时间改变频率。此外，波前校正器的线性响应度、校正量程、成本等因素也是需要考虑的关键点。

波前校正器主要有分离促动器连续表面变形镜、拼接子镜变形镜、薄膜变形镜、双压电变形镜、微机电系统(micro electro mechanical system，MEMS)变形镜、液晶 SLM。

分离促动连续镜面变形镜结构示意图如图 7-7 所示。促动器在控制信号电压的作用下产生推拉位移。由于基底的刚度远大于镜面的刚度，因此促动器产生的位移会使镜面发生相应的形变。

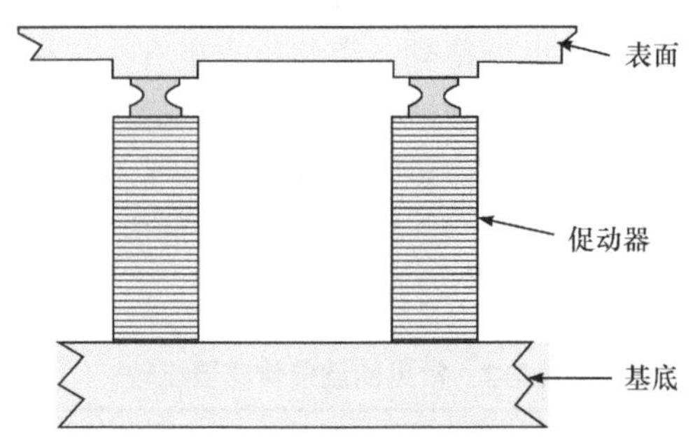

图 7-7　分离促动连续镜面变形镜结构示意图

促动器长度的改变会引起镜面发生局部类高斯函数的形变，整体镜面的面形为

$$r(x,y)=\sum V_i r_i(x,y) \tag{7-23}$$

式中，V_i 为对第 i 个促动器施加的电压；$r_i(x,y)$ 为第 i 个促动器处镜面的响应函数。

拼接子镜变形镜的原理图如图 7-8 所示。它的镜面由多个子镜拼接而成。每个子镜下面有一个或者多个促动器对镜子面形进行调整。单自由度变形镜(一个促动器)只能对光束传播方向上的光程差进行校正，而多维度变形镜(多个促动器)可以产生更加复杂的面形，校正不同方向上更加复杂的波前像差。

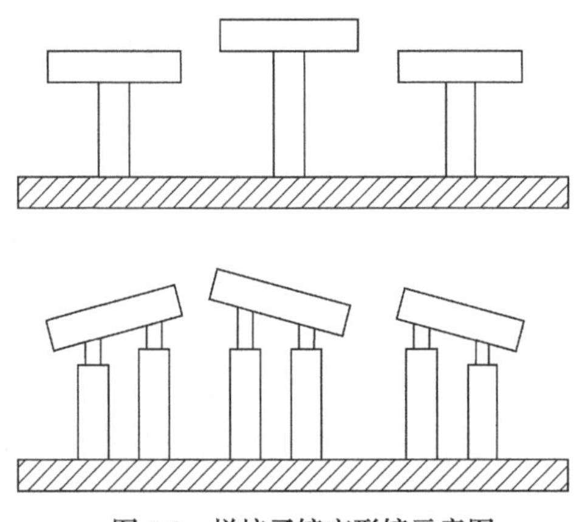

图 7-8　拼接子镜变形镜示意图

拼接变形镜具有重量轻、公差宽松、可折叠等优点，因此被应用于轻量化、大口径和高分辨力空间光学望远镜，以及其他自适应光学系统中。

连续子镜之间的缝隙可以降低光能利用率，加大面形调整难度；同时，必须保证相邻子镜边缘共相位才能保证有连续的波前结构，因此共相误差是拼接子镜的主要限制因素。此外，衍射元件也会给系统引入额外的波前像差。

1976 年，Yellin 等发明了以薄膜为镜面，静电力驱动的薄膜变形镜，如图 7-9

所示。相比传统的压电变形镜，薄膜变形镜造价明显降低，只是薄膜制备工艺还有待提高。

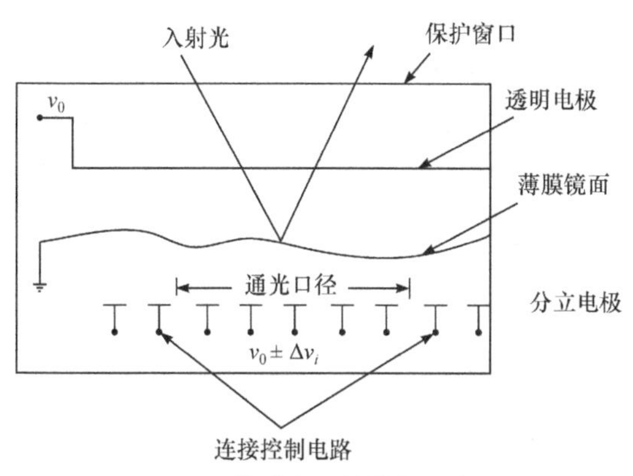

图 7-9　薄膜变形镜结构示意图

由于薄膜镜面自身刚度很小，电致伸缩促动器在控制电路的作用下只需要产生很小的力就可以使镜面发生形变。薄膜静态形变可以用下式描述，即

$$\vec{\nabla} z = \frac{-p(r)}{T_m} \tag{7-24}$$

式中，$p(r)$为与控制电压有关的薄膜所受应力；T_m为薄膜的线性张力。

双压电变形镜是由两片压电陶瓷黏在一起，两片压电陶瓷中间夹有控制电极、外部有公共电极。在电极施加的电压信号作用下，两片压电陶瓷产生方向相反的横向位移，进而使黏结在压电陶瓷片上的镜面产生形变。双压电陶瓷变形镜如图 7-10 所示。形变可以表示为

$$\nabla_r(x,y) = -A\nabla V(x,y) \tag{7-25}$$

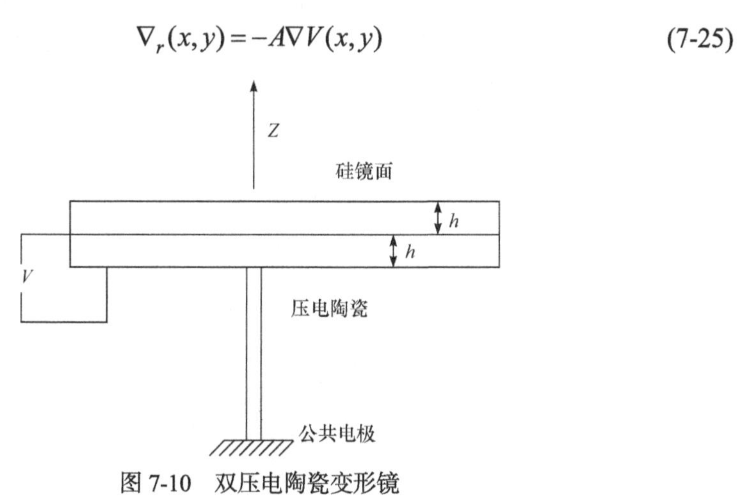

图 7-10　双压电陶瓷变形镜

式中，$V(x,y)$ 为压电陶瓷片平面上的电极电压分布；A 为常量，与压电陶瓷片的材料特性有关。

由于压电陶瓷形变特性的限制，双压电陶瓷变形镜的空间分辨率一直处于较低水平，但是其校正量相比其他类型校正器处于较高量级，因此应用于校正低阶像差。MEMS 变形镜是一种用类似电子芯片光刻技术制成的含有多个微小校正单元的变形镜。MEMS 变形镜有两种实现形式，一种是类似薄膜变形镜的校正器，另一种是表面微机械加工的校正器，类似分离促动器变形镜。基于 MEMS 技术薄膜变形镜结构图如图 7-11 所示。

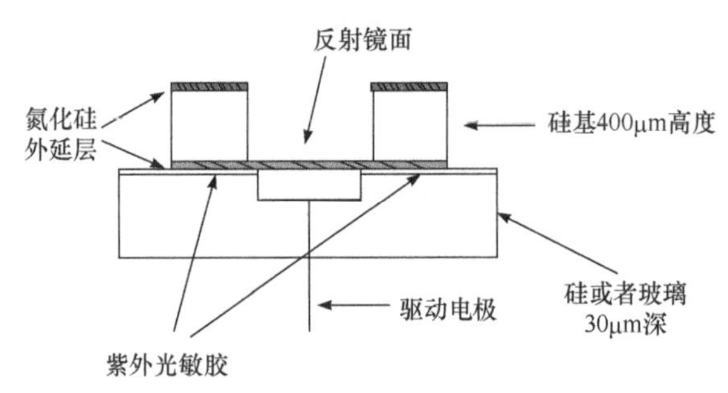

图 7-11　基于 MEMS 技术薄膜变形镜结构图

该种类型变形镜可以产生两个方向上的形变，同时还能以较小的驱动电压产生远高于其他类型校正器的最大形变。因此，MEMS 变形镜在自适应光学系统中的应用可以产生较好的效果。

液晶 SLM 利用液晶材料的电控双折射效应控制折射率调整波前相位。双折射结构示意图如图 7-12 所示。入射光以电压信号的方式加载到液晶材料上，液晶层上的每个像素都会对光做出单独相应，出射光为调制之后的光线。入射光在液晶材料内部分为 o 光和 e 光，两束光线分别对应不同的折射率。

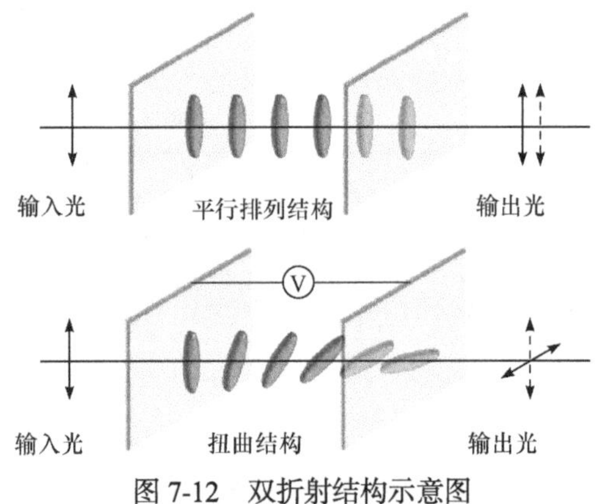

图 7-12　双折射结构示意图

液晶分子在驱动电压的作用下产生偏转角，即

$$\theta = \frac{\pi}{2} - 2\arctan(\mathrm{e}^{-V}) \tag{7-26}$$

e 光的折射率会随着电压发生改变，即

$$n_{\mathrm{e}(v)} = \frac{n_{\mathrm{e}} n_{\mathrm{o}}}{\sqrt{n_{\mathrm{e}}^2 \sin^2\theta + n_{\mathrm{o}}^2 \cos^2\theta}} \tag{7-27}$$

当入射光的偏振方向平行于液晶光轴的时候，液晶 SLM 在驱动电压的作用下可以对波前相位进行调制，即

$$\delta = 2\pi d(n_{\alpha(v)} - n_{\mathrm{o}}) / \lambda \tag{7-28}$$

式中，d 为液晶层厚度；λ 为入射光波长。

液晶 SLM 作为一种新型的波前校正器件，具有校正单元多、价格低廉、制作周期短和校正准确度高等优势，但是其存在偏振光入射、校正频率低，以及色散等缺陷。液晶 SLM 结构示意图如图 7-13 所示。SLM 按照出射光的方式分为反射式和透射式，可以通过相位调制深度、相应时间和偏振相关度等指标对液晶 SLM 的性能进行评价。常见的波前校正器如表 7-3 所示。

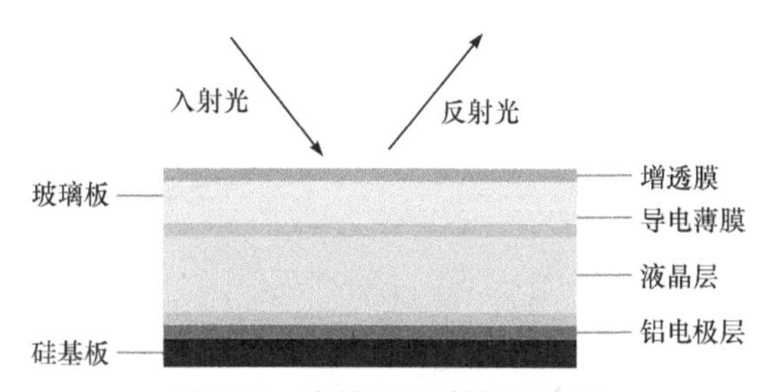

图 7-13　液晶 SLM 结构示意图

表 7-3　常见的波前校正器

波前校正器名称	驱动方式	优点	缺点
分离促动连续镜面变形镜	电致形变伸缩器	光能利用率高、非线性迟滞小、寿命长	薄镜面和高密促动器的加工和制作要求高
拼接子镜变形镜	电压驱动伸缩器	结构简单重量轻、分辨率高	光能利用率低、相邻缝隙共相位需要调整
双压电变形镜	压电陶瓷	校正量大	校正单元数少
薄膜变形镜	静电力	校正量大	空间分辨率较低
MEMS 变形镜	微电子器件产生应力	两个方向上产生形变、工作带宽很大	校正行程有限、残余应力影响面形

续表

波前校正器名称	驱动方式	优点	缺点
液晶 SLM	液晶双折射效应	校正单元多、价格低廉、制作周期短、校正准确度高	偏振光入射、校正频率低、校正存在色散

7.3 仿真分析与实验研究

7.3.1 仿真分析

取波长$\lambda = 1550$nm，令光纤模场半径为$W_m = 5.25\mu$m、透镜焦距$f = 125$mm、透镜直径$D_A = 25.4$mm、离散化点数$M = N = 100$，代入式(7-11)，则波前 Zernike 系数的畸变对光纤耦合效率的影响如图 7-14 所示。

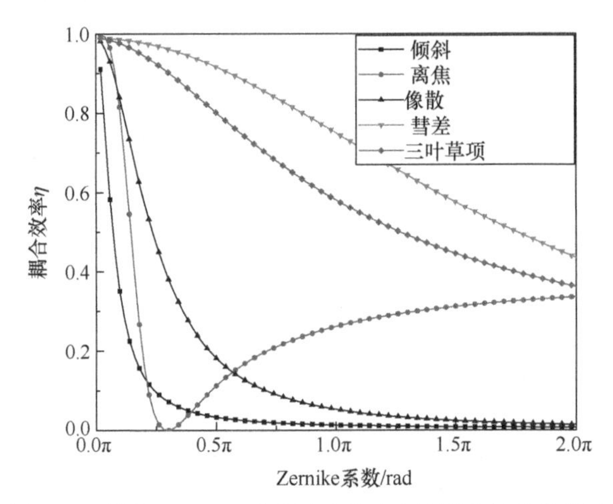

图 7-14 波前 Zernike 系数的畸变对光纤耦合效率的影响

由图 7-14 可知，以球差为例，畸变波前的耦合效率随着波前 Zernike 系数的增大呈递减趋势，而波前离焦项畸变对于耦合效率的影响存在最小极值。在同等畸变量的情况下，波前的倾斜畸变对于耦合效率的影响最为显著。研究表明[28]，在 Kolmogorov 湍流谱中波前的倾斜分量约占总体畸变量的 82%，因此有必要使用大行程倾斜镜对波前的倾斜分量进行单独修正来提高耦合效率。

分别取桶中直径为d = 1mm、2mm、3mm 条件下，代入式(7-12)，计算不同湍流强度对归一化桶中功率的影响。由图 7-15 可知，归一化桶中功率随着湍流强度的增大而减小，同时在一定湍流强度情况下，归一化桶中功率随着桶中直径的增大而增大。单模光纤的纤芯直径为微米量级，对于畸变波前的空间光到单模光纤耦合，有必要对波前进行修正提高耦合效率。

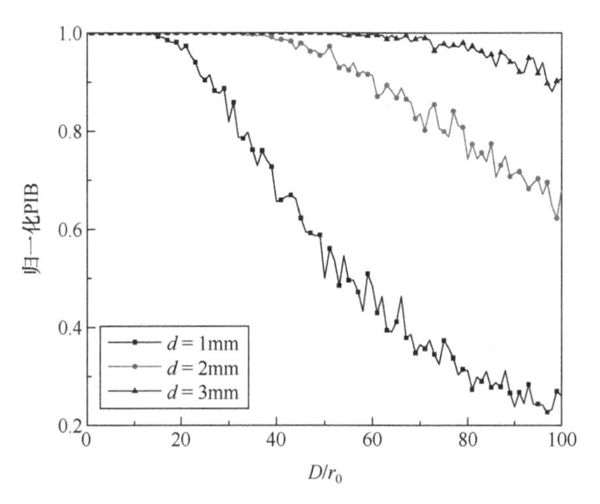

图 7-15　不同湍流强度对桶中功率影响

7.3.2　实验研究

自适应光学波前校正光纤耦合控制系统如图 7-16 所示。1550nm 光纤激光器输出的准直光束，经大气信道传输后，首先经快速反射镜全反射，其次经变形镜全反射。快速反射镜用于修正波前倾斜分量，变形镜用于修正波前高阶分量。分光片将波前校正后的光束分为功率比 1∶1 的两束准直光,透射一路光束经缩束作用于波前传感器，用于监视当前的畸变波前。反射一路光束经耦合透镜汇聚后将

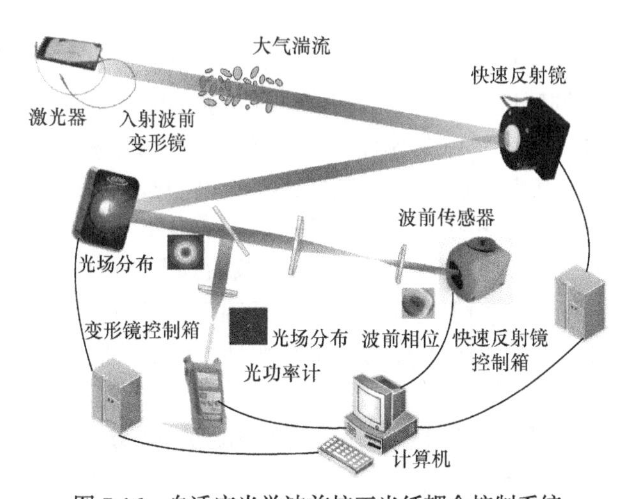

图 7-16　自适应光学波前校正光纤耦合控制系统

光束通过红外相机采集或直接耦合进入单模光纤，通过光功率计测量耦合进单模光纤实时光功率值，用于后端的光混频及相干检测通信。快速反射镜、变形镜、波前传感器和计算机组成自适应光学系统，分光棱镜、耦合透镜、单模光纤和光功率计和红外相机组成光纤耦合系统，通过自适应光学系统的波前闭环控制实现光纤耦合功率控制。表 7-4 所示为主要设备参数。

表 7-4　主要设备参数

设备名称	参数
ALPAO 69 单元变形镜	驱动器数目：69 谐振频率：800Hz 有效面型直径：10.5mm
Shack-Hartmann 波前传感器 HASO4 NIR	通光孔径：3.6mm×4.5mm 微透镜数目：32×40 采样频率：100Hz 工作波长：1500～1600nm 绝对精度：$\lambda/35$
Bobcat-640-GIGE 红外相机	基底类型：InGaAs 响应范围：0.9～1.7μm 像素分辨率：320×256 像素尺寸：20μm
PT2M60 快速反射镜	谐振频率：1000Hz 有效面型直径：25.4mm
康宁单模光纤 SMF-28e	模场直径：10.4μm

1. 耦合功率

由于变形镜和快速反射镜可以校正畸变波前相位，因此可以使用变形镜和快速反射镜来产生不同程度的畸变波前相位来分析波前畸变对于光纤耦合的影响。选择不同的 D/r_0 值来表示不同的湍流强度，依据式(7-13)，将 D/r_0 转化为 30 阶对应的 Zernike 系数。其中，1、2 阶系数(Tilt-x、Tilt-y)通过快速反射镜的面型倾斜系数和电压的线性关系被转换为驱动快速反射镜的电压，3～30 阶次系数通过使用变形镜的 zernike2cmd 矩阵(由波前 Zernike 系数到电压的转化矩阵)转换为驱动变形镜的电压。通过焦平面上的光纤耦合进行耦合功率的测量，畸变光斑由红外摄像机采集。同时，为了保证采集数据的随机性，畸变波前的产生速率应大于红外相机的采样频率。

在不同的 D/r_0 情况下，通过观测焦平面的光斑分布，分别采集不同情形下 100 帧焦平面光斑来绘制其质心分布。由图 7-17 和表 7-5 可以看出，随着 D/r_0 的增加，光斑的畸变程度，以及光斑质心的分布均在增加，这不利于空间光到光纤耦合效

率的提升。

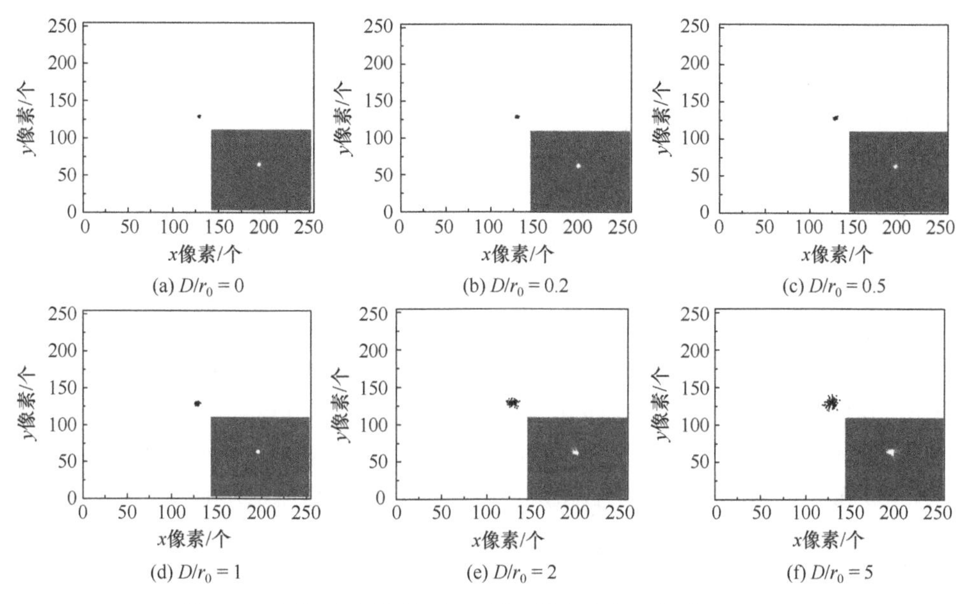

(a) $D/r_0=0$　(b) $D/r_0=0.2$　(c) $D/r_0=0.5$

(d) $D/r_0=1$　(e) $D/r_0=2$　(f) $D/r_0=5$

图 7-17　不同湍流强度焦平面光斑质心分布(1 像素 = 20μm)

表 7-5　焦平面光斑 *X* 和 *Y* 方向质心分布

方差	$D/r_0=0$	$D/r_0=0.2$	$D/r_0=0.5$	$D/r_0=1$	$D/r_0=2$	$D/r_0=5$
X 方向	0.3246	0.4817	0.7814	1.6985	6.3083	20.6361
Y 方向	0.3347	0.6684	0.7747	1.6091	8.7942	13.4836

如图 7-18 所示，随着 D/r_0 的增大，即湍流的增强，位于焦平面的光斑弥散越严重，光斑的弥散不利于空间光到光纤的耦合，因此有必要对波前进行修正来提高耦合效率。

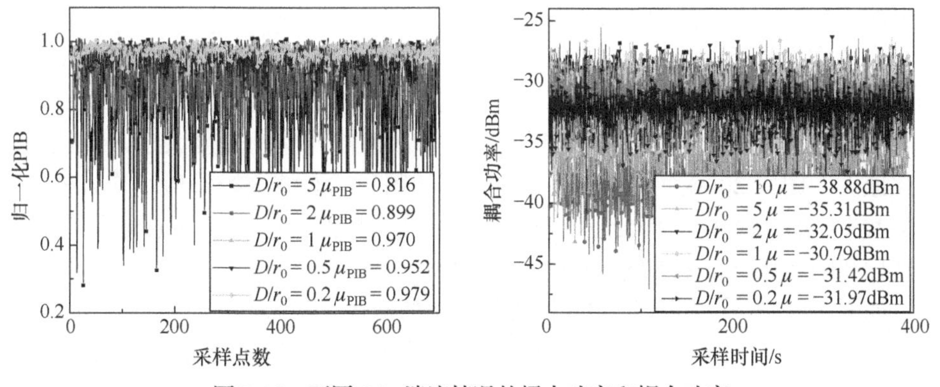

图 7-18　不同 D/r_0 湍流情况的桶中功率和耦合功率

2. 闭环控制

由变形镜、平凸透镜 3、平凸透镜 4、波前传感器和计算机组成的自适应光学系统采用传统的推拉法即可完成响应矩阵(interaction matrix，IM)和命令矩阵(command matrix，CM)计算，即

$$\begin{aligned}\mathrm{IM}_{\mathrm{cmd2slope}} &= V^{-1}\cdot \mathrm{Slope}\\ \mathrm{CM}_{\mathrm{slope2cmd}} &= \mathrm{IM}_{\mathrm{cmd2slope}}^{-1}\end{aligned} \tag{7-29}$$

其中，Slope 和 V 为波前传感器采集的斜率值和变形镜施加的电压值。

自适应光学闭环控制框图如图 7-19 所示，其中 $S_{\mathrm{tar}}=0$ 表示被控制波前斜率目标，S_{mea} 和 S_{err} 分别代表实测波前斜率和误差波前斜率，S_{out} 为输出斜率。误差斜率 S_{err} 经命令矩阵 $\mathrm{CM}_{\mathrm{slope2cmd}}$ 转化为误差电压后，经积分运算发送给变形镜，波前传感器再次采集波前斜率，经系统时延后完成闭环迭代。波前重构是自适应光学闭环的非必须环节。因此，自适应光学系统的第 n 次电压闭环迭代可表示为

$$V(nT+T)=V(nT)+k_i(S_{\mathrm{tar}}(nT)-S_{\mathrm{mea}}(nT))\mathrm{CM}_{\mathrm{slope2cmd}} \tag{7-30}$$

式中，k_i 为积分增益；T 为系统时延。

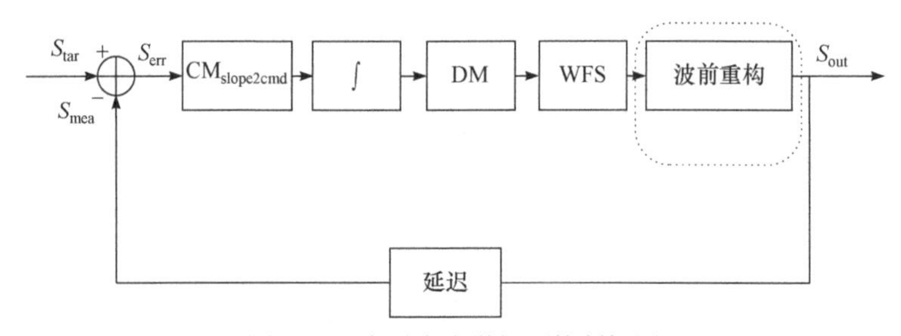

图 7-19　自适应光学闭环控制框图

考虑实时控制系统的算法复杂度和计算速度，由单独的积分控制器消除稳态误差即可实现波前的控制。

自适应光学系统闭环控制的调整时间，以及状态稳定性通常由闭环增益 k_i 和系统时延 T 两个参数决定。闭环增益主要体现在波前控制过程中每次重构波前峰谷值调整量的大小。系统时延要保证每次波前调整的速度大于入射波前的变化速度。图 7-20(a)为 1550nm 波前开环和闭环状态波前峰谷值和均方根值。图 7-20(b)为闭环过程下耦合进入单模光纤的光功率值变化。图 7-20(c)和图 7-20(d)为开环和闭环状态下 1550nm 的重构波前相位图。

如图 7-21 所示，经过约 100 帧闭环控制的迭代，系统的波前峰谷值和均方根值达到稳定状态，波前峰谷值由开环 5μm 降至闭环 2.05μm，均方根值由开环

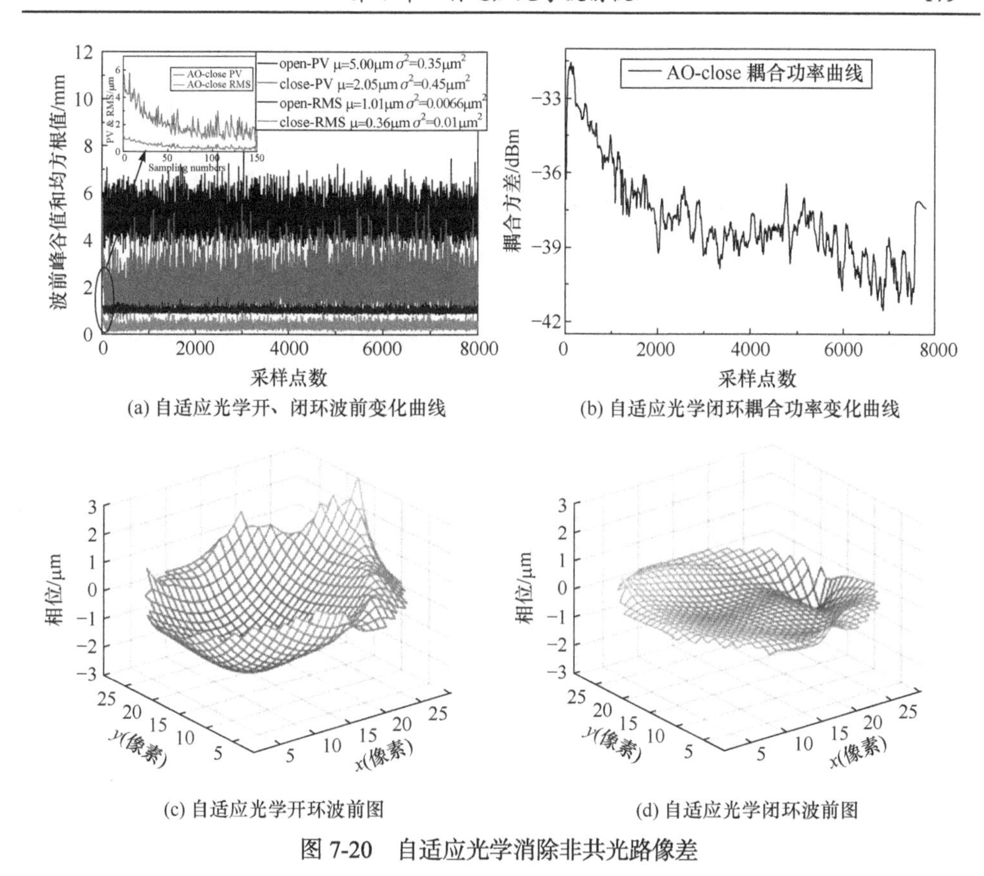

(a) 自适应光学开、闭环波前变化曲线　(b) 自适应光学闭环耦合功率变化曲线

(c) 自适应光学开环波前图　(d) 自适应光学闭环波前图

图 7-20　自适应光学消除非共光路像差

1.01μm 降至闭环 0.36μm，闭环后的波前平整度明显优于开环状态。这说明，对于图 7-1 位置 *A* 处的波前得到修正。图 7-20(c)呈现单模光纤耦合功率随着闭环趋于稳定呈现出下降趋势。虽然图 7-1 中位置 *A* 处的波前通过自适应光学系统修正为平面波，但是由于非公光路像差的影响，这仅使传统自适应光学闭环后，在位置 *B* 处的波前修正仅为一静态波前，同时考虑光纤耦合处装配误差，以及非公光路像差，这使位置 *A* 处的波前完成平面波修正的同时，并不能使耦合光功率得到明显的提高，耦合效率降低会直接影响后续的通信质量。

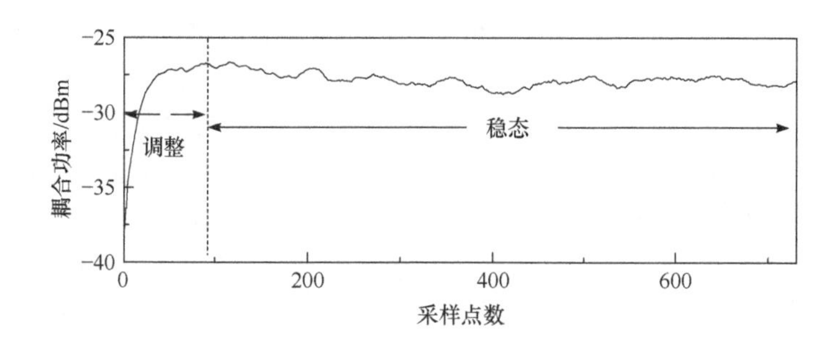

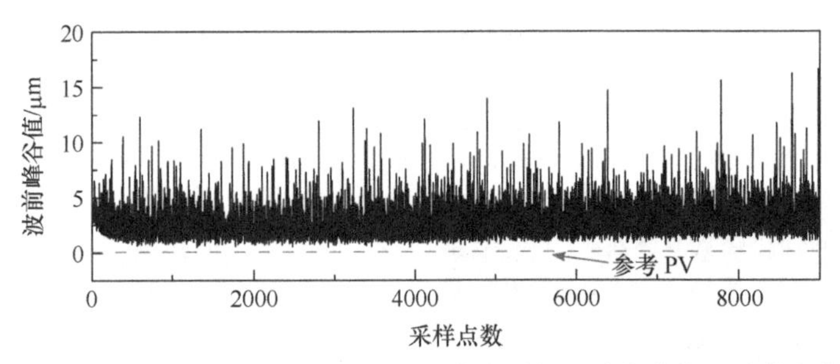

图 7-21　消除静态误差和相对波前后自适应光学闭环功率曲线和波前变化曲线

3. 耦合效率

光波经不同距离，如室内、600m、1km、5km、10km、100km 传输后，分别测量波前 Zernike 系数并进行耦合效率的计算。10km 实验链路通信两端分别位于白鹿原和西安理工大学教六楼，100km 实验链路通信两端分别位于青海湖二郎剑景区和刚察县泉吉乡。表 7-6 所示为实验环境参数。

表 7-6　实验环境参数[29]

环境	室内(0.5m)	600 m	1km	5km	10km	100km
时间	2020-4-20 17:00～18:00	2020-8-13 21:00～22:00	2018-4-13 14:00～15:00	2018-10-1 23:00～24:00	2018-9-25 1:00～2:00	2019-8-19 4:00～5:00
天气	阴天	阴天	雨	晴天	多云	阴天
平均温度/℃	14	24	15	12	28	9
海拔/ m	400	400	400	400	700	3200
风向/风速/(m/s)	东南/0.3	东南/1.7	西南/0.4	西南/1.5	西北/3.2	东北/3.7
r_0/cm	60	22.7	28.3	14.4	13.6	1.3
频率/ Hz	0.21	3.29	0.61	4.58	10.51	121.53

图 7-22 所示为不同通信距离下采集的波前 Zernike 系数各阶次的方差。对于近距离和中距离(0.5m、600m、1.3km、5km)的情形，波前 Tilt-x 和 Tilt-y 阶次的方差大小要高于其他阶次，这是因为波前 Tilt-x 和 Tilt-y 阶次占据整个波前畸变的绝大成分。对于远距离通信(10km、100km)，波前各阶次的方差差异较小；光束在远距离传输后，高阶像差的比例增加，Zernike 系数各阶次像素方差抖动的总体趋势增加，表明波前振幅和变化率也随着湍流的增加而加快。

如图 7-23 所示，波前经修正后，对于光波经室内、600m、1km、5km、10km、100km 不同距离传输后，波前畸变对于耦合效率的影响分别约由 10.1%、1.3%、

11.4%、2.8%、7.2%和 8.2%提升至 95.2%、83.4%、93.5%、56.7%、42.4%和 13.1%。同时，近距离修正的提升效果要优于远距离修正的提升效果。近距离的耦合效率修正后的耦合效率数值起伏要小于远距离的耦合效率修正起伏。

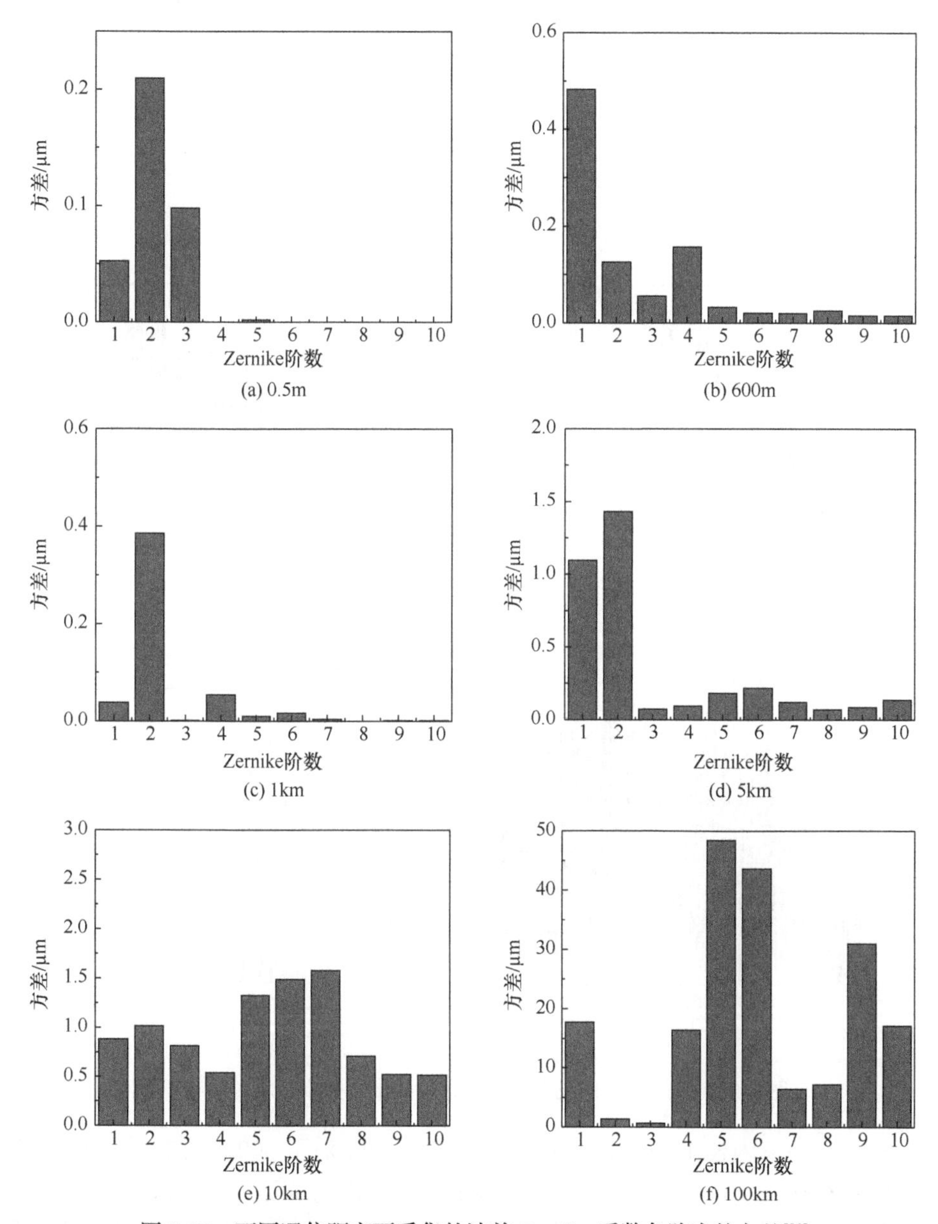

图 7-22　不同通信距离下采集的波前 Zernike 系数各阶次的方差[29]

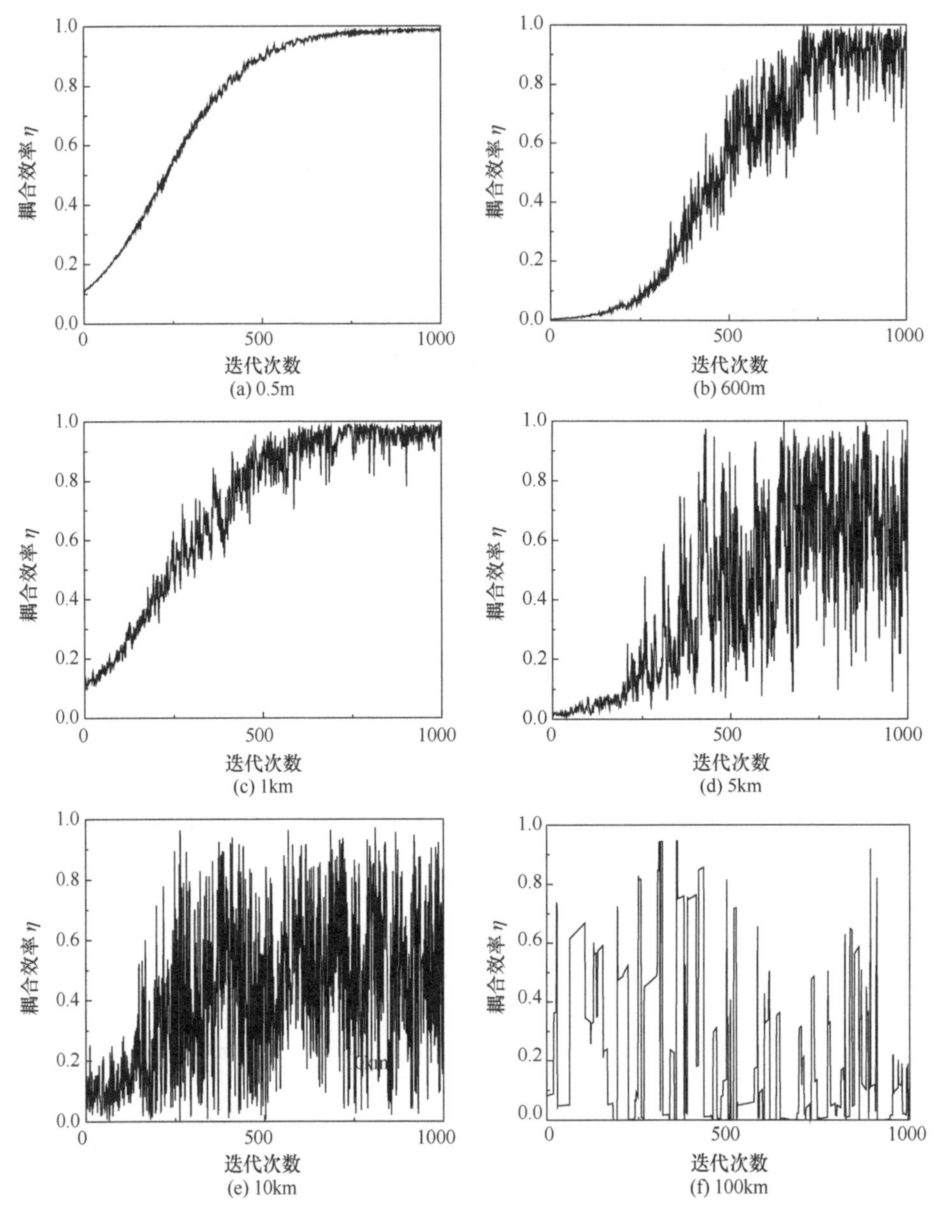

图 7-23　不同距离情况下波前修正对于耦合效率影响的曲线[29]

对于实验室内校正，耦合曲线的提升相对平滑；对于 600m 和 1km 波前校正，校正曲线存在波动。1km 的波动小于 600m，这是因为湍流强度与许多因素有关，通信距离只是影响湍流强度的一个因素。对于 5km，中等湍流状态下的光强闪烁会使波前相位采集信息不连续，校正波动较大。对于 10km 距离的波前修正前后的耦合效率，其修正后对于修正前的耦合有数值上的提升，但是耦合效率的起伏过大，不利于通信系统的稳定性。对于 100km 波前耦合效率修正后却无明显的提升。这是因为 100km 的强湍流引起的光强闪烁，光斑完全破碎，直接导致波前 Zernike 系数数据的采集不连续。100km 波前的畸变量非连续且畸变量过大无法保证波前修正的实时性。因此，受各种因素的影响，提高远距离传输的空间光到光纤的耦合效率是一个复杂性的过程。它与光束对准、光束模式、光纤对准误差、波前测量精度、探测速度、闭环修正带宽，以及大气测量环境等均有关系。

参考文献

[1] 邓科, 王秉中, 王旭, 等. 空间光-单模光纤耦合效率因素分析. 电子科技大学学报, 2007, 36(5): 889-891.

[2] Fardoost A, He W, Liu H Y, et al. Optimizing free space to few-modefiber coupling efficiency. Applied Optics,2019,58(13): 38-40.

[3] Sinefeld D , Ella R , Zaharan O , et al. Wavefront aberration correction in a free-space optical communication link using only the fiber-coupled optical power as a feedback mechanism//2010 IEEE 26th Convention of Electrical and Electronics Engineers in Israel Eilat, 2010: 890-891.

[4] Dikmelik Y , Davidson F M . Fiber-coupling efficiency for free-space optical communication through atmospheric turbulence. Applied Optics, 2005, 44(23): 4946-4952.

[5] 韩立强, 王志斌. 自适应光学校正下空间光通信的光纤耦合效率及斯特列尔比. 红外与激光工程, 2013, 42(1): 125-129.

[6] Peter C, Charles W, Jed K, et al. Binary wavefront control in the focal plane for improved fiber coupling in air-to-air laser communication//Proceedings of SPIE, Atmospheric Propagation IV, Orlando, 2007: 225-235.

[7] Wu H, Yan H, Li X. Modal correction for fiber-coupling efficiency in free-space optical communication systems through atmospheric turbulence. Optik-International Journal for Light and Electron Optics, 2010, 121(19): 1789-1793.

[8] Chen M, Liu C, Hao X. Experimental demonstration of single-mode fiber coupling over relatively strong turbulence with adaptive optics. Applied Optics, 2015, 54(29): 8722-8726.

[9] Lim C B, Conan J M, Michau V, et al. Single-mode fiber coupling with adaptive optics for free-space optical communication under strong scintillation//2019 IEEE International Conference on Space Optical Systems and Applications, huntsville, 2019: 1-6.

[10] Sulai Y N, Dubra A. Non-common path aberration correction in an adaptive optics scanning ophthalmoscope. Biomedical Optics Express, 2014, 5(9): 3059-3073.

[11] Jean-François S, Fusco T, Gérard R, et al. Calibration and pre-compensation of non-common path aberrations for extreme adaptive optics. Journal of the Optical Society of America A, 2007, 24(8): 2334-2346.

[12] 汪宗洋, 王斌, 吴元昊, 等. 利用相位差异技术校准非共光路静态像差. 光学学报, 2012, 32(7): 41-45.

[13] 王亮, 陈涛, 刘欣悦, 等. 适用于波前处理器的自适应光学系统非共光路像差补偿方法.光子学报, 2015, 44(5): 122-126.

[14] Esposito S, Pinna E, Puglisi A, et al. Non common path aberration correction with nonlinear WFSs//Adaptive Optics for Extremely Large Telescopes 4-Conference Proceedings, 2015, 1(1): 1-8.
[15] Lamb M, Andersen D R, Véran J P, et al. Non-common path aberration corrections for current and future AO systems. Pediatric Blood & Cancer, 2014, 9148(1): 1-13.
[16] 韩立强, 王祁, Shida K, 等. 盲优化波前校正提高自由空间光通信光纤耦合效率. 强激光与粒子束, 2010, 22(9): 1999-2002.
[17] 李枫, 耿超, 黄冠, 等. 基于光纤耦合的光纤激光阵列像差探测. 光电工程, 2018, 45(4): 78-87.
[18] Li F, Geng C, Huang G, et al. Wavefront sensing based on fiber coupling in adaptive fiber optics collimator array. Optics Express, 2019, 27(6): 8943-8957.
[19] Averbuch A , Coifman R R , Donoho D L , et al. Fast and accurate polar Fourier transform. Applied and Computational Harmonic Analysis, 2006, 21(2): 145-167.
[20] 许漫坤, 平西建, 李天昀. 一种改进的二维离散极坐标 Fourier 变换快速算法. 电子学报, 2004, 32(7): 1140-1143.
[21] Chow E M T, Guo N, Chong E, et al. Surface measurement using compressed wavefront sensing. Photonic Sensors, 2019, 9(2): 115-125.
[22] Platt B C, Shack R. History and principles of Shack-Hartmann wavefront sensing. Journal of Refractive Surgery, 2001, 17(5): S573-S577.
[23] 陈波, 杨靖, 李新阳, 等. 波前曲率传感自适应光学的模式型控制技术. 光学学报, 2016, 36(2): 18-24.
[24] 姜宗福, 习锋杰, 许晓军, 等. 光栅型波前曲率传感器原理和应用. 中国激光, 2010, 37(1): 205-210.
[25] Medecki H, Tejnil E, Goldberg K A, et al. Phase-shifting point diffraction interferometer. Optics Letters, 1996, 21(19): 1526-1528.
[26] 刘健. 横向剪切干涉的特性研究和波面重建. 大连: 大连理工大学, 2009.
[27] 单小琴, 韩志刚, 朱日宏. 基于波长移相剪切干涉的准直波前重构技术. 应用光学, 2020, 41(1): 67-73.
[28] Noll R J. Zernike polynomials and atmospheric turbulence. Journal of the Optical Society of America, 1976, 66(3): 207-211.
[29] Yang S J, Ke X Z, Wu J L, et al. Dual-mirror adaptive-optics fiber coupling for free-space coherent optical communication. Optical Engineering, 2021, 60(7): 1-12.